国家科学技术学术著作出版基金资助出版

淮河

流域水质-水量-水生态
联合调度

夏 军 程绪水 张 翔 陈求稳
占车生 刘 建 虞邦义 等 著

科学出版社

北京

内 容 简 介

本书以淮河最大的支流沙颍河为研究示范区，系统介绍了淮河流域水质–水量–水生态联合调度的基本理论、模型方法与应用研究成果，主要包括四方面内容：①淮河–沙颍河流域生态水文与生态需水量；②淮河–沙颍河流域多闸坝河流水文–水动力–水质耦合模型；③淮河–沙颍河流域闸坝群调控能力评价指标体系和评估方法；④淮河–沙颍河流域闸坝群水质–水量–水生态联合调度模型与闸坝群水质–水量–水生态联合调度系统。本书提出的闸坝群水质–水量–水生态联合调度理论与方法，以及提高河流生态用水保证率的对策，对解决国内外其他流域的生态环境保护问题有重要的参考价值。

本书可供流域水资源开发利用与管理、生态环境保护、流域规划等方面的科技工作者、管理人员和大学师生参考。

审图号：GS（2022）01038号

图书在版编目（CIP）数据

淮河流域水质–水量–水生态联合调度／夏军等著．—北京：科学出版社，2022.6

ISBN 978-7-03-072235-5

Ⅰ.①淮… Ⅱ.①夏… Ⅲ.①淮河流域–水环境–水质监测–研究 Ⅳ.①X832

中国版本图书馆 CIP 数据核字（2022）第 077497 号

责任编辑：周 杰 王勤勤／责任校对：樊雅琼
责任印制：肖 兴／封面设计：无极书装

科 学 出 版 社 出版
北京东黄城根北街 16 号
邮政编码：100717
http://www.sciencep.com

三河市春园印刷有限公司 印刷
科学出版社发行 各地新华书店经销

*

2022 年 6 月第 一 版 开本：787×1092 1/16
2022 年 6 月第一次印刷 印张：20
字数：500 000
定价：268.00 元
（如有印装质量问题，我社负责调换）

前　　言

淮河流域位于我国南北方气候交错带，洪涝灾害频繁，河湖径流季节性变化大，水资源开发利用程度高。淮河流域修建的闸坝众多，历史上也发生了多次重大水污染事件，这些水污染事件不仅与水污染来源有关，而且与闸坝群以水量为主的传统调度方式有直接联系。由于社会经济发展，河道生态用水常被挤占，河道最小生态基流遭到破坏及河湖干涸萎缩现象时有发生。淮河干流以北大部分地区天然基流缺乏，河流闸坝密集，河湖水生态系统退化严重。如何在"协调防洪、防污矛盾，减少重大水污染事件"的研究基础上，进一步改善河流水生态状况，实现淮河流域水质-水量-水生态联合调度，服务生态文明建设国家战略目标，是水体污染控制与治理科技重大专项重点关注的目标和关键技术之一。

本书根据水体污染控制与治理科技重大专项课题"淮河流域水质-水量-水生态联合调度关键技术研究与示范"（2014ZX07204-006）的相关研究工作，系统总结了课题的主要研究结果。

1）研发了生态水力学模型，确定了淮河流域生态需水过程，提出了水生态系统健康评价方法，为联合调度确定了目标。

收集研究区域的水文、水质、气象及断面资料，并进行分析和整理，建立水动力-水质模型；开展鱼类资源野外调查，并通过室内胁迫实验，筛选关键生境因子，研究指示性鱼类与生境因子间的响应，建立鱼类栖息地模型，并与水动力-水质模型进行耦合，构建生态水力学模型。基于该模型，综合考虑鱼类不同生命阶段对生境的需求及生境因子的季节性变化，确定淮河流域关键断面的生态需水过程；建立河流生态系统评价指标体系，提出淮河流域典型水体水生态健康评价方法。

2）研发了淮河-沙颍河流域多闸坝河流水文-水动力-水质耦合模型，解决了突发水污染事故预警和生态需水预警问题。

淮河-沙颍河流域多闸坝河流水文-水动力-水质耦合模型进一步耦合了基于时变增益模型（TVGM）的汛期小时尺度洪水预报和非汛期日尺度径流模拟的分布式

时变增益模型（DTVGM）、主要河段一维水动力－水质耦合模型和重点河段（淮河至蚌埠段）二维水动力－水质耦合模型，以及中长期水资源调控模型。

3）建立了闸坝调控能力评价指标体系，提出了闸坝调控能力评价方法，研发了淮河流域闸坝群可调能力评价模型，为联合调度提供了依据。

淮河流域闸坝群可调能力评价模型包括闸坝调控能力评价指标体系和闸坝调控能力综合评价方法两个部分。闸坝调控能力评价需要考虑的影响因素较多，选取闸坝对河流水质－水量－水生态有直接影响的指标，建立闸坝调控能力评价指标体系；在闸坝调控能力评价指标体系的基础上，应用模糊综合评价法、层次分析法和基于相似性原理序分析的距离综合评价法，提出了闸坝调控能力综合评价方法。淮河流域闸坝群可调能力评价模型实现了对闸坝调控能力的实时评估，为联合调度的闸坝选择提供了依据。

4）建立了闸坝群水质－水量－水生态联合调度模型，研发了淮河流域闸坝群水质－水量－水生态联合调度系统，实现了闸坝群的科学调度，提高了生态用水保障率。

本书共 9 章，第 1 章介绍流域水质－水量－水生态联合调度的研究现状及发展趋势，以及本书的研究目标与内容；第 2 章介绍淮河流域概况；第 3 章介绍淮河流域典型水域水生态及指示生物，分析淮河流域典型水体的水环境和水生态现状及存在的问题，确定指示性物种；第 4 章评价淮河流域典型水体的水生态健康现状，并研究水质评价指数与生物评价指数的相关性；第 5 章建立基于二维水动力－水质耦合模型和鱼类栖息地模型的生态水力学模型，对栖息地空间分布特性进行分析，并考虑天然径流的季节变化及鱼类不同生命阶段的生境需求，推求基于鱼类栖息地的生态流量过程；第 6 章针对闸坝运行环境下的河流水文及水质变化过程，开展现场示踪实验和室内河道模拟实验，分析闸坝运行环境对河道污染物迁移扩散的影响，研发多闸坝流域水质－水量－水生态耦合模拟模型；第 7 章通过分析闸坝功能与水资源时空分布，研究生态需水保障关键指标及闸坝调控能力评价模型；第 8 章研究流域中长期用水计划与短期应急调度相结合的水质－水量－水生态多维调控理论，并以保障生态用水保障率为主要目标，建立沙颍河流域闸坝群水质－水量－水生态联合调度模型；第 9 章基于流域闸坝群水质－水量－水生态联合调度业务化需求，以淮河－沙颍河流域为主要对象，研发淮河流域水质－水量－水生态联合调度系统，并介绍联合调度系统的结构和功能。

本书由夏军、程绪水、张翔、陈求稳、占车生、刘建、虞邦义等共同撰写。其中，第 1 章由夏军、程绪水、张翔负责撰写，由张翔负责统稿；第 2 章由夏军、张翔负责撰写，由张翔负责统稿；第 3~5 章由陈求稳、陈凯、王丽负责撰写，由陈求稳负责统稿；第 6 章由占车生、虞邦义、倪晋、王红萍、王月玲负责撰写，由占车生负责统稿；第 7 章由刘建、程绪水、喻光晔负责撰写，由刘建负责统稿；第 8 章由张翔、高仕春、夏军、邹磊、张利平、肖宜负责撰写，由张翔负责统稿；第 9 章由张翔、高仕春、夏军、张利平、肖宜负责撰写，由张翔负责统稿。本书还得到了吴比、韦芳良、孟钰、邓梁堃、王俊钗等的帮助，在此一并致谢。

本书的研究领域跨度大，涉及的知识面广，再加上时间及作者水平所限，不足之处在所难免，欢迎各界人士及广大读者给予批评和指导。

2022 年 2 月

目　　录

第1章 绪 论

20 世纪中期，随着全球经济发展和人口增长需求，人们开始在河流上大规模修建大型水利工程以抵御洪水威胁及满足日益增长的水资源、水能资源需求。闸坝运行改变了河流原有的物质场、能量场、化学场和生物场，直接影响生源要素在河流中的生物地球化学行为（生源要素输送通量、赋存形态、组成比例等），进而改变河流生态系统的物种组成、栖息地分布以及相应的生态功能。

淮河流域地跨河南、安徽、江苏、山东及湖北 5 省，流域面积 27.466 万 km²，耕地面积约为 1.9 亿亩①，人口 2.03 亿人（2008 年），人口密度每平方千米约 615 人，是全国平均人口密度的 4.8 倍，居各大流域人口密度之首。淮河流域干流总长度为 1000km，地处我国南北气候过渡带，降水时空分布严重不均，自古以来是我国水患灾害高发区。近年来，极端暴雨、极端干旱事件更是频繁发生。经过 60 多年的治理，淮河水系修建大中小水库 5700 余座，其中大型水库 36 座，流域内还修建了各类水闸 5000 多座，其中大中型水闸约 600 座，成为我国水利设施密度最大的流域之一。同时，淮河流域是我国水污染比较严重的地区之一，流域内污染物入河量远远超出水域纳污能力，虽然经过水污染综合治理，水污染恶化的势头得到有效控制，但水污染形势仍然十分严峻，且成为制约流域经济社会持续发展的重要因素。

从监测的情况分析，2017 年淮河流域 203 个城镇 1965 个入河排污口废污水入河排放量为 79.56 亿 t，主要污染物化学需氧量（COD）和氨氮（NH₃-N）入河排放量分别为 33.34 万 t 和 2.71 万 t。2017 年 5 月，水利部印发了《全国水资源保护规划（2016—2030 年）》，明确淮河流域 2030 年化学需氧量和氨氮入河限制排污总量分别为 26.6 万 t 和 1.9 万 t。2017 年淮河流域化学需氧量和氨氮入河排污量分别超标 25% 和 43%。2017 年全年评价河长 20 874.3km，其中 I 类水河长 108.0km，占 0.5%，II 类水河长 3473.2km，占 16.6%，III 类水河长 8213.7km，占 39.3%，IV 类水河长 5354.7km，占 25.7%，V 类水河长 1618.9km，占 7.8%，劣 V 类水河长 2105.8km，占 10.1%。2017 年对全流域 47 条跨省河流 51 个省界断面开展了水质监测，全年无 I 类水，水质达到 II 类水的省界断面 2 个，达到 III 类水的省界断面 13

---

① 1 亩 ≈ 666.67m²。

个，Ⅳ类水的省界断面 21 个，Ⅴ类水的省界断面 9 个，劣Ⅴ类水的省界断面 6 个，2017 年水质达标测次比例仅为 43.8%。

总体来看，淮河流域水环境污染状况依然很严峻，多个断面的水质仍不能达标，广大农村地区的饮用水安全还未完全得到有效保障，导致沿岸地区的地方病发病率上升；农作物有毒有害成分部分超标，部分地区农业生产受到影响。

另外，淮河流域上水库和闸坝等水利设施众多，这些水利设施在防洪、灌溉、供水、排涝、环保、水产、航运和水力发电等方面发挥了十分重要的作用，保证了国民经济快速发展和社会稳定。然而，水利设施的修建也对水环境及水生态系统造成了一定影响，如闸坝在汛后蓄水，随着城镇工业废水和生活污水不断排入，水质不断恶化，河道内积聚的污染水体随洪水下泄，造成水污染事件。

淮河流域河湖径流季节性变化大，水资源开发利用程度高，河道内生态用水常被挤占，有水无流或河湖干涸萎缩的现象时有发生，流域内中小河流水生态系统破坏严重，河湖生态用水难以保障。2017 年，对 7 条河流 13 个控制断面进行生态流量监测评价，淮河干流王家坝、蚌埠、小柳巷、洪汝河班台、沙颍河周口和界首、史河蒋家集–沂河临沂及沂河苏鲁省界（港上）9 个断面生态流量日满足程度达标；涡河亳州、涡河蒙城断面生态流量日满足程度只有 26.3% 和 43.8%，沭河大官庄、沭河苏鲁省界断面生态流量日满足程度不到 20%。

高密度的人口分布与高污染产业结构不仅造成淮河流域水资源污染，同时由于对水资源需求的不断增长，已危害流域水生态系统，出现河道干涸、断流，湖泊湿地萎缩，生物多样性降低，水生生物数量和种类减少，流域水生态功能下降等。根据 2008 年对淮河干支流、南水北调输水线和重要湖泊水库进行的水生态状况调查评价专题研究结果显示，淮河干支流水生态状况在空间分布上有比较大的差异。在 71 个监测断面中，水生生物多样性最好的断面是汝河汝南，多样性最差的断面是南四湖独山岛；丰度最高的断面是漯河马头，丰度最低的断面是南四湖独山岛；均匀度指数最大的断面是运河台儿庄，均匀度指数最小的断面是南四湖独山岛；71 个监测断面中，水生态系统稳定、脆弱和不稳定分别占 9%、73% 和 18%。总体上讲，淮河流域水生态系统脆弱，河湖生态系统大多遭受到了不同程度的破坏，仅部分河段生态系统较好。

总之，淮河流域水环境和水生态已有较大的改善，但仍存在迫切需要提高的地方。例如，如何通过科学合理地调度闸坝，实现流域水系的连通，提高水体自净能力；如何科学合理地确定生态需水量，通过科学的调度，提高生态用水保证率等，均是当前国家新的治水方略和生态文明建设迫切需要研究的问题。

1.1　研究现状及发展趋势

1.1.1　河流生态流量

河流生态流量概念最先于 20 世纪 40 年代由美国鱼类及野生动植物管理局（United States Fish and Wildlife Service，USFWS）提出，认为河流生态流量是避免河流生态系统退化的河道最小流量。河流生态流量属于生态需水的范畴，虽然国内外学者对生态需水的概念做了大量的研究，但是由于其涉及内容的复杂性，概念尚不统一，现在还处于初步研究阶段。国外比较有代表性的生态需水的概念有：Covich（1989）提出的"需要提供一定质量和数量的水资源维持生态系统健康，并且所需提供的水资源量应同时考虑环境、生态、气候变化及人类活动"；Gleick（1998）提出的"为了最大程度保护生态系统的多样性和完整性，需要提供一定质量和数量的水资源给生态环境"。

归纳 70 多年来国内外的相关研究，生态需水研究大致经历了三个阶段：相关概念提出、生态流量定量分析、生态系统整体分析。

1. 相关概念提出

20 世纪 40 年代，随着水库的建设和水资源开发利用程度的提高，美国资源管理部门开始注意和关心渔场减少的问题。美国鱼类及野生动植物管理局对鱼类生长繁殖与河流流量关系进行了研究，并提出了 In-stream Flow Requirement 的概念——避免河流生态系统退化的河道最小流量。之后，随着人们对景观旅游业和生物多样性保护的重视，又提出了景观河流流量和湿地环境用水以及海湾–三角洲出流的概念。这一时期，还没有明确形成河流生态需水的概念，但一些关于流量补偿的规定开始制定并实施（杨志峰等，2003）。

2. 生态流量定量分析

20 世纪 50～60 年代，出现了关于河流生态流量的定量研究和基于过程的研究。一些早期工作建立了流量和流速、大型无脊椎动物、大型水生植物的联系（Whelan and Wood，1962）。在此期间，河流生态学家将注意力集中在能量流、碳通量和大型无脊椎动物生活史方面。之后，国外学者对印度和孟加拉国的布拉马普特拉河流域（1960 年）、巴基斯坦的印度河流域（1968 年）和埃及的尼罗河流域（1972 年）进行了重新评价与规划（崔瑛等，2010）。70～80 年代，美国、澳大利亚、南非、法国和加拿大等国家针对河流生态系统，比较系统地开展了关于鱼类生长繁殖、产量与河流流量关系的研究，提出了一些计算和评价方法，取得了初步性研究成果。1976 年，Tennant 在完成美国西部地区河流流量与生物的关系研究后，提出了基于水文学的 Tennant 法，奠定了河流生态需水的理论基础。1982 年，美国鱼类及野生动植物管理局提出河道内流量增加法，使得河道内流量分配方法逐渐与实践相结合（Bovee，1982）。此后，基于水力学与生境评价相结合的 R2-Cross 法（Mosley，1982）、PHABSIM 法（Bovee et al.，1998）等相继被提出。

3. 生态系统整体分析

20 世纪 90 年代以后，基于水资源和生态环境的相关性研究，生态需水量研究正式成为全球关注的焦点问题之一，河流生态需水概念被明确提出。研究对象也由过去仅关心物种（如鱼类和无脊椎动物等）及河道物理形态的研究，扩展到维持河道流量的研究，包括最小流量和最适宜流量，且考虑了河流生态系统的整体性，其研究方向也不再局限于河流生态系统，已扩展到河流外生态系统，但对其他生态系统的需水研究成果较少，仅仅是概念上的描述（丰华丽等，2003）。此时，陆续出现了一些新的研究方法，如 BBM（building block methodology）、整体分析法以及基于河道流量与水生生物生境关系的模型模拟法等（Arthington et al.，1992；King and Louw，1998；Merz，2008）。

国内也有大量学者对生态需水进行了定义，比较有代表性的有：杨志峰等（2003）提出的"生态需水是指维持生态系统中具有生命的生物物体水分平衡所需要的水量，主要包括维护天然植被所需水量、水土保持及水土保持范围之外的林草植被建设所需水量以及保护水生生物所需水量"；夏军等（2003）认为"生态需水是指维系一定环境功能状况或目标（现状、恢复或发展）下客观需求的水资源量"。此外，严登华等（2007）、崔保山和杨志峰（2002）、王芳等（2002）也对生态需水的概念进行了定义与阐述。

20 世纪 80 年代，针对河流断流、水污染严重等问题，国务院环境保护委员会在《关于防治水污染技术政策的规定》中指出，要保证在枯水期为改善水质所需要的环境用水。但是，当时的研究主要集中在宏观战略方面，对如何实施、管理仍处于探索阶段。这一时期，针对中国北方流域出现的水资源短缺现象，研究者在探讨生态需水概念的同时，对河流、植被、湿地、湖泊等生态系统的生态需水量展开了大量研究，并相继提出一些理论。20 世纪 80 年代末期，在分析新疆塔里木盆地水资源与绿洲建设问题时，有学者提出了生态用水问题；在进行全国水资源利用前景分析时，应考虑干旱区绿洲的生态用水，估算的外流河河道内生态需水量为水资源总量的 40%；根据流域水资源开发利用与生态需水的关系，提出了生态水利的"四大平衡"(水热平衡、水盐平衡、水沙平衡、水量平衡)原理,并探讨了"三生"(生活、生产与生态)用水之间的共享性(刘昌明,1999)。

20世纪90年代,西北内陆地区生态环境恶化,生态问题突出,因此开始了对西北干旱、半干旱区生态需水的研究。"九五"期间,国家科技攻关计划项目"西北地区水资源合理开发利用与生态环境保护研究"对干旱区生态需水进行了系统研究,提出了针对干旱区特点的生态需水计算方法,并于2003年出版了该项目的系列专著,由此揭开了我国生态需水研究的序幕。之后,黄淮海平原区河道断流、河道淤积、地下水大面积超采、河流入海口淤积、海水入侵、河流污染等问题引起了人们的关注,开始了黄淮海平原地区河流湖泊生态需水的研究(钱正英和张兴斗,2000)。

进入21世纪以来,国内河流生态需水研究不断成熟,"十五"国家科技攻关计划课题"中国分区域生态用水标准研究"构建了生态用水标准基数分析体系,提出了北方半湿润半干旱地区四大流域生态需水特征值以及不同发展阶段的生态用水控制指标。基于遥感(remote sensing,RS)和地理信息系统(geographic information system,GIS)技术,结合水资源计算理论和植被生态理论研究了区域生态需水量。杨志峰等(2003)对生态需水进行了较为系统的分析,从概念界定等理论出发,探讨了各种生态系统的生态需水计算和等级划分方法。同时,一些学者在生态需水量模型方面进行了深入研究(刘静玲等,2005;李凤清等,2008),构建了河流生态流量计算模型,以及我国第一个基于长序列野外现场实测数据的水生生物栖息地适合度模型。

根据当前研究现状,考虑生态流量的主要目的是维持天然水生态系统的结构和功能在一个良好的状态,生态流量推求应该包含以下几个方面:①天然生态系统中水生植物及动物的生存需求;②颗粒物及营养盐的输移;③保持一定的水体自净能力;④地下水交换;⑤蒸散发;⑥河流的景观和娱乐功能。

然而,河流生态流量的推求并不是以上各方面的简单总和,因为一定的流量可能同时具有以上多种功能。综合考虑以上因素,本书将生态流量定义为:"在河流生态系统中维持河流某种环境或生态功能所消耗的最小水量"。另外,生态流量的计算除了应考虑总量的要求外,还应考虑时间过程,因为多数河流断流现象时有发生,这对生态系统的影响往往是毁灭性的。

总体来看,多闸坝平原河流管理已经从资源利用进入生态修复阶段,生态流量推求作为生态修复的重要手段还处于初步研究阶段,推求方法多采用水文法或水力学法,以生物栖息地恢复目标为基础的多闸坝平原河流生态流量推求方法相对较少,有待进一步完善(孟钰等,2016)。

1.1.2 河流生态流量计算方法

1. 国外河流生态流量计算方法

国外河流生态流量计算方法大致可以分为四类：历史流量法、水力学法、栖息地法、整体分析法（徐志侠等，2004a）。

（1）历史流量法

历史流量法是在长期野外调查、资料收集、统计分析以及专家判定的基础上，通过建立河流流量与水生生物生存、河流形态等之间的适应关系而提出的，主要方法有以下几种。

1）Tennant 法（Tennant，1976），也称 Montana 法，是最常用的历史流量法，其解决的是水生生物、河流景观、娱乐与河流流量之间适应关系的问题。它将年平均流量的百分比作为基流，适宜河道季节性的需求，具有宏观的定性指导意义。对美国弗吉尼亚地区河流的研究证实，10% 的年平均流量是退化或贫瘠的栖息地条件；20% 的年平均流量提供了保护水生生物栖息地的适当标准；在小河流中，30% 的年平均流量接近最佳水生生物栖息地标准。Tennant 法主要针对干旱河流系统，优点是使用简单、操作方便，一旦建立了流量与水生态系统之间的关系，需要的数据就相对较少，且不需要进行大量的野外工作，可以在生态资料缺乏的地区使用。但 Tennant 法未考虑河流的几何形态对流量的影响，也未考虑流量变化大的河流及季节性河流，且未直接考虑生物的需求和生物间的相互影响，通常只能作为在优先度不高的河段研究河道流量推荐值时使用，或作为其他方法的一种检验。

2）流量历时曲线法（Loar and Sale，1981）。流量历时曲线法利用历史流量资料构建各月流量历时曲线，以某个保证率相应的流量作为河道内需求的流量。流量历时曲线法建立在至少 20 年日流量数据的基础上，对每个月给出一个推荐流量。流量历时曲线法既保留了仅采用水文资料的简单性，又能更好地反映径流年际、年内分布的不均匀性。

3）7Q10 法（Boner and Furland，1982）。7Q10 法是指采用天然状态下 90% 保证率代表年最枯连续 7 天的平均水量作为河流最小流量，即标准流量设计值，并以该标准流量设计值作为河流生态需水量。7Q10 法主要用于计算污染物允许排放量，且其在许多大型水利工程建设的环境影响评价中得到应用。

4）水生生物基流法（aquatic base flow method，ABF）（Palau and Alcazar，1996），美国和英国多用该方法。水生生物基流法由美国鱼类及野生动植物管理局提出，该方法将一年分成 3 个时段考虑，夏季主要考虑满足最低流量，设定流量为一年中 3 个时段最小的，以 8 月平均流量表示；秋季和冬季主要考虑水生生物的产卵与孵化，设定流量为中等流量，以 2 月平均流量表示；春季也主要考虑水生生物的产卵与孵化，设定流量为一年中 3 个时段最大的，以 4 月或 5 月平均流量表示。水生生物基流法的优点是考虑了流量的季节变化，对小河流比较适合；缺点是对于较大河流，由于受人为影响因素大，要获得还原后的径流量，需要有长期的河流取水统计资料。另外，对于某些月份，河流的径流量达不到设定流量的要求。

（2）水力学法

水力学法是在假定河道物理形态不变的基础上，认为河流某一断面满足一定流量后，其下游同一功能的河道流量总能满足河道生态功能的流量要求。基于上述理论，通过河道若干个断面的水力参数（如湿周、流速、水深等）确定需水量的方法，主要方法有以下几种。

1）湿周法（Gippel and Stewardson，1998）。湿周法的假设是保护好临界区域的水生生物栖息地的湿周，也将对非临界区域的栖息地提供足够的保护。通过在临界区域的栖息地（通常大部分是浅滩）现场搜集河道的几何尺寸和流量数据，并以临界区域的栖息地类型作为河流其余部分的栖息地指标。湿周法适用于宽浅型河流，河道形状影响该方法的分析结果。

2）R2-Cross 法（Mosley，1982）。R2-Cross 法由美国科罗拉多州水利局的专家提出，假设浅滩是最高临界的河流栖息地类型，保护浅滩栖息地也将保护其他水生栖息地，如水塘和河道。采用浅滩断面河流宽度、平均水深、平均流速以及湿周率等指标来评估河流栖息地的保护水平，从而确定河流目标流量。根据实测资料或水力模拟，以曼宁（Manning）方程为基础，建立流量与评估指数之间的对应关系，结合预先设定的标准和专家意见确定流量推荐值。R2-Cross 法具有明显的地域特性，不同地区的河流水生生物对其栖息地有不同的需求，因此采用该方法时应根据水生生物的特点修正水力参数标准值。此外，由于该方法确定的标准相对单一，体现不出季节变化因素，通常不能用于估算季节性河流的生态流量。

3）CASIMIR 法（Giesecke and Jorde，1997）。基于流量在空间和时间上的变化，采用 FST 建立水力模型、流量变化及被选定的生物类型之间的关系，估算主要水生生物的数量、规模，并模拟水电站可能的经济损失。CASIMIR 法主要参数包括水文指标、生境类型、河流底部参数、水生生物和河岸带参数等。

（3）栖息地法

栖息地法以生态水力学为基础，确定适合水生生物生存的推荐流量，主要方法有以下几种。

1）有效宽度法（Karim et al.，1995）。有效宽度法是建立河道流量和某个物种有效水面宽度的关系，以有效宽度占总宽度的某个百分比相应流量作为最小可接受流量的方法。有效宽度是指满足某个物种需要的水深、流速等参数的水面宽度，不满足要求的部分就算无效宽度。

2）加权有效宽度法（Karim et al.，1995）。加权有效宽度法与有效宽度法的不同之处在于，加权有效宽度法是将一个断面分为几个部分，每一部分乘以该部分的平均流速、平均深度和相应的权重参数，从而得出加权后的有效水面宽度。权重参数的取值范围为0~1。

3）河道内流量增加法（Stalnaker，1994）。河道内流量增加法是20世纪80年代由美国鱼类及野生动植物管理局开发研制，是应用最广的方法。它考虑的主要指标有流速、最小水深、底质情况、水温、溶解氧（dissolved oxygen，DO）、总碱度、浊度、透光度等，通常用来评价水资源开发建设对下游水生生物栖息地的影响。河道内流量增加法很复杂，需要详尽信息资料的支撑以及多学科的配合研究，而定量化生物资料的缺乏，使得该方法的应用受到一定的限制。

（4）整体分析法

整体分析法从研究区生态环境整体出发，集中相关学科的专家小组意见，通过综合研究河道内流量、泥沙运输、河床形状与河岸带群落之间的关系确定流量的推荐值，并要求这个推荐值能够同时满足生物保护、栖息地维持、泥沙冲淤、污染控制和景观维持等整体生态功能（Arthington et al.，1992），主要方法有以下两种。

1）南非的BBM（Wallingford，2003）。BBM首先考察河流系统整体生态环境对水量和水质的要求。然后预先设定一个可满足需水要求的状态，以预定状态为目标，综合考虑砌块确定原则和专家小组意见，将流量组成人为地分成4个砌块，即枯水年基流量、平水年基流量、枯水年高流量和平水年高流量。河流基本特性由这4个砌块决定。最后通过综合分析确定满足需水要求的河道流量。

2）澳大利亚的整体评价法（holistic approach）（Arthington et al.，1998）。整体评价法的基本思想也是通过综合评价整个河流系统来确定流量的推荐值，但要求以保持河流流量的完整性、天然季节性和地域变化性为基本原则，并着重分析不同等级的洪水影响情况，强调洪水和低流量对河流生态系统保护的重要性。所以整体评价法的关键是要有实测天然日流量序列、相关学科的专家小组、现场调查以及公众参与等。

2. 国内河流生态流量计算方法

（1）依据历史流量的计算方法

1）枯水年天然径流估算法（徐志侠等，2004a），以最枯年天然径流进行估算。

2）将河流年最小月平均流量的多年平均值作为河流的基本生态环境需水量（李丽娟和郑红星，2003）。例如，有学者在研究海河和滦河流域的河流基本环境生态需水量时，以河流最小月平均流量的多年平均值作为基本生态环境需水量，计算出华北地区海河流域的河流基本生态环境需水量约为 48 亿 m^3/a，滦河流域的河流基本生态环境需水量约为 9 亿 m^3/a，海河和滦河流域总计约为 57 亿 m^3/a。

（2）防治河流水质污染的计算方法

1）代表性方法是 7Q10 法，该方法在 20 世纪 70 年代传入我国，主要用于计算污染物允许排放量，在许多大型水利工程建设的环境影响评价中得到应用（倪晋仁等，2002）。但由于该方法计算的生态流量要求比较高，结合我国的经济发展水平和南北方水资源情况的差异性，我国在《制订地方水污染物排放标准的技术原则与方法》（GB/T 3839—1983）中规定：一般河流的生态流量采用近 10 年最枯月平均流量或 90% 保证率最枯月平均流量。

2）以水质目标为约束的生态需水量计算（崔起和于颖，2008）。为达到水质目标所需要的水量，依据环境水利学有关水质污染稀释自净需水量的方法进行计算。

（3）缺资料地区生态需水量的计算方法

刘昌明等（2007）根据南水北调西线一期工程调水区属于缺资料地区的实际情况，提出了一种同时考虑河道本身信息（水力半径、糙率、底坡比降）和水生生物信息（流速信息）的估算生态需水量方法——水力半径法。依据水力半径法计算的关键是确定生态水力半径所对应的河道断面面积，并根据不同断面和天然河道断面与水力半径之间的关系计算生态需水量。有学者对传统生态水力半径法进行了改进，并以青海湖裸鲤为指示生物研究了青海湖流域两条主要河流（布哈河、沙柳河）的生态需水特征。

（4）新方法探索

有学者提出水文指数法（宋兰兰等，2006），具体包括：从径流情势中提取流量、频率、历时、发生时间、变化率 5 个水文指数确定河流生态需水；将湿周法中拐点的斜率取为多年平均流量与相应湿周长比值的平方根，以反映河流特征的差异；根据汛期水生态系统的特点，应用河道内流量增加法，选用二维河流（River2D）模型，建立栖息地与流量变化的动态关系，进而应用 Mann-Kendall 方法，开发基于栖息地突变分析的生态需水阈值模型；建立模糊生态流速和模糊生态水力半径的概念，同时建立流量与模糊生态流速、模糊生态水力半径的函数关系，提出基于梯形模糊数的不确定性河道生态需水模型等新方法。

1.1.3　流域水质–水量–水生态耦合模拟

流域管理已从过去的水量管理转向水质–水量–水生态综合管理。水质–水量–水生态综合管理是应对变化环境下全球水污染危机的重要手段之一，良好的水资源管理战略可有效地保护生物多样性与人类水安全（夏军和石卫，2016）。特别地，基于流域水文模型、水动力模型、水质模型等，构建保障流域水生态健康的流域水文－水动力－水质耦合模型以准确描述流域水文及伴随的水质迁移转化过程，量化人类活动和气候变化等对主要的水文、水质及水生态要素的干扰程度，挖掘潜在的水文、水环境问题，对流域水污染防治和水资源可持续开发与利用具有极为重要的意义。

污染物进入河流后随水流运动，在运动过程中受到水力、水文、物理、化学、生物、生态、气候等因素的影响，引起污染物的对流、扩散、混合、稀释和降解，河流水动力－水质耦合模型就是研究水流及其挟带的污染物质在河道中运动规律的基本数学工具（夏军等，2012）。自 1871 年圣维南（Saint-Venant）建立一维非恒定水流运动方程、1925 年 Steeter-Phelps 提出 DO-BOD 氧平衡模型，河流水动力－水质耦合模型从一维到二维再到三维、从单一河道到河网、从单一组分到多组分相互作用再到包含生态学过程的发展非常迅速。随着计算机及信息科学的高速发展，综合流域水文、河流水动力和水质模拟的流域水文－水动力－水质耦合模型的应用也越来越广泛，已成为流域水环境管理必不可缺的基本工具。

Hayes 等（1998）在坎伯兰（Cumberland）流域耦合了准静态二维溶解氧水库模型（DORM-Ⅱ）水质演算和日尺度优化调度模型，以改善下游水质。Sahoo 等（2006）在夏威夷（Hawaii）的山区河流采用人工神经网络评估骤发洪水及伴随的浑浊度、电导率、溶解氧、pH、水温等水质参数，得出上游水质受天气及土地利用等影响，而下游水质受潮汐影响，但模拟精度有待提高。Feng 等（2011）在苏州河网建立一维水文－水动力模型和一维对流－扩散方程，考虑了点源及面源污染，模拟了 2000 年 4 月场次洪水及其水质过程，模型考虑了潮汐的影响，可进一步用于水文水环境情景分析。

相应地，有关淮河的流域水文－水动力－水质耦合模型的研究也取得了较大进展，如张永勇等（2007）以淮河流域 SWAT 水文模型和相邻闸坝间的河流水动力－水质模型为基础，以淮河流域污染最严重的支流沙颍河为例，研究分析了沙颍河闸坝开启时污染水体下泄对淮河干流下游水质的影响；吴时强等（2009）建立了临淮岗洪水控制工程洪水调度数学模型，较好地预报了洪水演进过程；谭炳卿和张国平（2001）、韩中庚和杜剑平（2007）也分别建立了淮河流域的水质模型，探讨了淮河流域的水质污染状况。所有这些水量水质模型的建立和应用都对淮河流域的水质评价、预测及污染调控与管理等提供了重要依据。但是流域存在水库、节制闸和分蓄洪区等水利工程，这些水利工程的调度运行对流域水量水质的影响非常显著。通过水库闸坝等水利工程的水量水质联合优化调度，改善河流干支流的水质成为流域水环境保护的研究热点。

目前针对淮河流域水质–水量–水生态综合模拟和调度的研究还比较薄弱,未来的研究趋势是如何利用好支流来水量与水库调蓄功能,实现覆盖淮河全流域的集"河、湖、闸、坝"为一体的汛期–非汛期全过程水质–水量–水生态联合调度,提高生态用水保障程度,切实保障淮河流域生态系统健康良性循环。其中的关键是,面对"河、湖、闸、坝"组成的复杂水系,迫切需要水文过程、人文社会经济过程、水生态过程的耦合与解耦技术(夏军等,2018)。

1.1.4 闸坝调度

对于闸坝调度的研究始于 20 世纪初,当时由于大量水库和水电站的兴建,促进了河川径流理论的发展,开始应用经验的方法(以实测水文要素为依据)研究水库对洪水的调节作用,而后逐步发展形成了以水库调度图为指南的水库调度方法,且这种方法至今仍被广泛采用(刘子辉,2011)。

早在 20 世纪 40 年代,闸坝优化调度问题就被提出,随着系统分析及优化模型的引入,以及电子计算技术和实时控制技术的迅速发展,闸坝调度理论和应用取得长足进展,并先后出现线性规划方法、动态规划方法、非线性规划与网络分析方法、模型模拟法、大系统分解协调方法等优化算法,使得以闸坝防洪、发电、灌溉、供水、航运等综合利用效益最大为目标的水库优化调度理论得到迅速发展,并在实际运用中取得较好效果(Sahoo and Luketina, 2003;Palancar et al., 2006;Komatsu et al., 2007)。自 70 年代开始,世界各国水资源利用量急剧增加,人们逐渐意识到水资源并非取之不尽用之不竭,因此积极开展水资源的评价活动,利用数学模型对水资源的时空分布规律、地表地下水的转化关系进行了大量的理论与实验研究。80 年代以后,用水竞争进一步突出,进而导致水资源在地区、部门、各用水目标之间的竞争,水资源的合理配置问题成为缺水地区发展中的诸多矛盾,同时河流环境和生态问题也日益严重。因此,很多国家纷纷制定相应的地表、地下水质量标准,相关水资源管理办法及法律法规,建立河流、湖泊及水库的各类水质模型,并试图将水质与水量联合起来,实现水质与水量的统一描述和联合调控。索丽生(2005)聚焦闸坝对生态环境的不利影响,指出淮河流域闸坝众多,破坏了水系的连通性,水闸枯水期关闭,汛期首次开闸泄洪易造成突发水污染事件,致使洪泽湖等水域鱼虾大量死亡,因此有必要对已建闸坝进行评估,调整其运行方式。Loftis 等(1989)使用水资源模拟模型和优化模型方法研究了综合考虑水量水质目标下的湖泊水资源调度方法。Hayes 等(1998)为了满足水库下游水质目标,集成了水量水质和发电的优化调度模型,在洪水控制、发电、河道内流量和水质控制目标下,考虑水库下泄对下游水质的影响。

闸坝在为人类创造巨大社会经济效益的同时，也改变了河流的生态环境，为了减缓其负面影响，基于生态流量的闸坝调度研究得到了国内外学者的广泛关注。闸坝调度理念经历了从单一的防洪控制调度向流域水质水量联合调度及生态调度的转变。20 世纪 80 年代，流域管理进入河流生态修复阶段，基于生态流量的闸坝调度作为河流生态修复的主要手段。美国 1995 年提出了科罗拉多河格伦峡谷（Glen canyon）大坝适应性管理方案，调整闸坝调度的目的是恢复自然水文模式以达到输沙、恢复生境和保护鱼类等综合效果，并于 1996 年和 2000 年进行试验。目前，全球至少有 29 个国家已提出采用生态流量的方法来改善闸坝建设对生态环境的负面影响。

我国关于闸坝调度的研究相对较晚，始于 20 世纪 60 年代。1960 年 9 月，中国科学院力学研究所编译出版了《运筹学在水文水利计算中的应用》一书。1963 年水利水电科学研究院水文研究所根据 Howard 的动态规划马尔可夫过程理论，建立了一个长期调节水库水电站的优化调度模型。20 世纪 80 年代中期，上海开展了闸坝"引清调度"，随后在多个城市和流域开展实践研究。2001 年，水利部提出要在保证防汛抗旱和供水安全的同时，发挥水利工程在环境用水和防污调度中的作用。水利部原部长汪恕诚指出，必须高度重视水电发展中的生态问题，科学评价大坝可能导致的生态环境问题。经过一段时期的发展，国内对单一水库的优化调度已逐渐趋于成熟，并在很多水库的实际运行中起着重要的指导作用。

传统的闸坝调度研究主要侧重于单一水库的防洪、发电、灌溉、供水、航运等综合利用效益最大化为目标的调度研究。随着流域内水库、水闸等的梯级开发和闸坝对河流生态环境的胁迫日益显现，国内外研究热点逐步转向闸坝群的联合运行调度、防洪防污联合调度以及生态调度。1999 年，淮河水利委员会水情信息中心与中国科学技术大学合作，开展了国家科学技术部 863 计划"淮河流域防洪防污智能调度系统"的研究工作，该系统部分模块自 2001 年起已应用在淮河流域水污染联防调度中。张永勇等（2007）通过室内试验及数学建模识别了多闸坝河流入河污染负荷排放、闸坝调度、河流水质浓度变化之间的非线性关系，并基于 SWAT 模型评价了淮河流域 29 座重点闸坝对河流水文情势的影响。为解决黄河下游河道淤积问题，黄河水利委员会自 2002 年 7 月开始实施调水调沙试验，截至 2019 年共完成十几次试验，对水沙进行有效的控制和调节，减轻了下游河道淤积。2002～2003 年太湖流域实施引江济太水质水量联合调度试验，经过两年的调水试验，望虞河沿线及太湖水体水质得到明显改善。

进入 21 世纪后，随着闸坝等水利工程对河流健康影响研究的不断深入，河流水生态系统的健康发展被纳入闸坝运行管理和日常调度。左其亭等（2015）研究指出，长期的调控干扰导致水生生物群落和结构单一，水生态环境显著恶化，通过实地试验得出沙颍河 60m³/s 调控时，有助于闸下污染物的氧化和分解，以及提高河流水体的自净作用；夏军等（2008）研究指出，与历史时期水生态状况对比发现，蚌埠闸下游的水生态质量比历史时期有所降低，闸坝修建后对其下游水生态系统有一定的不利影响，提出闸坝调控中应当考虑生态需水减缓其对生态系统的不利影响；其他学者（王园欣，2014；王俊钗等，2016）也采用水文学法或水力学法对淮河生态流量进行了计算，并提出了相应的闸坝管理措施。

1.1.5 水环境监测预报预警与应急响应

随着计算机和空间技术的发展，RS 与 GPS 技术已能够同时获取大量具有不同分辨率的多谱段可见光、红外线、微波辐射和测雨雷达等数据信息，通过与 GIS 结合，能快速获取多种对地观测的具有整体性的动态资料。目前，环境遥感技术已广泛应用于悬浮物（suspended solid，SS）、叶绿素 a（Chl-a）浓度的定量化研究，以及有色可溶性有机物（colored dissolved organic matter，CDOM）、透明度、水温、水体热污染、水面灾害性事故（如溢油、赤潮）等的识别和监测。

20 世纪 80 年代，美国国家环境保护局（Environmental Protection Agency，EPA）提出点源对数正态概率稀释模型，可求得点源排污口下游控制断面污染物浓度超标的概率，也可以依据给定的超标概率反向推求相应水体的纳污能力。美国联邦应急管理局（Federal Emergency Management Agency，FEMA）于 1996 年发布《全危险应急行动计划指南》（*Guide for All-Hazard Emergency Operations Planning*），用于指导规范突发性污染事故应急处置预案的编制。美国陆军工程兵团（United States Army Corps of Engineers，USACE）也于 1996 年发布《环境质量风险评价手册》，为如何评价各种突发性事故提供技术依据。Simonovic 和 Orlob（1984）在河流水质管理中，根据多用途水库下游河流水质控制要求，提出了风险–可靠性规划模型，据此对排污负荷进行了优化分配。Rossman（1989）将受纳水体季节性水质损害视为随机的，并假设季节性水质变化过程具有马尔可夫性质，运用非线性规划模型计算给定水质风险水平下的季节性排污大小。此外，Fujiwara 等（1986）以区域污水处理费用之和最小为目标函数，运用概率约束模型对给定水质超标风险条件下河道排污负荷分配问题进行了研究。在上述研究中，水质超标风险往往被定义为河流水质超过某一给定水质标准的概率，且一般作为优化模型约束条件事先给定。

与国外比较，我国的水动力水质模型研究起步较晚，但在模型理论、数值方法等方面的研究并不落后，落后之处主要表现在以水动力学和水质模型为内核的系统集成的需求与研发上。由于缺少以流域（重要干流及其支流）整体为对象的实际需求，大部分水质模型只在单个湖泊、水库，或单段河流的水质模拟上展开工作。由于对突发水质事故应急响应对策的重视不够，水质预警的研究和应用范例也十分有限。水质模型没有与应急预案、环境监测、影响评估有机结合，尚未形成完备的水污染突发事故的应急预警和处置技术体系。

褚君达和徐惠慈（1992）建立了河网水质数学模型，对无锡河1989年和1984年两场次洪水进行了模拟，反映了网状河道非稳态水流及水质变化特点，基于构建的模型制订了多种"西水东调"方案，以改善河网水质。刘玉年等（2009）在淮河流域中游建立了一维和二维水量水质耦合的非恒定流模型，对1999年和2004年场次洪水进行了模拟，能清晰重现淮河中游各水系洪水演进和岸边污染带。宋刚福和沈冰（2012）基于圣维南方程和一维对流扩散模型，在郑州市七里河水系建立了月尺度城市河流水量水质联合调度模型，以满足城市河流生态需水量。

我国河流水系的水环境突发事故应急响应预案一直未受到应有的重视。在国家层面上，国务院有关部门待发布的应急预案，涉及国民经济许多方面，但缺少水环境突发事故应急预案。随着地理信息系统、遥测技术、数学模型、环境经济、生态、环境科学等理论和应用技术的发展，利用突发水污染事件的决策支持系统，全面分析不同污染源的风险以及水质响应，预测污染的生态效应和损失，将水环境突发事故应急预案的研究作为公众安全预案的重要组成部分，通过决策支持系统全面了解潜在污染源的风险及效应，提出相应对策，将污染事故发生的概率、危害降到最低程度，是实现经济社会和生态环境和谐发展的重要措施。

1.1.6　流域水质–水量–水生态联合调度

通过流域水质–水量–水生态联合调度改善水质和保障生态用水的关键技术研究，不仅涉及水文循环模拟、入河污染负荷、河道水动力模拟、河流水质模拟与预报、水库防洪、防污调度、水生态调度等方面的技术，而且与多闸坝河流的水质水量信息监测技术、闸坝对河流水环境的影响评价技术、河流水系的水质–水量–水生态联合调度技术方法密切相关。

水质–水量–水生态联合调度是实现社会经济与生态环境协调发展的有效举措，是当今国内外水科学研究的前沿和热点之一，其目的是通过改变现有水利工程或拟建水利工程的调度方式，发挥水利方程兴利避害的综合效益，达到充分利用各种可利用的水资源，增加生产、生活的可利用水量，兼顾改善河道水质，实现生态、水环境和水景观的修复、改善和保护，确保以水资源的可持续利用保障社会经济的可持续发展。20世纪80年代，西方发达国家已开始重视以河流生态与环境保护为约束条件的河流多目标水质–水量–水生态联合模拟，如目前国内外使用比较广泛的

SWAT 模型、MIKE 模型等。Azevedo 等（2000）耦合了水量分配模型 MODSIM 和水质模型 QUAL2E-UNCAS，用于巴西圣保罗皮拉西卡巴流域的水量水质综合管理。Debele 等（2008）在流域水资源管理中建立起 SWAT 与 CE-QUAL-W2 耦合模拟模型，并应用该模型模拟了复杂流域上下游河道水量水质过程。Alvarez-Vázquez 等（2010）结合水库库区的污染程度，通过构建数学模型，优化模拟流入水库的净水与水库污染程度之间的关系。

在国内，2003 年起我国将水资源水质水量联合评价方法作为研究重点之一。在新时期流域水资源管理中，迫切需要探讨和解决水资源数量与质量联合评价问题，重新认识流域的水资源量及其分布。董增川等（2009）在引江济太原型试验引分水控制模式分析的基础上，建立了区域水量水质模拟与调度的耦合模型。赵棣华等（2003）在有限体积法框架下应用通量向量分裂（flux-vector splitting，FVS）格式进行平面二维水流–水质模拟，并用于长江江苏靖江段的水质及污染带模拟，模拟效果较好。吴昊和周志华（2014）基于 MIKE 11 模型，开发了引滦输水沿线水质水量联合管理信息系统。刘玉年等（2009）针对淮河中游的特点，建立了一个能适应水系密布、河网交错、水库闸坝众多、相互制约等复杂水流条件和防污调度要求的一维和二维水量水质耦合的非恒定流模型，并采用联防调度实测资料对模型进行了率定和检验，结果表明，所建模型能够准确客观地描述淮河中游洪水、污染物的运动规律，预测和评价各种调度方案的改善水质效果。

水生态系统健康的河流能调节区域气候、净化水体质量、维系生命，为人类社会的发展提供多种生态、环境、社会和经济功能。目前，国内河流生态系统健康研究还处于初始阶段，虽然国内一些学者总结了河流生态系统健康及其评价方法和未来发展方向，但尚未形成一套成熟的方法。夏军（1995）提出了多级灰关联评价理论和方法，能很好地解决和适应河流水生生态质量评价中多指标、多层次、多关联、动态及信息不完备的特点和问题。赵长森等（2008）采用生物指数与水生生物指示环境结合的方法评价了淮河流域闸坝与水污染对流域水生态的影响，指出在削减颍河、涡河上游排污量的同时，应在枯水期联合调度水质–水量–水生态以修复流域水生态。陈燕飞和张翔（2016）将可变模糊识别模型与改进的层次分析法（analytical hierarchy process，AHP）相结合，构建相关模型用于汉江中下游流域水环境系统可恢复性的评价，为汉江流域水环境保护和管理提供了科学依据。

可持续水资源管理必须充分考虑自然生态系统对水资源的需求，经济和人口的快速增长大量挤占生态环境需水，致使支撑人类社会发展的多种生态环境功能受到损害。新时期的水资源管理方式要求协调生态环境和人类社会对水资源的要求，做到科学配置水资源。在我国，传统的水资源配置没有充分保障生态需水，导致生态用水被挤占，在较多流域存在生态缺水问题，可持续发展面临挑战。"九五"期间，国家科技攻关计划项目"西北地区水资源合理开发利用与生态环境保护研究"就明确提出"生态需水"这一概念。"十一五"规划把加强人口和资源管理、重视生态建设和环境保护作为可持续发展的重大措施。钱正英等（2006）指出，水利创新的一项重大任务是如何实现人与河流的和谐发展，必须审慎研究确定每条河流的生态需水量和流量的时段分配，相应规划合理的开发利用方式。王西琴等（2003）采用月（年）保证率设定法计算了黄淮海平原河道的基本环境需水量，指出淮河流域片区最小河道环境需水量约为 134.7 亿 m³。徐志侠等（2004b）采用生物空间最小需求法计算了淮河流域颍河阜阳站、涡河蒙城站的最小生态流量，分别为 5.3%、8.5%，适宜生态流量分别为 28.7% 和 26%。梁友（2008）综合使用水文指标法与水力学法计算了淮河水系重要河段和湖泊的最小及适宜生态需水量，结果表明，淮河水系重要河段和湖泊的最小及适宜生态需水量分别为 19.61 亿 m³、73.4 亿 m³。

目前，类似淮河复杂水系和众多闸坝群的水质－水量－水生态联合调度问题的案例研究比较少。2005～2006 年，中国科学院地理科学与资源研究所等单位与淮河流域水资源保护局合作，开展了"淮河流域闸坝运行管理评估及优化调度对策研究"。2006 年，中国科学院、中国水利水电科学研究院与日本国立环境研究所合作，开展了"淮河闸坝对河流环境影响与生态修复调控研究"。"十一五"期间，武汉大学等单位与淮河流域水资源保护局合作，开展了"淮河－沙颍河水质水量联合调度改善水质关键技术"课题研究。基于以往的研究成果及实践，深入研究水质水量调度和水生态之间的关系，突破水质－水量－水生态联合调度关键技术，改善河流水质，保障生态用水保证率，实现流域水环境改善与恢复水生态系统健康的目标，可以为流域经济社会可持续发展和生态环境保护提供技术支撑。

与此同时，随着计算机信息技术和数字技术的进步，在 GIS 技术的支持下，可以完成流域系统的水文、生态、环境、经济社会等海量数据的管理、处理、分析、模拟和可视化表达，为流域水量、水质过程的数值模拟以及联合调度奠定基础。

1.2　研究目标与研究内容

1.2.1　研究目标

基于提高流域水生态系统用水保障度、恢复流域水生态系统健康的需求，针对淮河多闸坝的特点，构建多闸坝运行下汛期–非汛期全过程水质–水量–水生态联合调度系统，建成以"改善水质、保护水生态"为目标的信息化管理平台。通过淮河水质–水量–水生态联合调度与控源–修复的结合，实现淮河流域整体水环境治理与恢复水生态系统健康的目标，支撑流域经济社会可持续发展。通过研究，在以下方面支撑淮河流域水质改善和水生态保护。

1）水质–水量–水生态联合调度关键技术研究与示范，有利于提高流域水生态系统用水保证程度，尤其是重点水源地的水质安全保障能力。

2）建设服务于信息化管理的淮河流域水质–水量–水生态联合调度平台，有利于提升流域水生态系统的承载能力和人工系统保障能力。

3）为全面改善淮河的水环境、修复河湖水生态，提供河湖水质–水量–水生态联合调度与管理的实践经验和基础。

1.2.2 研究内容

1. 淮河流域典型水域水生态系统变化及其与水文过程关系研究

（1）淮河流域典型水域水生态调查及指示生物识别

调查分析淮河洪泽湖以上流域已有的研究成果，初步掌握该水域的水环境生态现状及突出问题；收集水文气象、水质、水利工程等数据，包括多年平均径流量、年内水量分布、水库闸坝分布及运行情况等；收集（或者补充监测）河流生态数据，包括浮游动物、浮游植物、底栖生物、鱼类、挺水植物、河滩植被等。采用GIS技术，建立淮河流域水环境生态系统数据库，包括流域背景、社会经济状况、河道物理特征、水文、水质、水生植物、鱼类、底栖生物等指标。

根据收集的基础数据和调查的生态数据，采用主元素分析、典型相关分析（canonical correlation analysis，CCA）、物元分析等方法，筛选关键水环境参数；参考《欧盟水框架指令手册》（Europen Union Water Framework Directive，EU-WFD）中的河流生态评价方法，确定表征淮河水生态系统状态的指示生物；调查收集淮河流域水环境生态的历史状态，研究河流水环境生态系统退化过程，分析归类流域内各河段水生态退化的典型类型（严重缺水型、严重污染型、严重工程控制型）。

（2）淮河流域水生态系统对闸坝群调度的响应

通过野外植物样方跟踪观测和室内水槽胁迫生长模拟实验，研究目标植物对河床地貌、河流水位、流速的响应关系；采用实验室大型水槽和物理比尺模型，通过控制实验，确定鱼类对关键水环境因子（水深、流速、紊流强度、水流变率）的定量响应关系，建立相应的适配曲线，并通过实测数据进行验证；针对不同指示类型的底栖动物（清水种、污水种、过渡种），通过实验和野外调查数据，建立底栖动物对水环境因子的响应关系。

利用收集的流域历史资料及现场监测数据，建立典型河流一维水动力－水质模型，在生态敏感区建立二维水动力－水质模型，分析典型水文年水动力、水环境因子变化特征；基于指示生物－水环境因子响应关系，结合二维水动力－水质模型，建立淮河流域指示生物生态水力学模型；根据历史数据和现状调查，反演典型河流水生态系统变化过程，验证模型的可靠性；采用建立的模型，结合闸坝运行，量化闸坝群调度导致的水文情势变化对水生态系统的影响。

（3）平原河流生态基流计算方法及水文调控阈值确定

以研究区域典型水文年对应的生态系统状态为参照，根据河流生态系统当前所处的健康状态，结合河流生态服务功能区划和区域社会经济发展规划，建立社会经济和水资源约束条件下的生态修复动态优化系统，确定河流各功能区的生态保护和修复的合理目标；根据河流各功能区的生态保护和修复的合理目标，运用建立的指示生物生态水力学模型推算控制断面各典型水文年相应的最小生态基流量和适宜生态基流量过程；针对极端水文条件，提出河流生态基流调整模式。

研究生态基流与水功能区限制纳污红线的关系及相互作用，分析流域尺度生态基流的时空特征。从河流生态系统的结构和功能出发，以生态基流为主线，依照河流物理完整性、化学完整性、生物完整性以及生态功能需求，采用建立的生态水文模型，深入剖析淮河水生态系统退化的水文水环境驱动机制；总结指示生物、确定目标生物－水文水环境响应关系、生态基流研究结果，筛选不同难易层次的水生态系统健康状态表征指标，构建河流生态健康诊断模型，确定淮河水生态系统不同健康状态对应的水文调控阈值。

2. 多闸坝流域水质－水量－水生态耦合模拟模型集成与拓展

（1）复杂条件下流域水文－水质过程和暴雨径流模拟

在"十一五"期间所建立的淮河流域分布式时变增益模型 2.0 版（DTVGM-V2.0）基础上，进一步扩展系统功能，其中对于汛期洪水模拟与预报，拓展小时尺度流域水文模拟预报功能，对于非汛期重点实现日（月）尺度流域径流模拟。在此基础上，构建遵循物质循环机制的流域分布式非点源污染模型，基于 GIS 技术，模拟氨氮（NH_3-N）、高锰酸盐指数（COD_{Mn}）、溶解氧（DO）等污染负荷的产生、运移过程，识别产污的关键区域。同时通过河道断面的水质监测数据和点源排污口监测等污染负荷数据，综合考虑作物种植面积和面源污染入河系数，估算区域的入河非点源污染负荷量，与模型估算负荷量进行对比验证。

（2）河流污染物质迁移过程模拟

淮河流域河流纵横交错，水库闸坝众多，形成了一个水力和生态相互联系的复杂体系。本研究在"十一五"研究的"淮河–沙颍河水动力水质数值模拟模型"的基础上，将模型模拟的范围拓展到洪泽湖以上淮河中游，选取淮河干流王家坝至小柳巷、沙颍河（阜阳闸至沫河口）、涡河（大寺闸至涡河口）为研究河流污染物质迁移的重点区域。通过对河道水流和水环境容量的分析，建立一维水量水质耦合数学模型，分析污染物沿程时空变化规律，揭示闸坝调控引起的水动力条件变化对污染物迁移、转化、降解等过程的影响。在对干支流交汇河段水流运动特性和污染物输移规律分析的基础上，建立重点河段淮南至蚌埠段二维水动力–水质耦合数学模型，模拟排污口及涡河排污形成的岸边污染带扩散的范围，量化蚌埠闸枢纽不同调控方式对城市取水口水质的影响。在上述研究的基础上，形成淮河中游干支流整体一维、局部重点区域二维的水量水质耦合数学模型，可模拟的水质指标包括高锰酸盐指数、溶解氧和氨氮。

（3）嵌入闸坝群运行过程的流域分布式水质–水量–水生态耦合模拟

以流域水循环为基础，结合闸坝及重要河流断面的空间分布划分计算单元，保持单元内河段的水功能区基本一致，在每个单元上采用时变增益产汇流模式模拟水循环的陆面部分（即产流和坡面汇流部分）和水循环的水面部分（即河网汇流部分），并在水循环的水面部分中考虑闸坝群的影响，将闸坝群的运行过程嵌入单元汇流过程中，同时利用水生态系统变化及其与水文过程关系研究中构建的水生态–水文–水质过程响应模型，建立主要指示生物（鱼类、底栖、固着性藻类）和污染物（$NH_3\text{-}N$、COD_{Mn}、DO）与特征水文参数的季节性响应关系，通过无缝集成上述各过程，最终形成一套具有自主知识产权的开放式淮河流域分布式水质–水量–水生态耦合模型。连接淮河流域水资源保护局控制中心业务运行的数据库系统，实现动态模拟闸坝群运行环境下河流水文水质过程及其伴随的水生态特征的时间空间变化，揭示了人工调控河流的水质–水量–水生态变化机理。

（4）耦合模型优化及应用集成系统研制

通过集成应用定性的 Morris 筛选法和定量的方差分解理论，基于响应曲面模型（response surface model，RSM）的代理模型技术，高效地实现复杂水质–水量–水生态耦合模型的参数敏感性定量估计。以参数敏感性为基础，开展耦合模型的参数多目标优化和不确定性影响研究。对于耦合模型中物理概念较强的参数（如流域特征、地形、土壤及植被属性参数），可通过实测资料或有关文献资料直接赋值；对于相对敏感或重要的概念性参数，确定合理参数范围，根据实测的模型输入输出数据进行参数优化。考虑不同类型的模型运行情景（水文站、闸坝或水库），探讨多目标响应条件下的模型参数优化算法，集成代理技术和多目标优化算法开发高效的参数优化算法。基于多目标优化算法，耦合代理模型技术开展水质－水量－水生态耦合模型的参数不确定性影响评估，提出一种有效的参数不确定性量化研究集成方案。基于此，研制拥有自主知识产权的淮河流域水质－水量－水生态耦合模拟和参数优化及应用集成系统。

3. 淮河重要水域生态需水保障及闸坝调控能力研究

（1）重要水域可调水资源的时空分布及闸坝调控能力研究

调研研究区内主要闸坝分布、各闸坝的结构和调度方式、年内不同时段各闸坝以上水资源状况（包括流域水资源量、水质条件、水生态状况）、需水状况（包括工业、农业、生活等）等基础信息，调研研究区内（淮河流域洪泽湖以上）不同时段入河排污状况（包括分水期入河排污量、生活、工业、面源）和水资源宏观经济系统的水资源配置状况，并综合考虑生产、生活和生态用水需求，系统分析研究区内重要闸坝调度运行方式及其可调控水资源状况时空分布，包括水资源量、水资源的水质，为水质－水量－水生态多维调控模型的约束条件提供依据。

（2）重要水域基于闸坝调度的生态需水调控目标研究

根据水功能分区，结合淮河主要水域闸坝分布及其可调水资源时空分布特征，划分水生态调度控制区段，应用水生态保障水文阈值研究成果和水质－水量－水生态分布式模拟技术，研究典型水生态需水保障关键指标与生态用水调控目标，如河流的生态基流、断面流速、湖泊水位、水质等，为水质－水量－水生态多维调控模型的目标函数提供依据。

（3）闸坝水质－水量－水生态多目标调控能力识别技术开发

以上游各闸坝调度运行方式、可调水资源为调水前提，结合闸坝调度历史分析，利用多闸坝水质－水量－水生态耦合模拟模型，在各闸坝水资源状况确定的条件下，计算下游水域水质－水量－水生态变化情境，与生态需水保障目标下水质－水量－水生态的关键控制指标及其控制目标相比较，以此评价多闸坝水质－水量－水生态联合调控下水生态调控能力。通过以上研究，识别闸坝水质－水量－水生态多目标调控能力，开发闸坝多目标调控能力识别技术。

（4）重要水域闸坝水质－水量－水生态多目标调控能力评估

根据重要水域闸坝可调水资源特征，设计闸坝调水情境，以相关水域生态需水关键指标控制目标满足程度为评价基准，应用开发的闸坝水质－水量－水生态多目标调控能力识别技术，评估研究范围内淮河重要水域水质－水量－水生态联合调度下的闸坝调控能力，研究闸坝在保障水域生态需水上的可调控性和约束条件等，为淮河重要水域实现水质－水量－水生态闸坝联合调度奠定基础。

4. 淮河流域水质-水量-水生态多维调控技术与调度系统平台示范

（1）淮河流域闸坝群复杂大系统分析

淮河流域是一个多支流、多闸坝、多功能区和多生态分区组成的复杂大系统，为了实现复杂大系统水质-水量-水生态多维调控，合理的系统解耦分析是关键技术之一。淮河流域闸坝群水质-水量-水生态多维调控是一个多目标、多阶段决策问题，需要对其系统工程要素特性及空间分布进行详细分析及系统解耦，合理划分和确定子系统结构及其调控目标；基于淮河流域水文-生态需水变化情势，应用变点分析等方法，揭示淮河流域闸坝群复杂大系统的时域变化特征，合理确定不同时期的水质-水量-水生态多维调控目标。

（2）水质-水量-水生态多维调控模型

淮河水质-水量-水生态多维调控的范围包括淮河洪泽湖以上干流及沙颍河、涡河、怀洪新河和新汴河等主要支流等。

淮河水质-水量-水生态多维调控涉及多个子系统及其经济社会效益、防洪与供水安全、水质保护和水生态保护等多个目标，不同目标之间存在复杂的协同和竞争关系，水量、水质和水生态系统之间存在复杂的耦合关系，如何采用模型描述多个子系统及多个目标之间的复杂耦合与制约关系是制定水质-水量-水生态多维调控方案的关键。研究淮河流域水质-水量-水生态多维调控规则与多维调控技术，明确不同调度时期多维调控目标的主次与层次结构关系，形成调度的水量平衡、水质-水量-水生态耦合关系以及闸坝调控能力等约束条件，分别对不同时间尺度以及空间尺度的多维调控规则与过程进行耦合建模，建立闸坝群水质-水量-水生态多维调控模型。

（3）水质-水量-水生态多维调控模型求解与决策技术

水质-水量-水生态多维调控模型具有结构复杂、目标和决策变量众多、非线性和不确定性强的特征，如何求解多维调控模型是提出合理调度方案的关键。水质-水量-水生态多维调控的求解与决策技术依据问题的分区、分块结构以及水力联系，研究模型的聚合分解、分解协调与集群智能优化算法的耦合求解方法，构造反映不同决策者与调度目标的效用函数，利用逐步结合偏好的多维调控交互式决策方法，从非劣调度方案集中寻找符合多个调度目标的最佳权衡解，实现目标之间的客观赋权与智能协调，反映专家的经验知识判断，提出调度方案集。

（4）水质-水量-水生态联合调度方案优选与风险分析

针对水质-水量-水生态多维调控过程中可能发生或正在发生的各种不同的水文、水动力、水质和水生态情景，在水质-水量-水生态多维调控方案进行情景模拟和风险分析的基础上，应用模糊综合评价等方法，研究水质-水量-水生态多维调控方案的实时优选技术，给出实时闸坝多维调控方案。

应用水质－水量－水生态耦合模拟模型，快速模拟计算不同水质－水量－水生态多维调控方案下，控制断面流量、水位、水质指标和水生态指标的时空变化过程，综合考虑水资源供需关系，特别是生态需水，分析水文、水力和工程等方面的不确定性因素，对比多维调控方案的水生态可恢复能力，控制可能发生的不利生态影响的多维调控过程，为水质－水量－水生态多维调控风险决策提供技术支持。

（5）水质－水量－水生态多源数据共享与调度系统平台示范

基于 WebGIS 和网络环境，采集研究区已有的及未来新建的测站气象、水文、水质、水生态等信息，包括一些基础地理信息。将这些多源异构的信息，在研发的数据集成系统中进行数据诊断分析、同化与融合处理，并将处理好的水质、水量和水生态信息放入控制中心的数据库系统中进行管理，为水质－水量－水生态联合调度决策提供专用的数据服务。此外，联合调度系统平台将在线耦合集成各项研究内容中研发的水质－水量－水生态耦合模拟模型和水质－水量－水生态多维调控模型，并在虚拟现实技术支撑下将水质－水量－水生态模拟、预测、调度、决策等过程信息进行直观的可视化展示。

基于计算机网络和虚拟现实技术构建，让决策者突破地理时空的限制，在网络虚拟环境中对各种可行的调度预案进行群体决策，探求有效解决综合性、复杂性流域水质－水量－水生态联合调度问题的途径，选择满意的调度方案付诸实施，形成水质－水量－水生态联合调度系统示范平台。

1.3 研究总体思路

针对淮河闸坝多、河流水污染事件多发、水生态恶化、水污染特征复杂、防污防洪供水矛盾突出的河流环境问题，加强多闸坝河流水质－水量－水生态监测、模拟、预报和调度一体化关键技术的研究，并推广应用到淮河的其他主要支流；在有效识别闸坝群最大调控能力基础上，开展防污调度与控源耦合技术，以及主要水域生态保障关键指标及闸坝可控性研究，提出以改善水质、保护水生态为目标的淮河多闸坝水质－水量－水生态联合调度；建立范围更大、技术更先进、应用更广泛的水质－水量－水生态联合调度系统平台，服务于淮河水利委员会，并逐步联网到河南省、安徽省的环保部门。通过科学的河流水质－水量－水生态联合调度，实现河流水环境与水生态系统调控的有机结合，避免淮河流域干流及主要支流发生水污染重大事故，改善水生态，并推广应用到淮河汛期－非汛期的全过程水质－水量－水生态的综合管理。研究总体思路如图 1-1 所示。

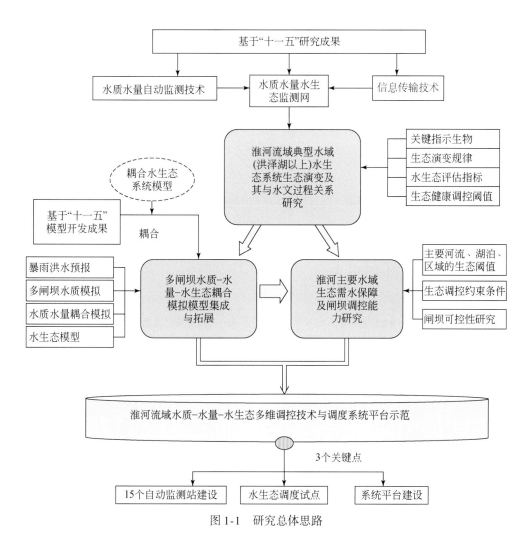

图 1-1　研究总体思路

<table>
<tr><td>第 2 章</td><td>淮河流域概况</td></tr>
</table>

2.1 淮河流域简介

2.1.1 自然地理概况

淮河流域（图 2-1）是中国古文明的发祥地，地处我国东部，介于长江流域和黄河流域之间，位于 $111°55'E \sim 121°25'E$，$30°55'N \sim 36°36'N$，东西长约 700km，南北宽约 400km，总面积为 27.466 万 km^2。流域西起桐柏山、伏牛山，东临黄海，南以大别山、江淮丘陵、通扬运河及如泰运河南堤与长江流域分界，北以黄河南堤和沂蒙山与黄河流域、山东半岛毗邻。流域地形大体由西北向东南倾斜，淮南山区、沂沭泗山丘区分别向北和向南倾斜；流域西部、南部及东北部为山区和丘陵区，其余为平原、湖泊和洼地。流域内山区、丘陵和平原的面积分别为 3.8 万 km^2、4.8 万 km^2 和 14.77 万 km^2，分别占流域总面积的 14%、18% 和 55%；湖泊及洼地总面积为 3.6 万 km^2，占流域总面积的 13%。流域土壤类型主要有潮土、砂姜黑土、水稻土、棕壤、粗骨土及褐土，其中以潮土分布面积最广，占流域总面积的 36.21%。

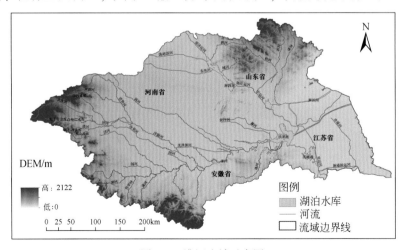

图 2-1 淮河流域示意图

淮河，古称淮水，是中国七大水系之一，与长江、黄河和济水并称"四渎"。其发源于河南省桐柏山太白顶北麓，全长由西向东约为1000km，总落差约为200m，依次流经河南、安徽与江苏三省，并在江苏的三江营汇入长江。淮河上游两岸山丘起伏，水系发达，支流众多，南岸支流均发源于山区和丘陵区，源短流急，较大的支流有史河、淠河、东淝河、池河等，其中淠河是南岸主要支流，发源于大别山区；北岸主要支流有洪河、沙颍河、涡河、包浍河等，其中沙河、颍河合称沙颍河，是淮河最大的支流，发源于伏牛山区，全长约为557km，流域面积约为3.6万km²。淮河中游地势平坦，湖泊洼地众多；下游地势低洼，大小湖泊星罗棋布，水网交错，其中最大的洪泽湖，是我国四大淡水湖之一，蓄水面积高达1576km²。

淮河流域地处我国南北气候过渡带，淮河以北为暖温带半湿润季风气候区，冬半年比夏半年长，过渡季节短，空气干燥，年内气温变化大；淮河以南为副热带湿润季风气候区，夏半年比冬半年长，空气湿度大，降水丰沛，气候温和。因此，淮河–秦岭线一般认为是地理上划分中国南北气候的分界线，这条线接近于我国1月0℃等温线和800mm等雨量线。淮河流域四季分明，冬春两季干旱少雨，夏季则闷热多雨，冷暖、旱涝急转，年平均气温为11~16℃，总体上由北向南、由沿海向内陆气温依次递增，极端最高气温为44.5℃，极端最低气温为–24.1℃。流域内降水主要受季风强弱变化影响，降水量时空分布不均，水旱灾害较为频繁。1956~2008年，流域多年平均降水量约为904mm，山区多于平原，沿海多于内陆，整体由南向北递减，汛期主要集中在6~9月，降水量占全年降水量的50%~75%。淮河流域多年平均径流量为614亿m³，主要由降水补给。流域内多年平均蒸发量为650~1150mm，主要集中在5~8月，占年蒸发总量的50%左右。此外，流域无霜期为200~240天，日照时数为1990~2650h，相对湿度年平均值为63%~81%。

2.1.2　社会经济概况

淮河流域包括江苏、安徽、河南、湖北和山东5个省共47个地级市，2001~2012年，流域内总人口持续增长。截至2012年，总人口达1.70亿人，约占全国总人口的13%，其中城镇人口为5657万人，占全国城镇人口的9%，城镇化率为33.3%。流域平均人口密度约为631人/km²，是全国平均人口密度的4.5倍，居全国大江大河流域人口密度之首。近年来，尽管淮河流域区域经济发展呈现持续增长的态势，但总体情况依然不容乐观，仍属于经济欠发达地区。2010年，淮河流域GDP为5.8万亿元，其中第一、第二、第三产业占GDP的比例由2001年的23.4%、43.0%、33.6%调整为14.6%、51.8%、33.6%，第一产业占比显著下降，而第二产业占比显著上升，产业结构逐渐由农业化向工业化转变。

淮河流域气候温和，水土肥沃，自然资源丰富，区位优势明显，在我国国民经济中占有十分重要的战略地位。淮河流域耕地面积约为 0.13 亿 hm^2，是我国重要的粮、棉、油等农副产品的主产区之一，分夏、秋两季耕种，夏收作物主要有小麦、油菜等，秋收作物主要有水稻、玉米、薯类、大豆、棉花、花生等。同时，流域内煤炭资源不仅分布广泛、储量充足，而且煤种齐全、质量优良，是我国黄河以南地区最大的火电能源中心和华东地区主要的煤炭供应基地。此外，流域内工业门类齐全，以煤炭、电力、食品、轻纺、医药等为主，近年来化工、化纤、电子、建材、机械制造等产业也取得了较大的发展，不仅为流域工农业生产及城乡人民生活提供了物质基础，而且为长江三角洲和华中地区经济发展提供了重要的能源。2007 年流域内工业增加值为 7296 亿元，约占全国总量的 8%，对该区 GDP 的贡献率达42.3%。2007 年淮河流域主要社会经济指标见表 2-1。

表 2-1　2007 年淮河流域主要社会经济指标

省份	总人口 /万人	城镇人口 /万人	GDP /亿元	工业增加值 /亿元	耕地面积 /万亩	粮食产量 /万 t
湖北	21	5	17	5	31	19
河南	5 836	1 806	5 564	2 406	6 683	3 368
安徽	3 744	1 132	2 538	764	4 153	2 276
江苏	3 933	1 667	5 565	2 270	4 847	2 477
山东	3 451	1 047	3 579	1 851	3 327	1 350
合计	16 985	5 657	17 263	7 296	19 041	9 490

此外，淮河流域内交通发达，铁路、公路纵横交错。京沪、京九、京广三条铁路干线连接我国东西和南北地区；年货运量居全国第二的京杭大运河横穿我国南北地区；淮河干流横穿流域内东西向地区。

2.2　淮河流域水资源概况

淮河流域水资源总量少，水资源严重短缺；流域多年平均缺水量达 51 亿 m^3，人均水资源量不足 $500m^3$，是全国人均水量的 18%，每公顷平均水量为 $4935m^3$，仅占全国每公顷平均水量的 19%，缺水率达 8.6%。

淮河流域水资源时空分布不均且变化剧烈，使水资源短缺的形势尤其突出。淮河流域降水量全年分布不均，年降水量的 70% 左右的径流集中在汛期 6～9 月。另外，降水量的年际变化很大，流域多年平均降水量为 880mm，多雨年份降水量可达 1300mm，是流域多年平均降水量的 1.5 倍，而少雨年份降水量可低至 300mm，最大年降水量是最小年降水量的 4.3 倍；最大年径流量是最小年径流量的 6 倍。遇干旱年，缺水形势更加严重。旱灾发生的频率和范围有增加的趋势。

淮河闸坝建设为淮河流域水资源调配发挥巨大效益，淮河流域是我国水利设施密度最大的流域之一。截至 2000 年，淮河流域共建立 1.1 万余座闸坝工程，形成了比较完整的综合水利工程体系；截至 2010 年，淮河流域共有大中小型水库 5700 多座，水闸 7366 座，2009 年淮河区水利工程实际供水量合计 523.1516 亿 m^3。作为人工水利设施，闸坝在防洪、灌溉、供水和发电等方面发挥了巨大的社会经济效益，但也在一定程度上对河流水生态系统产生了负面影响。闸坝的存在减少了河道径流，减缓了水流速度，削弱了水体自净能力，加剧了水体污染。此外，大多数闸坝在枯水期关闸蓄水，闸上污水聚集，易形成高浓度污水团。当汛期首次开闸泄洪时，污水团下泄极易造成突发污染事故。这种极不合理的闸坝调度方式导致严重水污染事件频频发生。

淮河流域水资源时空分布不均，人口、耕地与水资源不匹配，在淮北缺水地区水资源开发利用程度高，在淮南丰水地区水资源开发利用程度相对较低。淮河流域 2011 年总用水量为 586 亿 m^3，其中农田灌溉用水占 64.8%，林牧渔畜用水占 7.1%，工业用水占 l5.5%，城镇公共用水占 1.9%，居民生活用水占 8.7%，生态环境用水占 2.0%。淮河流域已经成为我国水资源开发利用率较高的地区之一。随着社会经济的发展，淮河流域不同年份地表水资源开发利用率发生着很大的变化。在大多数年份，地表水资源开发利用率超过了 40%，超出了国际上地表水资源开发利用的限度，对生态环境造成了很多不利影响，如湖泊萎缩、泥沙淤积，使水资源的调蓄能力减弱；下游河道多次出现断流现象；挤占生活用水，造成饮水安全问题；地下水超采形成多处区域性降落漏斗，引起地面塌陷、海水入侵等；过量引用地表水、大水漫灌、灌排不平衡等易形成大面积的土壤盐渍化。

2.3　淮河流域水污染概况

经济的快速发展导致淮河水质污染问题非常严重。近年完成的全国河流水质评价表明，淮河 13 706km 评价河长中符合Ⅰ～Ⅲ类水体的比例仅为 26.3%，在全国七大江河中水质排位为末。1974 年、1989 年、1992 年、1994 年、1995 年、1998 年、1999 年、2000 年、2004 年、2007 年、2008 年、2010 年等淮河流域均发生特大水污染事故。例如，1999 年 4 月 18 日，大量超标废污水排入淮河支流洪汝河上游，使相关河段水质黑臭，鱼类大量死亡，附近居民生活饮水困难。

根据 2000 ~ 2011 年《淮河片水资源公报》，2000 ~ 2011 年淮河流域工业废水（不含火电厂直流式冷却水与矿坑排水）和城镇居民生活污水排放总量一直呈上升的趋势，流域排污量由 46.01 亿 t 上升到 76.34 亿 t，排污量以每年 4.7% 的速度递增；尽管如此，污染物入河量却呈现逐年下降趋势。与 2000 年相比，虽然 2011 年废水排放量比 2000 年增加了 2.5 万 t，但 COD 入河量减少了 66.1 万 t，削减率为 57.3%；氨氮入河量减少了 7.4 万 t，削减率为 56.9%。淮河流域典型水体 DO 浓度的年内变化主要受到水温的影响，表现为冬季浓度高于夏季浓度；COD 浓度同时受到闸坝调控方式以及区域来水量的影响，汛期浓度低于非汛期。从流域的水体污染物浓度变化规律来看，有机污染物浓度呈显著上升趋势的河段主要分布在淮北支流上。

淮河流域水污染主要来自三个方面：一是工业废水，工业污染源以造纸、酿造（酒精、柠檬酸、味精、啤酒）、制革、化工为主要污染行业，其中造纸、酿造污染约占工业污染总负荷的 70%；二是生活污水，随着人口的增长和城市化进程的加快，生活污水所占的比例呈上升趋势；三是面源污染，主要指残留的农药、化肥通过灌溉和降水径流的冲刷进入水体所产生的污染。淮河流域重金属的输入与淮河流域两岸的冶金、化工、焦化、电镀、制革工业密切相关。淮河流域水质与淮河流域的污染物输入、水文条件及淮河自身的自净能力紧密相关。淮河流域污染主要有以下几个趋势：①干流轻、支流重。这主要是由于淮河流域沿岸，尤其是支流沿岸有着大量效益差、污染重的小造纸、化工、制革厂，污水不经过处理就排向水体。而干流的流速大，加上上游补充了相对干净的水和沉积物，使得污染物质得到了充分的稀释。②多环芳烃（PAHs）污染轻、富营养化较重。这主要是由于淮河流域沿岸的生活生产污水等非点源不经处理直接排放，水体中氮磷等营养盐含量升高，而水体中的 PAHs 主要源于煤焦油、沥青、页岩油、碳墨、废物及各种工业矿物油的渗漏，产生 PAHs 的这类企业在淮河沿岸较少。③沉积物中污染物质含量高，水体中含量低。这主要是由于沉积物"汇"的作用。

淮河干流大部分河段为 III、IV 类水，总体而言，淮河流域受到氨氮和高锰酸盐指数污染比较严重。沙颍河干流水体受闸坝和污水过量排放的双重影响，污染严重，水质浓度严重超标，其污水量和 COD 排放量占淮河干流的 40% 以上。淮河干流以北属于人口和工农业密集区，河流污染物入河量远远超过水体的纳污能力，且沿岸农业面源污染严重，导致河流水质恶化，生态系统损害比较严重，其中沙颍河中下游是河流生态系统遭受破坏最严重的区域。相对而言，淮河干流以南的河流水系水环境质量较好。

2.4 淮河流域水生态概况

淮河水系已知鱼类 115 种，水生植物 60 余种，两栖爬行动物 40 余种，浮游动物 200 余种（属），浮游植物 250 余种（属），底栖动物 70 余种（属）。流域内分布有中华水韭、莼菜、野菱和水蕨等国家重点保护植物，大鲵、虎纹蛙和胭脂鱼等国家重点保护动物。目前淮河流域已建立水生生物和内陆湿地自然保护区 24 处，其中国家级自然保护区 1 处，国家级水产种质资源保护区 39 处。淮河源头区重点保护源头湿地生态系统和大鲵、虎纹蛙等国家重点保护野生动物及鳜、鲂、鲴、鲌等重要经济鱼类。淮河中游重点保护花鳗鲡、野菱等国家重点保护野生动植物和长吻鮠、江黄颡鱼、橄榄蛏蚌、淮河鲤等土著物种及其栖息地。淮河下游湖泊重点保护野菱等国家重点保护野生植物和湖鲚、银鱼、鳜、河蚬等重要经济物种及其栖息地。沂沭泗河水系重点保护莼菜、水蕨等国家重点保护水生植物以及银鱼、沂河鲤、青虾、鳜、翘嘴鲌、鲢、鳙等重要经济物种及其栖息地。

基于现有研究水生生物的 Shannon-Wiener 多样性指数、污染耐受指数（pollution tolerance index，PTI）、Simpson 多样性指数、Margalef 丰富度指数、Pielous 均匀度指数和 Goodnight 修正指数均表明，淮河水系的水生生物多样性均较低，断面的生态健康状况较差，评价断面生态系统稳定性较低。鱼类资源综合评价表明，淮河流域的鱼类多样性整体上呈现湖泊（南四湖、洪泽湖）>淮河干流>淮河支流的现象，但是水质较好的支流（史河、灌河、潕河、沙河），鱼类多样性丰富，污染严重的支流（颍河、涡河、贾鲁河、沂河、沭河、洙赵新河）鱼类种类与数量减少，仅少数耐污的鱼类（如鲤、鲫、餐等）存在。

研究表明，影响淮河流域水生植被分布的关键因素有 NO_3^-、PO_4^{3-} 和总磷（TP）含量。影响淮河干流底栖动物软体动物类群的主要环境因子有河宽、水深和砂质型底质。影响浮游植物群落结构的主要因子有高锰酸盐指数、pH、总悬浮物（TSS）、氮磷比、流速和溪流等级等。影响浮游动物蚤属（*Daphnia*）的生物量下降与捕食性桡足类（尤其是近邻剑水蚤）的摄食压力、浮游植物生物量的季节变化密切相关；水温、溶解氧和流速是与淮河干流浮游动物群落结构相关性较强的环境因子。水温、pH、总氮和沉积物重金属（Cd、Pb、Hg）的梯度变化是淮河干流底栖动物群落结构变化的主要驱动因子，闸坝运行、边坡固化、岸边植被带及采砂活动等对底栖动物的栖息地与空间分布同样对底栖动物群落结构变化产生重大干扰。水质污染、对鱼类资源的过度利用、泥沙淤积、围湖造田造成鱼类栖息地的减少是鱼类多样性降低的主要因素。

第3章 淮河流域典型水域水生态调查及指示生物识别

3.1 淮河流域水生态现状调查

3.1.1 样点概况

本研究以淮河洪泽湖以上淮河干流、主要支流如沙颍河、涡河和淠河等作为研究对象；2014 年春季、夏季、秋季、冬季和 2015 年夏季在淮河典型水体完成 5 次水生态系统调查。在分析大量背景资料和以往研究成果的基础上，依据淮河水利委员会水资源保护局的日常监测点位分布、国家"十一五"水体污染控制与治理科技重大专项课题"淮河-沙颍河水质水量联合调度改善水质关键技术研究"，在淮河流域典型水体共设定 27 个主要生态断面点位（表 3-1），其中淮河干流点位 12 个，沙颍河点位 8 个，涡河点位 4 个，淠河点位 3 个。其中 2014 年春季采集 22 个点位，剩余所有采样季节均采集全部 27 个点位，四个季节共采集 130 个样本。

表 3-1 淮河流域典型水体采样点位信息

点位编号	点位位置	河流名称	底质类型	春季	夏季	秋季	冬季
S1	河南省桐柏县月河镇	淮河干流	大石块	√	√	√	√
S2	河南省信阳市息县长陵乡	淮河干流	淤泥沙	√	√	√	√
S3	河南省淮滨县城关镇	淮河干流	含细砂淤泥	√	√	√	√
S4	河南省沈丘县纸店镇	颍河	半硬底泥	√	√	√	√
S5	河南省沈丘县牌坊张庄	颍河	淤泥	√	√	√	√
S6	河南省项城市郑郭镇	颍河	硬底泥	√	√	√	√
S7	河南省淮阳县＊新站	颍河	硬底泥	√	√	√	√
S8	河南省西华县西夏亭镇高庄	颍河	淤泥	√	√	√	√
S9	河南省西华县逍遥镇	沙河	淤泥	√	√	√	√
S10	安徽省阜南县曹集镇顺和村	淮河干流	淤泥	√	√	√	√
S11	安徽省六安市寿县＊大店岗	淠河	淤泥	√	√	√	√
S12	安徽省六安市寿县南堤村	淠河	硬底泥	√	√	√	√

点位编号	点位位置	河流名称	底质类型	春季	夏季	秋季	冬季
S13	安徽省六安市寿县正阳关镇	淮河干流	淤泥/小石块	√	√	√	√
S14	安徽省阜阳市颍上县杨湖镇	颍河	淤泥	√	√	√	√
S15	安徽省阜阳市颍上县鲁口镇	淮河干流	淤泥	√	√	√	√
S16	安徽省淮南市平圩镇卢沟村	淮河干流	淤泥	√	√	√	√
S17	安徽省蒙城县双涧镇	涡河	硬底泥	√	√	√	√
S18	安徽省怀远县河溜镇	涡河	淤泥	√	√	√	√
S19	安徽省怀远县涡河二桥	涡河	含细砂淤泥	√	√	√	√
S20	安徽省蚌埠市怀远县新城口	淮河干流	砾石	√	√	√	√
S21	安徽省蚌埠市蚌埠闸	淮河干流	淤泥	√	√	√	√
S22	安徽省明光市柳巷镇	淮河干流	淤泥	√	√	√	√
S23	河南省罗山县新湾沙场	淮河干流	砂底	—	√	√	√
S24	安徽省太和县税镇镇	颍河	淤泥	—	√	√	√
S25	安徽省寿县大店岗	淠河	含细砂淤泥	—	√	√	√
S26	安徽省涡阳县刘园村	涡河	硬底泥	—	√	√	√
S27	安徽省蚌埠市五河县新集镇	淮河干流	淤泥	—	√	√	√

* 2019 年 8 月，经国务院批准，撤销河南省周口市淮阳县，设淮阳区。2015 年 12 月，将六安市寿县划归淮南市管辖。

所有点位中，仅有河南省桐柏县月河镇底质（S1）为大石块，河南省项城市郑郭镇（S6）、河南省淮阳县新站（S7）、安徽省六安市寿县南堤村（S12）、安徽省蒙城县双涧镇（S17）和安徽省涡阳县刘园村（S26）为硬底泥，河南省淮滨县城关镇（S3）、安徽省怀远县涡河二桥（S19）和安徽省寿县大店岗（S25）为含细砂淤泥，河南省信阳市息县长陵乡（S2）和安徽省淮南市平圩镇卢沟村（S16）受采沙场影响严重。受 2014 年夏季干旱影响，河南省西华县西夏亭镇高庄（S8）河道干枯严重。

3.1.2　采样方法

1. 水质物理化学指标

水质物理化学指标包括水温（WT）、酸碱度（pH）、溶解氧（DO）、电导率（EC）、流速（V）、悬浮物（SS）、总氮（TN）、总磷（TP）、氨氮（NH_3-N）、硝态氮（NO_3-N）、亚硝态氮（NO_2-N）、磷酸盐（PO_4^{3-}-P）、高锰酸盐指数（COD_{Mn}）、化学需氧量（COD）。

现场使用便携式 YSI 6600 测定水温、酸碱度和溶解氧，利用雷磁 DDS-307 测定电导率，利用便携式流速仪测定流速。利用水样瓶采取水样，水质样品采集、保存按《地表水和污水监测技术规范》（HJ/T 91—2002）进行，样品置于-20℃冰箱中冷冻保存，带回实验室测定化学指标，测定分析方法参照《水和废水监测分析方法》（第四版）。用碱性过硫酸钾消解-紫外分光光度法测定总氮，硫酸钾消解-钼酸铵分光光度法测定总磷，水杨酸-次氯酸盐光度法测定氨氮，酚二磺酸分光光度法测定硝态氮，N-（1-萘基）-乙二胺分光光度法测定亚硝态氮，钼锑抗分光光度法测定磷酸盐，高锰酸钾法测定高锰酸盐指数，重铬酸钾法测定化学需氧量。

悬浮物样品的测定：先取定量水样通过孔径为 0.45μm 的醋酸纤维素滤膜，再将附着悬浮物的滤膜置于烘箱内 50℃ 左右下烘干，约 5h 后将滤膜放入干燥器中冷却，之后用分析天平测定悬浮物含量。

2. 浮游植物

采集浮游植物定性样品时，使用 25 号浮游生物网（64μm 孔径）在采水点表层匀速按"∞"字形拖曳，将样品收集在 100mL 聚乙烯瓶中，加浓度为 4% 的福尔马林固定。采集浮游植物定量样品时，使用 2.5L 有机玻璃采水器，分别采集表层、中层、底层水样于塑料桶内，混合均匀后取 1L 水加 15mL 鲁戈氏液固定，并带回实验室经筒形分液漏斗静置沉淀 48h，吸去上清液，保留 30mL 浓缩样品待检。

实验室内将样品充分摇匀后，立即用移液器吸取 0.1mL 注入浮游植物计数框内，轻轻盖上盖玻片（不能有气泡），用目镜视野法在 10×40 倍光学显微镜下计数。每瓶标本至少计数两片，每片计数 50～100 个视野，同一样品的两次结果与平均数的相对误差的绝对值不大于 15%，即为有效结果，取其平均值。鉴定时，所有生物个体均被鉴定到可行的最低分类单元，通常为种级。

3. 浮游动物

采集浮游动物定性样品时，使用 25 号浮游生物网（64μm 孔径）在采水点表层匀速按"∞"字形拖曳，将样品收集在 100mL 聚乙烯瓶中，加浓度为 4% 的福尔马林固定。采集浮游动物定量样品时，原生动物、轮虫定量样品与浮游植物共用一个定量样品，采集甲壳动物定量样品时，采用有机玻璃采水器取 10L 混合水样，同样使用 25 号浮游生物网（64μm 孔径）过滤获得，并加浓度为 4% 的福尔马林固定。

实验室内将样品充分摇匀后，立即用移液器取 0.1mL 样品置于浮游动物计数框内，在 10×40 倍光学显微镜下全片定量计数原生动物分类单元和个体数；用移液器取 1mL 样品置于计数框内，在 10×20 倍光学显微镜下全片定量计数轮虫分类单元和个体数。每个标本分别计数两次，取其平均值，数据相差太多，可进行第三片计数，选相近的两个取平均值；过滤 10L 水样后全片定量计数甲壳动物分类单元和个体数。

4. 底栖动物

利用直径 30cm、60 目孔径尼龙纱 D 型网在小于 1.5m 深的河岸区用扫网法采集半定量和半定性底栖动物样品，采集时每个样点在 100m 长的河段范围内，按照不同生境出现的比例采集，采样样方介于 1 ~ 10 个，采样总面积介于 0.3 ~ 3m^2。样本在野外用 60 目分样筛筛选洗净后放入封口袋，加入 75% 的乙醇溶液固定，有寡毛类存在的点位利用 7% 甲醛缓冲液固定。实验室内在体视镜下进行分类鉴定和计数；鉴定时，所有生物个体均被鉴定到可行的最低分类单元，通常为属；其中软体动物鉴定至种，寡毛类鉴定至纲，甲壳纲鉴定到科或属。

5. 鱼类

采集鱼类标本时，原则上要采集调查水域的全部种类。对于常见鱼类和经济鱼类，主要从当地的渔业捕捞中获得；对于非捕捞水体、非经济鱼类或者稀有和珍贵鱼类，则需要通过专门的采捕获得；还可以通过当地水产市场、餐馆和休闲垂钓等途径补充采集。每种鱼采集 10 ~ 20 尾标本为宜，稀有（珍贵）或者特有种类应该多采集。实验室内，将标本矫正体型，撑开鳍条，使用福尔马林进行固定，个体较大的标本应该使用注射器往腹腔内注射适量的福尔马林，对于鳞片容易脱落的鱼类，使用纱布包裹后再进行固定；待标本硬化定型后，将其装入标本瓶或者标本箱中，并加入 5% 的甲醛溶液密封保存，固定液的用量至少能淹没鱼体。

3.2 数据分析方法

（1）物种优势度指数（Y）

依据如下公式计算：

$$Y = （n_i/N） f_i \tag{3-1}$$

式中，n_i 为第 i 个分类单元的个体数；N 为样品中所有物种的总个体数；f_i 为第 i 个分类单元在样品中的出现频率；以 $Y>0.02$ 作为优势种。

（2）Shannon-Wiener 多样性指数（H'）

依据如下公式计算：

$$H' = \sum_{i}^{n} (n_i/N) \times \log_2(n_i/N) \tag{3-2}$$

式中，n_i 为第 i 个分类单元的个体数；N 为样品中所有物种的总个体数。

多样性指数评价标准：$H' = 0$（无生物出现，以区别于只有 1 种生物）为严重污染；$0 < H' \leqslant 1$ 为重污染；$1 < H' \leqslant 2$ 为中污染；$2 < H' \leqslant 3$ 为轻污染；$H' > 3$ 为健康。

（3）Margalef 丰富度指数（D）

依据如下公式计算：

$$D = (S - 1)/\ln N \tag{3-3}$$

式中，N 为样品中所有物种的总个体数；S 为样品分类单元总数。

（4）均匀度指数（J）

依据如下公式计算：

$$J = H'/\ln S \tag{3-4}$$

式中，H' 为 Shannon-Wiener 多样性指数；S 为样品分类单元总数。

（5）底栖动物生物指数（botic index，BI）

依据如下公式计算：

$$\mathrm{BI} = \sum_{i=1}^{N} n_i t_i/N \tag{3-5}$$

式中，n_i 为第 i 个分类单元的个体数；t_i 为第 i 个分类单元的耐污值（tolerance value）；N 为样品中所有物种的总个体数。

底栖动物生物指数评价标准参照王备新和杨莲芳（2004）的研究：$0 < \mathrm{BI} < 5.5$，清洁；$5.5 \leqslant \mathrm{BI} < 6.6$，轻污染；$6.6 \leqslant \mathrm{BI} < 7.7$，中污染；$7.7 \leqslant \mathrm{BI} < 8.8$，重污染；$\mathrm{BI} \geqslant 8.8$，严重污染。

（6）生物群落组成和结构及其分布特征

除 pH 和土地利用比例外，剩余环境因子在分析前均进行 $\lg(X+1)$ 或 $\lg(X+10)$ 转换。为了降低稀有（珍贵）或者特有种类对分析结果的影响，剔除出现频率小于 5% 的物种。使用非度量多维尺度分析（non-metric multi dimensional scaling，NMDS）生物群落的时间和空间尺度差异性；使用相似性分析（analysis of similarity，ANOSIM）检验不同时间和空间尺度生物群落结构是否存在显著性差异；使用 SIMPER（similarity of percentages）分析找出对组内相似性贡献最大的生物类群；使用非参数的 t 检验比较生物参数及所有环境因子在时间和空间尺度是否存在显著差异性。

（7）指示生物筛选

利用 IndVal 方法（the indicator value method），结合历史数据、文献研究和水生生物特征选择不同聚类点位类群中的浮游植物、浮游动物和底栖动物指示生物。

IndVal 方法首先计算不同生物组成的聚类类群，在不同聚类类群使用生物的相对物种多度和物种的相对出现频率计算生物指示值，最终值介于 0 ~ 100，值越大说明该分类单元对该聚类类群的指示作用越大。较好的指示生物应该只发生在特定聚类类群中，而不应该发生在其他类群中。最后通过 1000 次蒙特卡罗置换（Monte Carlo permutations）检验计算指示生物物种的显著性（p-value<0.05）。

筛选鱼类指示生物时，从产卵环境和摄食环境等方面对淮河干流指示鱼类的筛选进行研究，运用层次分析法构建判断矩阵，计算各备选鱼类的排序权值，筛选淮河干流对生境要求具有代表性的指示鱼类。

3.3　淮河流域水生态调查结果与分析

3.3.1　水质理化的时空分布特征

对所有水质理化指标进行时间尺度差异性分析（表 3-2），WT、pH、DO、SS、TN、NH_3-N 和 COD_{Mn} 在不同季节间均值（Mean）存在极显著差异（p-value < 0.001），EC、TP 和 PO_4^{3-}-P 在不同季节间均值不存在显著差异。WT 均值在夏季最高，达到 26.06℃，在冬季仅为 6.23℃；DO 和 NH_3-N 均值在冬季最高；EC 和 TP 在不同季节间均值差异性不大；TN 均值在夏季最低，其他三个季节均高于夏季 2 ~ 3 倍；PO_4^{3-}-P 均值在夏季最高；COD_{Mn} 均值在夏季和春季类似，几乎为秋季和冬季的两倍。

主要水质指标的空间分布表明，在各调查季节，TN、TP、NH_3-N 和 COD_{Mn} 在空间分布上都呈现出在涡河、沙颍河和淮河中下游的浓度值较高，在淮河源头和淮河上游的浓度值较低的趋势，但 TN 和 COD_{Mn} 在不同河段之间的差异不大，而 TP 和 NH_3-N 在涡河、沙颍河和淮河中下游的浓度值高于淮河源头和淮河上游，说明涡河、沙颍河和淮河中下游受到的营养盐污染高于淮河其他河段。

3.3.2　水生态调查结果

1. 水生生物群落组成和结构

所有调查共获得浮游植物分类单元 153 个；其中绿藻门 61 个，占 39.87%；硅藻门 49 个，占 32.03%；蓝藻门 17 个，占 11.11%；裸藻门 16 个，占 10.46%；甲藻门 4 个，占 2.61%；隐藻门 3 个，占 1.96%；黄藻门 2 个，占 1.31%；金藻门 1 个，

表 3-2 淮河流域典型水体不同季节水质理化指标

指标	夏季		秋季		冬季		春季		p-value
	Min-Max	Mean±SD	Min-Max	Mean±SD	Min-Max	Mean±SD	Min-Max	Mean±SD	
WT/℃	22.5~30.5	26.06±2.18	11.80~17.00	14.57±1.19	3.00~8.60	6.23±1.32	12.50~18.80	16.10±1.62	<0.001
pH	7.11~8.45	7.86±0.38	6.68~8.66	7.80±0.39	7.65~8.74	8.22±0.30	7.69~9.46	8.27±0.38	<0.001
DO/(mg/L)	4.24~15.59	7.66±2.43	3.50~13.60	7.96±1.86	6.90~12.50	9.94±1.40	5.60~16.40	7.99±2.02	<0.001
EC/(μs/cm)	196~1626	646±437	149~2180	675±426	151~1030	583±282	113~1260	609±389	0.900
V/(m/s)	0~0.403	0.067±0.123	—	—	0~0.73	0.05±0.14	—	—	—
SS/(mg/L)	3.67~82.00	34.98±21.44	14~198	67.52±49.22	2.00~52.00	21.11±13.28	17.00~327.00	66.48±64.40	<0.001
TN/(mg/L)	0.89~14.88	3.38±2.78	3.59~16.13	8.09±3.95	4.52~18.04	9.33±4.25	5.03~15.48	10.03±3.14	<0.001
TP/(mg/L)	0.071~2.590	0.340±0.54	0.134~0.934	0.356±0.178	0.056~1.790	0.379±0.386	0.063~1.319	0.397±0.247	0.116
NH_3-N/(mg/L)	0.18~2.70	0.77±0.63	0.16~1.78	0.67±0.49	0.86~6.78	2.51±1.68	0.08~0.72	0.30±0.16	<0.001
NO_3-N/(mg/L)	—	—	1.18~7.50	2.59±1.57	1.35~6.83	3.33±1.74	1.03~5.74	3.01±1.45	—
NO_2-N/(mg/L)	—	—	0~0.30	0.07±0.07	0.02~0.30	0.07±0.06	0.01~0.16	0.07±0.05	—
PO_4^{3-}-P/(mg/L)	0.002~0.766	0.049±0.161	0.002~0.330	0.036±0.080	0~0.577	0.040±0.108	0.005~0.300	0.028±0.056	0.317
COD/(mg/L)	10.72~168.56	40.89±31.94	3.13~37.22	19.17±6.30	10.14~39.02	20.79±6.72	—	—	—
COD_{Mn}/(mg/L)	4.23~42.64	12.35±7.93	4.87~9.29	6.31±0.94	3.74~8.41	5.59±1.22	12.34~24.36	13.86±2.23	<0.001

注：Min 指最小值，Max 指最大值，Mean 指均值，SD 指标准差。

占0.65%。浮游植物的优势物种为微小平裂藻（*Merismopedia tenuissima*）、小环藻（*Cyclotella* sp.）、四尾栅藻（*Scenedesmus quadricauda*）和薄甲藻（*Glenodinium pulvisculus*），优势度分别为0.14、0.10、0.03和0.02。

所有调查共获得浮游动物分类单元67个；其中轮虫26个，占38.8%；原生动物24个，占35.8%；枝角类14个，占20.9%；桡足类3个，占4.5%。浮游动物的优势物种为王氏似铃壳虫（*Tintinnopsis wangi*）、绿急游虫（*Strombidium viride*）和月形刺胞虫（*Acanthocystis erinaceus*），优势度分别为0.08、0.06和0.04。

所有调查共获得底栖动物分类单元72个，隶属于3门6纲18目42科61属；其中软体动物12科14属22个分类单元，主要由腹足纲软体动物构成；环节动物蛭纲2科3属；甲壳纲4科；鞘翅目2科；双翅目6科16属；蜉蝣目6科9属；蜻蜓目4科6属；毛翅目1科2属4个分类单元。其中，软体动物分类单元数占总分类单元数的31%，双翅目分类单元数占总分类单元数的22%，EPT（蜉蝣目、毛翅目）分类单元数占总分类单元数的18%，蜻蜓目分类单元数占总分类单元数的8%，其他（蛭纲、寡毛纲、鞘翅目、半翅目和鳞翅目）占21%。所有季节中，米虾属（*Caridina*）为最优势种（优势度为0.11），其次为环足摇蚊属（*Cricotopus*）、直突摇蚊属（*Orthocladius*）和四节蜉属（*Baetis*），优势度分别为0.06、0.04和0.02；夏季底栖动物优势物种为米虾属（*Caridina*，优势度为0.40）和铜锈环棱螺（*Bellamya aeruginosa*，优势度为0.06）；秋季底栖动物优势物种为米虾属（*Caridina*，优势度为0.16）、四节蜉属（*Baetis*，优势度为0.04）和环足摇蚊属（*Cricotopus*，优势度为0.02）；冬季底栖动物优势物种为环足摇蚊属（*Cricotopus*，优势度为0.33）、真开氏摇蚊属（*Eukierfferiella*，优势度为0.04）、四节蜉属（*Baetis*，优势度为0.03）、长足摇蚊属（*Tanypus*，优势度为0.02）和寡毛纲（Oligochaeta，优势度为0.02）；春季底栖动物优势物种为环足摇蚊属（*Cricotopus*，优势度为0.33）、直突摇蚊属（*Orthocladius*，优势度为0.26）和米虾属（*Caridina*，优势度为0.08）。

所有调查共获得鱼类分类单元56个；其中鲤形目35个，占62.5%；鲈形目10个，占17.8%；鲇形目4个，占7.1%；鲑形目3个，占5.4%；鲱形目2个，占3.6%；鳉形目1个，占1.8%；合鳃目1个，占1.8%。

虽然本研究调查采集到比历史数据更为丰富的浮游动物分类单元数，但只采集到历史数据1/4的浮游动物分类单元数，1/2的底栖动物分类单元数和1/3的鱼类分类单元数。可能的原因有：①本研究仅在淮河干流、沙颍河、涡河和淠河进行了调查，研究范围较历史调查范围小，不能覆盖淮河流域所有水体类型；②在社会经济发展过程中，淮河受到的水质污染和生物栖境破坏越来越严重，因此部分生物类群的生物多样性存在明显退化，这样的退化在鱼类类群的退化中尤为明显。

2. 水生生物群落空间分布特征

淮河干流共采集到浮游植物分类单元 106 个，沙颍河共采集到 100 个，涡河共采集到 76 个，潩河共采集到 68 个。所有点位中，采集到最少分类单元的点位仅有 16 个，采集到最多分类单元的点位有 44 个。基于浮游植物群落组成和结构的不同河段采样点的非度量多维尺度分析结果表明，淮河干流、潩河和涡河的浮游植物群落组成和结构差异性极小，而沙颍河的浮游植物群落存在一定的差异性。ANOSIM 分析表明，不同河段的浮游植物群落组成和结构存在极显著差异性（$p\text{-value}=0.008$）；SIMPER 分析表明，造成不同河段的浮游植物群落组成和结构存在极显著差异性的物种在不同河段并不相同。

淮河干流共采集到浮游动物分类单元 47 个，沙颍河共采集到 46 个，涡河共采集到 29 个，潩河共采集到 9 个。所有点位中，采集到最少分类单元的点位仅有 5 个，采集到最多分类单元的点位有 25 个。基于浮游动物群落组成和结构的不同河段采样点的 NMDS 排序图表明，所有河段点位的浮游动物群落组成和结构差异性极小。ANOSIM 分析表明，不同河段的浮游动物群落组成和结构没有极显著差异性（$p\text{-value}=0.47$）；SIMPER 分析表明，造成不同河段的浮游动物群落组成和结构存在极显著差异性的物种在不同河段并不相同。

淮河干流共采集到底栖动物分类单元 41 个，沙颍河共采集到 43 个，潩河共采集到 28 个，涡河共采集到 26 个。所有点位中，夏季安徽省六安市寿县正阳关镇（S13）和秋季河南省信阳市息县长陵乡（S2）没有采集到底栖动物分类单元，采集到最多分类单元的点位有 27 个。基于底栖动物群落组成和结构的不同河段采样点的 NMDS 图表明，所有河段点位的底栖动物群落组成和结构差异性极小。ANOSIM 分析表明，不同河段的底栖动物群落组成和结构没有极显著差异性（$p\text{-value}=0.38$）；SIMPER 分析表明，造成不同河段的底栖动物群落组成和结构存在差异性的贡献率最大的物种主要为软体动物。基于底栖动物群落组成和结构的各采样点不同季节的 NMDS 图表明，夏季和冬季点位与剩余两个季节大部分点位的重合度较低，仅秋季和春季两个季节的所有点位的重合度较高，说明秋季和春季的底栖动物群落结构和组成在不同季节之间存在一定差异性。ANOSIM 分析表明，不同季节的底栖动物群落组成和结构存在极显著差异性（$R=0.176$，$p\text{-value}=0.001$）；SIMPER 分析表明，造成不同季节的底栖动物群落组成和结构存在极显著差异性的物种包括软体动物、双翅目昆虫、蜉蝣目昆虫、蜻蜓目昆虫。

不同河段的鱼类群落组成和结构存在一定差异性。2015 年在淮河干流正阳关至蚌埠闸段共采集到鱼类 821 尾，隶属 7 目 14 科 51 种，其中鲤形目占绝对优势，为 2 科 31 种，占 60.8%；鲈形目 5 科 9 种，占 17.6%；鲇形目 2 科 4 种，占

7.8%；鲶形目、鳗鲡目各 1 科 1 种、鲑形目 2 科 3 种、鲱形目 1 科 2 种。在沙颖河共采集到鱼类 656 尾，隶属 4 目 10 科 32 种，以鲤形目为主，为 23 种，占 71.9%；鳅科、鲿科各 2 种，鮨科、合鳃鱼科、鮨科、合鳃鱼科、鰕虎鱼科、攀鲈科、鳢科、刺鳅科各 1 种；沙颖河鱼类中以波氏吻鰕虎鱼、中华鳑鲏、贝氏餐、棒花鱼等小型鱼类为主。在涡河共采集到鱼类 182 尾，隶属 4 目 8 科 21 种，其中鲤形目 14 种，占 66.7%；鲶形目、鲈形目各 3 种，分别占 14.3%；合鳃目 1 种，占 4.7%；从种类组成来看，定居性的鱼类为主，这也与涡河缓流生境相适应。

3. 水生生物群落生物指数

浮游植物的 Shannon-Wiener 多样性指数、Margalef 丰富度指数和 Evenness 均匀度指数的分布范围分别为 0.78 ~ 3.21、1.03 ~ 4.79 和 0.12 ~ 0.73（表 3-3 和图 3-1）。不同河段的浮游植物的 Shannon-Wiener 多样性指数（非参数的 K-W 检验 p-value = 0.86）、Margalef 丰富度指数（p-value = 0.32）和 Evenness 均匀度指数（p-value = 0.59）均没有显著差异性（图 3-1），淮河干流的浮游植物 Shannon-Wiener 多样性指数、Margalef 丰富度指数和 Evenness 均匀度指数的中位数值均高于其他河段（图 3-1）。

表 3-3　淮河流域主要水体浮游植物、浮游动物、底栖动物所有样点 Shannon-Wiener 多样性指数 H'、Margalef 丰富度指数 D、Evenness 均匀度指数和 BI 分布范围

生物指数	浮游植物		浮游动物		底栖动物	
	Min-Max	Mean±SD	Min-Max	Mean±SD	Min-Max	Mean±SD
Shannon-Wiener 多样性指数	0.78 ~ 3.21	2.56±0.48	0.10 ~ 1.86	0.97±0.44	0 ~ 2.05	0.91±0.52
Margalef 丰富度指数	1.03 ~ 4.79	2.92±1.29	0.55 ~ 3.03	1.65±0.58	0 ~ 3.69	1.14±0.74
Evenness 均匀度指数	0.12 ~ 0.73	0.45±0.13	0.07 ~ 0.74	0.27±0.15	0 ~ 1.00	0.64±0.25
BI	NA	NA	NA	NA	0 ~ 9.00	6.70±1.38

注：NA 指无数据。

浮游动物的 Shannon-Wiener 多样性指数、Margalef 丰富度指数和 Evenness 均匀度指数的分布范围分别为 0.10 ~ 1.86、0.55 ~ 3.03、0.07 ~ 0.74（表 3-3 和图 3-1）。不同河段的浮游动物的 Shannon-Wiener 多样性指数（p-value = 0.18）和 Margalef 丰富度指数（p-value = 0.89）没有显著差异性，但 Evenness 均匀度指数在不同河段间呈现显著差异性（p-value = 0.05）（图 3-1），沙颖河的 Shannon-Wiener 多样性指数的中位数值高于其他河段，漯河的 Margalef 丰富度指数和 Evenness 均匀度指数的中位数值高于其他河段（图 3-1）。

底栖动物的 Shannon-Wiener 多样性指数、Margalef 丰富度指数和 Evenness 均匀

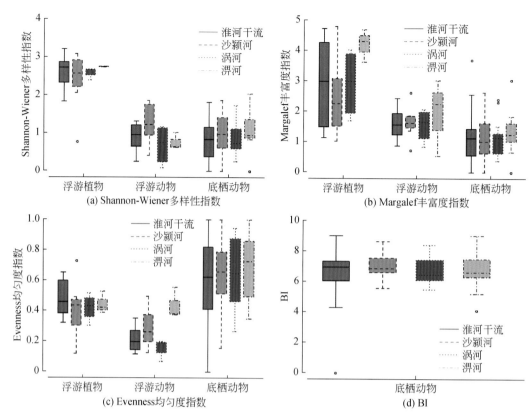

图 3-1　淮河流域不同河段的浮游植物、浮游动物、底栖动物的 Shannon-Wiener 多样性
指数 H'、Margalef 丰富度指数 D、Evenness 均匀度指数和 BI 的箱式图

度指数的分布范围为 0～2.05、0～3.69、0～1.00（表 3-3 和图 3-1）。不同河段的底栖动物的 Shannon-Wiener 多样性指数（p-value = 0.34）、Margalef 丰富度指数（p-value = 0.68）和 Evenness 均匀度（p-value = 0.93）没有显著差异性（图 3-1），沙颍河的底栖动物 Shannon-Wiener 多样性指数和 Margalef 丰富度指数的中位数值高于其他河段，淠河的 Evenness 均匀度指数的中位数值高于其他河段，但淮河干流的 Evenness 均匀度指数分布范围最广（图 3-1）。BI 的分布范围介于 0～9.00，不同河段的 BI 差异性并不显著（p-value = 0.53），所有河段的 BI 的中位数值相差不大（图 3-1）。

底栖动物夏季的 Margalef 丰富度指数平均值在所有季节中最高；春季的 Evenness 均匀度指数平均值在所有季节中最高；秋季的 Shannon-Wiener 多样性指数平均值在所有季节中最高；夏季的 BI 平均值在所有季节中最低（表 3-4）。非参数的 K-W 检验表明，所有底栖动物生物指数中，Margalef 丰富度指数和 BI 在不同季节之间不存在显著差异性，Shannon-Wiener 多样性指数和 Evenness 均匀度指数在不同季节之间存在显著或者极显著差异性。

表 3-4　淮河流域主要水体底栖动物的 Shannon-Wiener 多样性指数 H'、Margalef 丰富度指数 D、Evenness 均匀度指数和 BI 分布范围及不同季节差异性

生物指数		Shannon-Wiener 多样性指数	Margalef 丰富度指数	Evenness 均匀度指数	BI
夏季	Min-Max	0 ~ 1.75	0 ~ 3.69	0 ~ 1.00	4.79 ~ 7.50
	Mean±SD	0.78±0.52	1.17±0.95	0.51±0.28	6.33±0.56
秋季	Min-Max	0 ~ 1.81	0 ~ 2.63	0 ~ 1.00	4.1 ~ 8.41
	Mean±SD	0.97±0.56	1.21±0.76	0.66±0.24	6.43±0.97
冬季	Min-Max	0 ~ 2.04	0 ~ 3.03	0.25 ~ 1.00	4.70 ~ 8.75
	Mean±SD	0.80±0.50	0.99±0.72	0.68±0.24	7.01±1.23
春季	Min-Max	0 ~ 1.87	0 ~ 2.49	0.27 ~ 1.00	4.96 ~ 9.00
	Mean±SD	1.06±0.46	1.21±0.54	0.70±0.21	6.97±1.07
p-value		0.07	0.37	0.05	0.26

4. 水生生物群落驱动因子

　　浮游植物群落的除趋势对应分析（detrended correspondence analysis，DCA）第一轴长为 0.28，因此选择线性模型的冗余分析（redundancy analysis，RDA）对影响浮游植物群落的环境变量组成进行分析。经过逐步筛选与蒙特卡罗检验，RDA 结果表明，影响浮游植物群落的主要环境因子组合为 SS、pH、NH_3-N 和 NO_2-N（图 3-2）。RDA 前 3 轴特征值分别为 192.4、87.8 和 65.0，所选环境变量一共可以解释 31.0% 的浮游植物群落特征变异，其中前两轴分别可以解释 15.3% 和 7.0% 的浮游植物群落特征变异。比较所有样点在 RDA 排序图上的分布，不同河段的浮游植物样点与主要环境因子的关系各异，淮河干流和涡河点位的浮游植物群落主要受到 SS 的影响，大部分沙颍河点位的浮游植物群落受到高 NO_2-N 和 NH_3-N 的影响，部分涡河点位和淮河干流点位的浮游植物群落与 pH 呈正相关关系（图 3-2）。

　　浮游动物群落的 DCA 第一轴长为 0.40，因此选择非线性模型的 CCA 对影响浮游动物群落的环境变量组成进行分析。经过逐步筛选与蒙特卡罗检验，CCA 结果表明，影响浮游动物群落的主要环境因子组合为 SS、TN 和农业用地面积比例（% Cultivated）（图 3-2）。CCA 前 3 轴特征值分别为 0.32、0.24 和 0.20，所选环境变量一共仅可以解释 19.6% 的浮游动物群落特征变异，其中前两轴分别可以解释 8.2% 和 6.2% 的浮游动物群落特征变异。比较所有样点在 CCA 排序图上的分布，不同河段的浮游动物样点与主要环境因子的关系各异，淮河干流和涡河点位的浮游动物群落主要受到高 SS、高农业用地面积比例和高 TN 的影响，大部分沙颍河点位的浮游动物群落受到高 TN 和低 SS 的影响（图 3-2）。

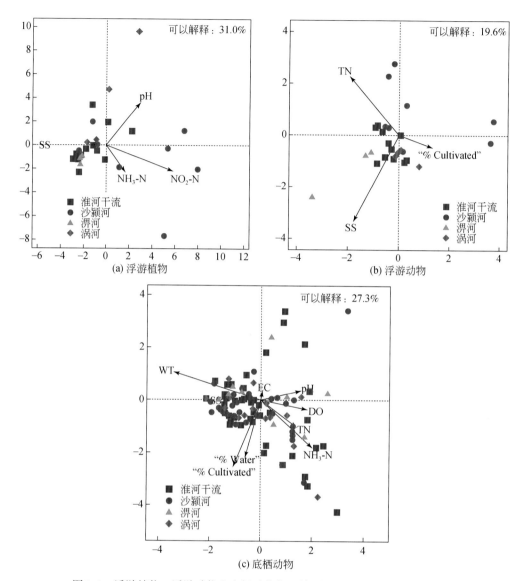

图 3-2　浮游植物、浮游动物和底栖动物与环境因子的 RDA 或 CCA 排序图

　　底栖动物群落的 DCA 第一轴长为 0.54，因此选择非线性模型的 CCA 对影响底栖动物群落的环境变量组成进行分析。经过逐步筛选与蒙特卡罗检验，CCA 结果表明，影响底栖动物群落的主要环境因子组合为 WT、EC、SS、pH、DO、TN、NH_3-N、农业用地面积比例和水面积比例（% Water）（图 3-2）。CCA 前 3 轴特征值分别为 0.37、0.24 和 0.17，所选环境变量一共仅可以解释 27.3% 的底栖动物群落特征变异，其中前两轴分别可以解释 9.1% 和 5.9% 的底栖动物群落特征变异。比较所有样点在 CCA 排序图上的分布，不同河段的底栖动物样点与主要环境因子的关系类似，即淮河不同河段点位的底栖动物群落主要受到综合污染类型的影响（如营养盐污

染、土地利用污染等）（图 3-2）。

与历史资料相比，淮河流域典型水体（淮河干流、沙颍河、涡河）鱼类资源密度相对较低，且存在继续变小的趋势，鱼类种类结构小型化和种群结构小型化现象突出。淮河纵向隔阻、水体污染、掠夺性开发和围湖造田是影响鱼类群落的主要因素；淮河流域主要水体的水质恶化已相当严重，这主要是由上游工业企业无节制地排污造成的，加之湖区大范围、大规模、高强度网箱养鱼、蟹、虾的发展以及湖上定居渔户数量的增加；同时，掠夺性开发不合理利用加剧了鱼类资源的减少；围湖造田、围垦造地导致鱼类栖息地和食物资源的减少。

人类活动干扰严重导致的入河污染负荷的提高和生物栖息地的破坏都是水生生物群落退化的主要因素。土地利用导致的不透水地表面积增加，降低了城镇土壤的透水性，造成大部分污染物质不能随水下渗，地表污染物直接进入河道，恶劣的水质状况对河流水生生物群落造成明显的影响。水利工程（如闸坝等）不仅改变了河道水文情势，而且切断了河流的连通性，改变了整条河流的水文水动力情势，造成污染物质（如 N、P 等）堆积，同时阻碍水生生物的自然散布，引起水生生物多样性锐减甚至消亡。重金属污染也是引起淮河流域水生生物群落结构退化的重要原因之一。河流渠道化建设直接切断了水土交界面的连通性，严重阻碍了地球化学物质循环的基本通道，破坏了水生态系统物质循环和能量流动的功能。

综合而言，本研究中影响淮河流域典型水体水生生物丰度和群落结构的主要因子是水温、悬浮物、总氮、氨氮、酸碱度和农业用地面积比例。已有研究表明，影响淮河流域水生生物分布的关键因素有水温、pH、营养盐浓度、高锰酸盐指数、流速、生物栖息地破坏等因素，但在淮河流域的较多研究中均忽略了流域内土地利用的影响。本研究表明，土地利用同样是影响淮河流域水生生物群落组成和结构的主要原因之一。

5. 水生生物指示物种

对浮游植物群落进行聚类分析后，IndVal 选择了 3 个聚类类群，在 3 个聚类类群内共选 8 个浮游植物指示物种，其中硅藻门 5 个，蓝藻门、甲藻门和裸藻门各 1 个，生物指示值介于 31 ~ 84，p-value 均 ≤0.01。淮河流域不同聚类单元的浮游植物指示物种为帽形菱形藻（*Nitzschia palea*）（指示值 53）、微小平裂藻（*Merismopedia tenuissima*）（指示值 45）、小环藻（*Cyclotella* sp.）（指示值 35）、薄甲藻（*Glenodinium pulvisculus*）（指示值 31）、梨形扁裸藻（*Phacus pyrum*）（指示值 75）、针状菱形藻（*Nitzschia acicularis*）（指示值 45）、间断羽纹藻（*Pinnularia interrupta*）（指示值 84）、微细异极藻（*Gomphonema parvulum*）（指示值 83）。

对浮游动物群落进行聚类分析后，IndVal 选择了 4 个聚类类群，但在 4 个聚类类群内仅有两个聚类类群可以选择 4 种浮游动物指示物种,生物指示值介于 50～53,p-value 均≤0.05。淮河流域不同聚类单元的浮游动物指示物种为王氏似铃壳虫(*Tintinnopsis wangi*)(指示值 53)、曲腿龟甲轮虫(*Keratella valga*)(指示值 50)、针簇多肢轮虫(*Polyarthra trigla*)(指示值 52)和绿急游虫(*Strombidium viride*)(指示值 50)。

对底栖动物群落进行聚类分析后,IndVal 选择了 4 个聚类类群,在 4 个聚类类群内共选择 10 个底栖动物指示物种,以软体动物和昆虫纲为主,生物指示值介于21～61,p-value 均≤0.01。淮河流域不同聚类单元的底栖动物指示物种为四节蜉属(*Baetis*)(指示值 55)、*Cerion*(指示值 39)、尖萝卜螺(*Radix acuminata*)(指示值25)、长足摇蚊属(*Tanypus*)(指示值 24)、折叠萝卜螺(*Radix plicatula*)(指示值21)、直突摇蚊属(*Orthocladius*)(指示值 61)、米虾属(*Caridina*)(指示值 42)、铜锈环棱螺(*Bellamya aeruginosa*)(指示值 34)、寡毛纲(Oligochaeta)(指示值35)、真开氏摇蚊属(*Eukierfferiella*)(指示值 22)。其中,四节蜉属和米虾属为清洁水体指示物种,肺螺亚纲的尖萝卜螺和折叠萝卜螺为耐低溶解氧物种,剩余为耐综合污染类型的底栖动物物种。

在查阅文献确定不同鱼类的生物学习性的基础上,通过层次分析法确定淮河流域典型水体指示鱼类物种,结果表明,鳊鱼(*Parabramis pekinensis*)和安徽省级保护动物长吻鮠(*Leiocassis longirostris*)可以作为淮河干流水文和水环境变化的鱼类指示物种,选择产漂流性卵的餐(*Hemiculter*)和翘嘴鲌(*Culter alburnus*)为沙颍河鱼类指示物种;选择黄颡鱼(*Pelteobagrus fulvidraco*)和鲫(*Carassius auratus*)作为涡河鱼类指示物种,可以为下一步淮河流域生态流量过程的确定提供基础。

3.4 本章小结

本章通过 2014 年春季、夏季、秋季、冬季和 2015 年夏季在淮河典型水体完成 5次水生态系统调查,分析淮河流域典型水体水环境生态现状及突出问题,确定了指示生物,具体如下。

主要水质理化指标的时间尺度差异性表明,WT、pH、DO、SS、TN、NH₃-N 和COD$_{Mn}$ 的季节性差异极显著,但 EC、TP 和 PO$_4^{3-}$-P 在季节间不存在显著差异性;主要水质理化指标的空间尺度差异性表明,无论调查季节,TN、TP、NH₃-N 和 COD$_{Mn}$在空间分布上都呈现出在涡河、沙颍河和淮河中下游的值较高,说明涡河、沙颍河和淮河中下游受到的营养盐污染高于淮河其他河段。

调查共获得浮游植物分类单元 153 个,浮游动物分类单元 67 个,底栖动物分类单元 72 个,鱼类分类单元 56 个。ANOSIM 分析表明,浮游植物群落(p-value =

0.008）在不同河段间的差异性显著，但浮游动物群落（*p*-value = 0.47）和底栖动物群落（*p*-value = 0.38）在不同河段间的差异性不显著。浮游植物、浮游动物和底栖动物的 Shannon-Wiener 多样性指数、Margalef 丰富度指数及 Evenness 均匀度指数在不同河段间均没有显著差异性。CCA 分析表明，影响淮河流域典型水体水生生物丰度和群落结构的主要因子是 WT、SS、TN、NH_3-N、pH 和农业用地面积比例。

　　确定安徽省级保护动物长吻鮠为淮河干流主要断面（王家坝、鲁台子和蚌埠闸）的鱼类指示物种，产漂流性卵的餐和翘嘴鲌为沙颍河鱼类指示物种，黄颡鱼和鲫为涡河鱼类指示物种；确定薄甲藻和帽形菱形藻分别为淮河干流和涡河的浮游植物指示物种；确定四节蜉属为淮河干流和沙颍河的底栖动物指示物种，米虾属为涡河的底栖动物指示物种。

第4章 淮河流域水生态系统对闸坝群调度的响应

4.1 水生态系统健康评价方法

4.1.1 水质评价方法

1. 单因子水质污染评价

基于《地表水环境质量标准》（GB 3838—2002），根据应实现的水域功能类别，选取相应类别标准，进行单因子评价，评价结果说明水质达标情况，超标的应说明超标项目和超标倍数。首先确定水体评价标准，将各参数浓度与评价标准相比，根据比值是否大于1（其值越大，表示该因子的单项环境质量越差，等于1时表示环境质量处于临界状态）评价水体是否达到相应的水质标准，然后判定评价指标水质类别，以最差的水质类别作为水质综合评价的结果。单因子指数的计算公式为

$$I_j = C_j / S_j$$
$$G = \mathrm{MAX}(G_j)$$

（4-1）

式中，C_j 为 j 项污染物浓度；S_j 为 j 项污染物评价标准值；I_j 为评价因子指数；G_j 为根据 I_j 值判定的 j 项污染物的水质类别；G 为水质综合评价的水质类别。

2. 水质综合污染指数评价

基于 pH、DO、TN、NH_3-N、TP 和 COD_{Mn} 计算水质综合污染指数（WQI），包括无加权综合污染指数、变异系数加权综合污染指数、污染贡献率加权综合指数和内梅罗指数。

水质综合污染指数法是对各污染指标的相对污染指数进行统计，得出代表水体污染程度的数值，该方法可以确定研究水体的污染程度。水质综合污染指数是在单项污染指数的基础上计算得到的，单项污染指数（P_{ij}）计算方法如下：

$$P_{ij} = C_{ij} / S_{ij}$$

（4-2）

对 pH：$P_{ij} = (C_{ij} - 7.0)/(8.5 - 7.0)$ （pH$\geqslant$7.0） (4-3)

或 $P_{ij} = (7.0 - C_{ij})/(7.0 - 6.5)$ （pH$\leqslant$7.0） (4-4)

式中，P_{ij} 为第 i 组水样第 j 项污染指标的单项污染指数；C_{ij} 为第 i 组水样第 j 项污染指标的实测浓度；S_{ij} 为第 i 组水样第 j 项污染指标的标准浓度。

1）无加权综合污染指数依据如下公式计算：

$$WQI = \frac{1}{m} \sum_{i=1}^{m} P_i$$ (4-5)

式中，P_i 为第 i 项污染指标的污染指数；m 为污染指标总数。

2）加权综合污染指数依据如下公式计算：

$$WQI = \frac{1}{m} \sum_{j=1}^{m} \lambda_j P_j$$ (4-6)

式中，P_j 为第 j 项污染指标的污染指数；λ_j 为第 j 项污染指标的权重；m 为污染指标总数。

采用变异系数法和污染贡献率法计算污染指标权重。采用变异系数法计算单因子权重系数时，首先标准化所有污染指标，然后分别计算不同指标的变异系数（E_j），最后对变异系数进行归一化处理，确定第 j 项污染指标的权重：

$$\lambda_j = \frac{E_j}{\sum_{j=1}^{m} E_j}$$ (4-7)

采用污染贡献率法计算单指标权重系数时的计算公式为

$$\lambda_j = \frac{C_j / C_{0j}}{\sum_{j=1}^{m} C_j / C_{0j}}$$ (4-8)

式中，C_j 为第 j 项污染指标的实测浓度；C_{0j} 为第 j 项污染物的分级基准值。

采用水质综合污染指数评价分级标准（表4-1）评价淮河流域典型水质综合污染指数现状。

表 4-1 水质综合污染指数评价分级标准

WQI	级别	水质现状阐述
WQI<0.8	合格	多数项目未检出，个别项目检出值也在标准内
0.8$\leqslant$WQI$\leqslant$1.0	基本合格	个别项目检出值超过标准
1.0<WQI$\leqslant$2.0	污染	相当一部分项目检出值超过标准
WQI>2.0	重污染	相当一部分项目检出值超过标准数倍或几十倍

3）计算内梅罗指数时，根据所选水质指标的实测浓度和标准值，分别计算内梅罗指数和标准指数，与相应的等级标准指数相对照，即可得到评价等级。计算中

将Ⅲ类水的标准值作为基准，评价等级计算公式为

$$\mathrm{WQI} = \sqrt{\frac{\overline{P} + P_{i\max}^2}{2}} \qquad (4\text{-}9)$$

式中，$\overline{P} = \dfrac{1}{n}\sum\limits_{i=1}^{n} P_i$ 为 n 组水样的单项污染指数的平均值；$P_{i\max}$ 为第 i 组水样单项污染指数中的最大值。

采用内梅罗指数评价分级标准（表4-2）评价淮河流域典型水体综合污染指数现状。

表4-2　内梅罗指数评价分级标准

等级	内梅罗指数
健康	WQI<0.59
轻污染	0.59≤WQI<0.74
中污染	0.74≤WQI<1.00
重污染	1.00≤WQI<3.50
严重污染	3.50≤WQI

4.1.2　生物健康评价

1. 生物完整性指数

生物完整性指数（index of biotic integrity，IBI）是目前广泛用于评价水生态系统健康的重要方法之一，它由多个不同的生物参数组成，能够综合代表不同生物学特征（如物种组成、结构、耐污值和功能多样性）的一系列生物参数，IBI 可以准确并完全地反映河流生态系统整体的健康状况和受干扰的程度。IBI 的建立方法包括 4 个重要步骤：①研究区域生态分区、定义参照系统和确定参照系统的标准。②开展野外调查，获取采样点生物和环境数据。③候选生物参数筛选，构成 IBI 的各生物参数应具有清楚的生物学意义，同时对干扰反应敏感；具体筛选过程包括分布范围分析、判别能力分析、生物与环境因子的响应分析以及参数间的冗余分析。④分值计算和 IBI 评价标准建立，将通过筛选的生物参数统一计分标准并累加，得到 IBI。将所得 IBI 分布范围划分区间，得到样点健康状况的评价标准。

本研究缺少合适的参照系统，无法独立构建 IBI，因此参照张颖等（2014）构建的 IBI 系统构建本研究的 IBI，张颖等（2014）的结果表明，比值法对全部样点的评价结果准确率明显低于 3 分法和 4 分法，因此选用 4 分法构建适合淮河流域水系生态系统的健康评价体系，参照张颖等（2014）的评价标准评价淮河流域典型水体

底栖动物完整性健康状况，4分法评价标准为：≥14.4，健康；10.8≤IBI<14.4，轻污染；7.2≤IBI<10.8，中污染；3.6≤IBI<7.2，重污染；<3.6，严重污染。

2. 底栖动物 O/E 指数模型

构建淮河流域底栖动物 O（观测值）/E（期望值）指数时，利用已经发表的中国季风气候区 O/E 指数，计算物种被采集的可能性（probabilities of capture，Pc）阈值为 0.5 和 0 条件下底栖动物 O/E 指数，Pc≥0.5 说明仅采用常见类群计算 O/E 指数值（也就是 O/E_{50}），仅使用 O/E_{50} 评价淮河流域不同季节监测点位的物种组成完整性状况。O/E_{50} 评价标准为：≥0.79，健康；0.59≤O/E_{50}<0.79，轻污染；0.39≤O/E_{50}<0.59，中污染；0.19≤O/E_{50}<0.39，重污染；<0.19，严重污染。

4.2 淮河流域典型水体水质评价结果

4.2.1 淮河流域典型水体单因子水质污染评价

根据《地表水环境质量标准》，淮河流域所有河段均有超过95%的点位 TN 含量劣于 V 类水标准（淮河干流95.7%、沙颖河96.8%、涡河100%、澧河100%）。淮河干流超过67%的点位 TP 含量介于 III ~ IV 类水标准，涡河超过66%的点位 TP 含量介于 IV ~ V 类水标准，澧河有大约82%的点位 TP 含量为 IV 类水标准，仅沙颖河有超过61.2%的点位 TP 含量为劣 V 类水标准。淮河干流分别有34.8%、28.2%和32.6%的点位 COD_{Mn} 为 III 类、IV 类和 V 类水标准，沙颖河有42.9%的点位为 IV 类水标准，涡河分别有26.7%、33.3%和40.0%的点位 COD_{Mn} 为 III 类、IV 类和 V 类水标准，澧河有45.5%的点位为 III 类水标准。淮河干流、涡河和澧河分别约有47.8%、60.0%和45.5%的点位 $NH_3\text{-}N$ 含量为 II 类水标准，沙颖河分别有29.0%、22.6%和29.0%的点位 $NH_3\text{-}N$ 含量为 II 类、III 类和劣 V 类水标准。

淮河流域所有采样断面的 TN 除夏季外，其他所有季节的所有点位的含量均劣于 V 类水标准，夏季有86.4%的点位 TN 含量劣于 V 类水标准，剩余点位 TN 含量介于 III ~ V 类水标准（图4-1）。淮河流域受到 TP 污染严重，其中春季 TP 低于 IV 类水标准的点位比例达到59.1%。秋季和冬季大部分点位的 COD_{Mn} 含量介于 III ~ IV 类水标准，大部分点位的夏季和春季 COD_{Mn} 含量处于 V 类和劣 V 类水标准，尤其是春季92.6%的点位 COD_{Mn} 含量为 V 类水标准，剩下7.4%的点位 COD_{Mn} 含量为劣 V 类水标准。秋季有近45%的点位 $NH_3\text{-}N$ 含量处于 IV 类水标准，春季有超过70%的点位 $NH_3\text{-}N$ 含量达到 II 类水标准。

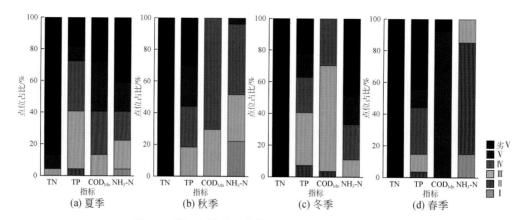

图 4-1　淮河流域典型水体主要水质指标的质量标准

4.2.2　淮河流域典型水体水质综合污染指数评价

无加权综合污染指数的评价结果表明，100%的涡河点位处于污染状态；84%的沙颍河点位处于重污染状态，淮河干流和涡河分别有30%和33%的点位处于重污染状态，剩余点位均为污染状态；无加权综合污染指数的评价结果表明，仅有淮河干流源头的一个样本点位处于基本合格状态。

变异系数加权综合污染指数的评价结果和无加权综合污染指数类似，100%的涡河点位处于污染状态；84%的沙颍河点位处于重污染状态，淮河干流和涡河分别有35%和47%的点位处于重污染状态，剩余点位均为污染状态。

污染贡献率加权综合污染指数的评价结果表明，淮河干流、沙颍河、涡河和涡河分别有83%、97%、87%和82%的点位处于重污染状态，剩余点位均为污染状态。

内梅罗指数的评价结果和污染贡献率加权综合污染指数的评价结果类似，淮河干流、沙颍河、涡河和涡河分别有78%、84%、73%和64%的点位处于重污染状态，剩余点位均为污染状态。

4.3　淮河流域典型水体生物健康评价结果

4.3.1　单一生物指数评价

浮游植物Shannon-Wiener多样性指数评价结果表明，淮河不同河段中仅有两个点位为清洁等级，剩余点位基本处于轻污染和中污染等级。涡河和涡河所有点位均处于轻污染；沙颍河有 75% 的点位为轻污染等级，有 12.5% 的点位为清洁等级，仅有一个点位为重污染等级；淮河干流有 83.4% 的点位为轻污染等级，分别有 8.3% 的点位为清洁和中污染等级。

浮游动物 Shannon-Wiener 多样性指数评价结果表明，淮河不同河段的点位均处于中污染和重污染等级。淮河干流和涡河分别有 50% 的点位处于中污染和重污染等级；沙颍河有超过 75% 的点位为中污染等级，剩下 25% 的点位为重污染等级；涡河有 66.7% 的点位为重污染等级，剩下 33.3% 的点位为中污染等级。

底栖动物 Shannon-Wiener 多样性指数评价结果表明，淮河不同河段的点位在任何季节主要处于中污染和重污染等级，仅在夏季、秋季分别在涡河和淮河干流出现一个点位为严重污染等级（即没有采集到任何底栖动物）。淮河干流和涡河分别有 50% 的点位处于中污染和重污染等级；沙颍河有超过 75% 的点位为中污染等级，剩下 25% 的点位为重污染等级；涡河有 66.7% 的点位为重污染等级，剩下 33.3% 的点位为中污染等级。

底栖动物 BI 评价结果表明，淮河不同河段的 BI 在不同季节的健康状态并不一致。其中，所有季节均存在 BI 评价为健康状态的点位，以冬季健康状态的点位最多，这些点位主要分布于淮河源头和淮河上游以及涡河的部分河段，但在冬季的淮河中下游也出现了两个 BI 评价为健康状态的点位；沙颍河的 BI 评价等级主要为中污染和重度污染，BI 评价等级在所有季节之间差异并不显著；涡河点位在不同季节的 BI 评价等级横跨所有评价等级；涡河点位在不同季节的 BI 评价等级有健康、轻污染、中污染和重污染；除淮河中上游点位外，淮河干流其他点位的主要评价等级在不同季节之间主要为中污染和重污染。所有季节内，仅有沙颍河和涡河没有 BI 评价等级为严重污染的点位，沙颍河评价为中污染和重污染的点位均为 34.29%；涡河约有 46.7% 的点位为轻污染；淮河干流点位中评价等级为轻污染、中污染和重污染的点位分别有 23.81%、26.19% 和 35.71%；涡河点位中有 33.2% 的点位为中污染，清洁、轻污染、中污染和严重污染的点位均有 16.7%。

4.3.2 底栖动物生物完整性指数评价

非参数的 K-W 检验表明，基于底栖动物生物完整性指数（benthic index of biotic integrity，B-IBI）在不同季节之间的变化不存在显著差异性（p-value $= 0.59$），夏季和秋季的 B-IBI 最大值达到了 24 和 22，但冬季和春季的 B-IBI 最大值仅为 16。但冬季的所有点位的 B-IBI 平均值（7.36）高于其他季节；夏季的 B-IBI 平均值其次，为 6.60，秋季和春季的 B-IBI 平均值最小，分别为 5.81 和 5.36（表 4-3）。

表 4-3 淮河流域主要水体底栖动物不同季节的 B-IBI 和 O/E$_{50}$分布范围

指数	夏季		秋季		冬季		春季	
	Min-Max	Mean±SD	Min-Max	Mean±SD	Min-Max	Mean±SD	Min-Max	Mean±SD
B-IBI	0 ~ 24	6.60±4.84	0 ~ 22	5.81±4.49	0 ~ 16	7.36±4.99	0 ~ 16	5.36±3.62
O/E$_{50}$	0 ~ 0.66	0.20±0.18	0 ~ 0.22	0.07±0.07	0 ~ 0.65	0.14±0.16	0 ~ 0.37	0.11±0.09

基于 B-IBI 评价结果表明，B-IBI 在所有河段之间的变化不存在显著差异性（p-value＝0.66）。淮河不同河段的 B-IBI 在任何季节主要处于重污染和严重污染状态，但在每个季节的淮河源头或者上游均出现了 B-IBI 评价等级为健康的点位。冬季一共出现了 10 个 IBI 评价等级为轻污染状态的点位，冬季评价为轻污染状态的点位远多于其他季节。所有河段处于重污染状态的点位比例最大，处于重污染状态的点位在淮河干流、沙颍河、涡河和涢河的比例分别为 45.6%、48.4%、60.0% 和 90.9%；淮河干流处于严重污染状态的点位（21.7%）也高于其他河段。但淮河干流也有近 10% 的点位为健康状态，其他河段均没有出现 B-IBI 为健康状态的点位。

非参数的 K-W 检验表明，基于底栖动物的 O/E$_{50}$在不同季节之间的变化存在显著差异性（p-value＝0.02），夏季和冬季的 O/E$_{50}$值最大值分别为 0.66 和 0.65，但秋季和春季的 O/E$_{50}$最大值仅为 0.22 和 0.37。夏季的所有点位的 O/E$_{50}$平均值也最高，为 0.20，高于其他季节；冬季的 O/E$_{50}$平均值其次，为 0.14，春季和秋季的 O/E$_{50}$平均值最小，分别为 0.11 和 0.07（表 4-3）。

基于底栖动物的 O/E$_{50}$指数评价结果表明，O/E$_{50}$指数在所有河段之间的变化不存在显著差异性（p-value＝0.53）。淮河不同河段的 O/E$_{50}$指数在任何季节主要处于重污染和严重污染状态，仅在夏季的淮河源头和冬季的涢河出现了 O/E$_{50}$评价等级为轻污染的点位。所有河段处于严重污染状态的点位比例最大，处于严重污染状态的点位在淮河干流、沙颍河、涡河和涢河的比例分别为 73.9%、74.2%、80.0% 和 81.8%；处于重污染状态的点位在淮河干流、沙颍河、涡河和涢河的比例也类似，分别为 17.4%、22.6%、20.0% 和 18.2%；淮河干流仅有 4.3% 的点位处于轻污染状态。基于 O/E$_{50}$的评价结果在所有河段都没有健康状态的点位。

本研究中除 B-IBI 的评价结果外，其他水生生物评价指数的评价结果与已有研究的评价结果相差不大；现有研究水生生物的 Shannon-Wiener 多样性指数、污染耐受指数 PTI、Simpson 多样性指数、Margalef 丰富度指数、Pielous 均匀度指数和 Goodnight 修正指数均表明，淮河水系的水生生物多样性均较低，断面的生态健康状况较差，评价断面生态系统稳定性较低。在大部分评价点位中，不同评价指数的评价结果仅相差 1 ~ 2 个评价等级，这是由不同评价指数评价的生物健康的方面的差异性引起的。B-IBI 的评价结果与其他生物指数的评价结果出现偏差的可能原因是，本研究中引用的底栖动物耐污值是我国东部山区溪流和河流底栖动物数据计算的耐污值，可能不适用于淮河流域。

4.4 生物指数与环境因子的关系

利用生物群落组成和结构相对多度作为因变量分析生物群落与环境因子的关系。首先，单独利用生物数据进行 DCA，根据第一轴的长度确定适当的排序模型（CCA 或者 RDA）；然后，利用向前筛选的方法提出对生物群落有显著影响的环境因子，并确定其解释量（$P<0.05$，999 次检验）。

利用随机森林（random forest，RF）模型定量化环境因子和生物指数的关系。计算过程中，RF 模型利用 bootstrap 抽样的方法选择作为训练样本的生物数据和环境因子构建关系模型，并计算解释量。利用非参数的 Spearman 秩相关性分析探寻环境因子和生物指数的相关性。

基础数据统计在 Excel 中完成，其他所有统计分析均在 R 软件（version 3.0.2；RDevelopment Core Team，http://www.r-project.org/）中完成。

RF 模型结果表明，能够解释浮游植物 Shannon-Wiener 多样性指数变异最多的环境变量组合为 $NO_3\text{-}N$、EC 和 WT，但一共仅可以解释 5.16% 的浮游植物 Shannon-Wiener 多样性指数变异。Partial dependence 图结果显示，浮游植物 Shannon-Wiener 多样性指数随着 $NO_3\text{-}N$ 和 EC 的增加而减小（图4-2），但随着 WT 的升高减小后又升高。

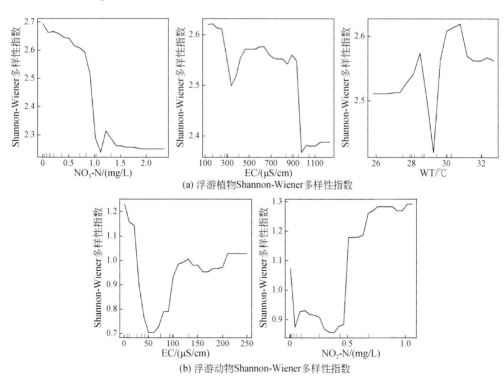

(a) 浮游植物 Shannon-Wiener 多样性指数

(b) 浮游动物 Shannon-Wiener 多样性指数

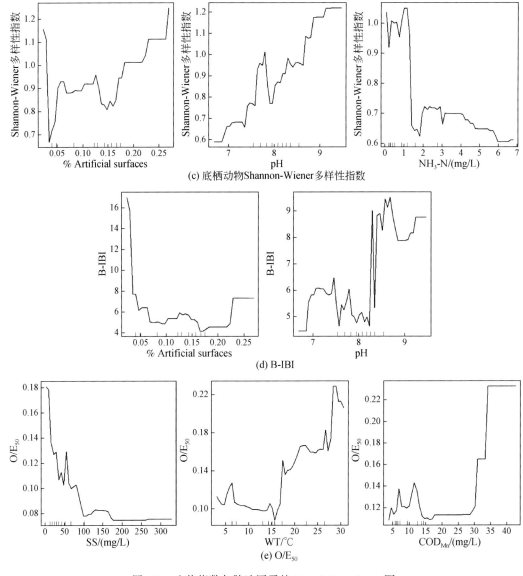

(c) 底栖动物Shannon-Wiener多样性指数

(d) B-IBI

(e) O/E$_{50}$

图4-2　生物指数与胁迫因子的 Partial dependence 图

RF 模型结果表明，能够解释浮游动物 Shannon-Wiener 多样性指数变异最多的环境变量组合为 EC 和 NO$_2$-N，一共可以解释 18.39% 的浮游动物 Shannon-Wiener 多样性指数变异。Partial dependence 图结果显示，浮游动物 Shannon-Wiener 多样性指数随着 EC 的增加先减小后增大，总体随着 NO$_2$-N 的升高而升高。

RF 模型结果表明，能够解释底栖动物 Shannon-Wiener 多样性指数变异最多的环境变量组合为人造地表（% Artificial surfaces）、pH 和 NH$_3$-N，一共可以解释 12.39% 的底栖动物 Shannon-Wiener 多样性指数变异。Partial dependence 图结果显示，底栖动物 Shannon-Wiener 多样性指数随着人造地表和 pH 的增加而增加（图 4-2），随着 NH$_3$-N 的升高而快速减小之后有小幅的上升，但总体仍呈减小的趋势。

RF 模型结果表明，能够解释 B-IBI 变异最多的环境变量组合为人造地表和 pH，一共可以解释高达 40.11% 的 B-IBI 变异。Partial dependence 图结果显示，B-IBI 随着人造地表的增加而减小，但随着 pH 的增加而增加（图 4-2）。

RF 模型结果表明，能够解释底栖动物 O/E$_{50}$ 指数变异最多的环境变量组合为 SS、WT 和 COD$_{Mn}$，但仅能解释 2.35% 的底栖动物 O/E$_{50}$ 指数变异。Partial dependence 结果显示，底栖动物 O/E$_{50}$ 指数随着 SS 的增加而减小，但随着 WT 和 COD$_{Mn}$ 的增加而增加（图 4-2）。

现有的淮河流域典型水体健康评价主要依据水生生物的单一评价指数（如 Shannon-Wiener 多样性指数、PTI 等），评价结果表明，主要断面大部分处于不健康的污染状态。刘玉年等（2008）采用多种生物指数法对淮河流域典型闸坝断面的生态系统现状进行了综合评价，结果表明，大多数水库处于生态稳定的健康状态；64% 的所调查评价的河流生态系统处于不健康或亚健康状态。淮河干流水生态与水环境优劣的突变点在临淮岗，临淮岗以上河段污染较轻，临淮岗以下河段污染较重。

赵长森等（2008）的研究结果表明：①颍河中下游地区水生态系统脆弱，河流多处于病态；②涡河付桥闸、东孙营闸到蒙城闸段水生态系统不稳定，河流不健康；③淮河干流水生态环境质量的突变点在临淮岗，上游较好；④淮河整个流域水生态质量西高东低、南高北低。张颖等（2014）通过 B-IBI 的评价结果表明，淮河流域的大部分评价断面处于不健康状态。吴利等（2015）通过浮游动物群落的评价结果表明，淮河干流上游生态健康为轻污染，中、下游生态健康为中污染或重污染。

4.5 水质综合污染指数和生物指数的相关性

所有水质综合污染指数呈现极显著相关性，水质综合污染指数之间的相关系数均达到 0.60（表 4-4），说明不同水质综合污染指数对淮河流域水质污染的评价结果类似。无加权综合污染指数与变异系数加权综合污染指数、污染贡献率加权综合污染指数和内梅罗指数的相关系数分别为 0.89、0.75 和 0.69；变异系数加权综合污染指数与污染贡献率加权综合污染指数和内梅罗指数的相关系数分别为 0.68 和 0.61；污染贡献率加权综合污染指数与内梅罗指数的相关系数达到 0.92。

生物指数与水质综合评价指数的相关系数绝对值介于 0.01～0.32，浮游植物 Shannon-Wiener 多样性指数与无加权综合污染指数和变异系数加权综合污染指数的相关系数均为 −0.32，但与污染贡献率加权综合污染指数和内梅罗指数的相关性较低。浮游动物 Shannon-Wiener 多样性指数与所有水质综合污染指数的相关系数介于

表 4-4　水质综合污染指数和生物指数的 Spearman 相关性

指数	无加权综合污染指数	变异系数加权综合污染指数	污染贡献率加权综合污染指数	内梅罗指数	浮游植物 Shannon-Wiener 多样性指数	浮游动物 Shannon-Wiener 多样性指数	底栖动物 Shannon-Wiener 多样性指数	BI	B-IBI	O/E$_{50}$
无加权综合污染指数	1									
变异系数加权综合污染指数	0.89	1								
污染贡献率加权综合污染指数	0.75	0.68	1							
内梅罗指数	0.69	0.61	0.92	1						
浮游植物 Shannon-Wiener 多样性指数	-0.32	-0.32	0.05	0.01	1					
浮游动物 Shannon-Wiener 多样性指数	0.23	0.25	0.32	0.21	0.26	1				
底栖动物 Shannon-Wiener 多样性指数	-0.14	-0.14	-0.12	-0.13	0.11	0.12	1			
BI	0.23	0.24	0.22	0.23	-0.05	0.01	-0.26	1		
B-IBI	-0.04	-0.05	-0.08	-0.08	-0.26	-0.02	0.64	-0.47	1	
O/E$_{50}$	0.05	-0.02	-0.10	-0.08	0.25	0.13	0.30	-0.07	0.14	1

0.21～0.32。底栖动物 Shannon-Wiener 多样性指数与所有水质综合污染指数的相关性相差不大，绝对相关系数介于 0.12～0.14。BI 与所有水质综合污染指数呈现正相关关系，绝对相关系数介于 0.22～0.24。B-IBI 和 O/E$_{50}$ 指数与所有水质综合污染指数相关性较低，绝对相关系数介于 0.02～0.10。

生物指数间的相关系数也比较低，除 B-IBI 和底栖动物 Shannon-Wiener 多样性指数的相关系系数达到 0.64 外，剩余生物指数间的绝对相关系数介于 0.01～0.47；其中，BI 和浮游动物 Shannon-Wiener 多样性指数的相关性最低，相关系数为 0.01。生物指数间较低的相关系数，可能原因在于空间尺度上调查的样本量较小，浮游动物和浮游植物与底栖动物的野外调查在时间尺度上也存在差异性；同时说明不同生物类群的生物指数反映了生态系统健康的不同侧面，即使同一生物类群（如底栖动物）的不同生物指数也反映的是生态系统健康的一个侧面。因此在进行水生态系统健康评价的过程中，使用不同生物指数可以综合评价水生态系统的健康。

4.6　本章小结

本章评价了淮河流域典型水体的生态健康现状，并研究了生物评价指数与水质评价指数的相关性，主要结果如下。

单指标水质污染评价结果表明，研究区域所有季节有超过 85% 河段的 TN 劣于地表 V 类水标准；所有河段有超过 60% 的点位 TP 等于或者劣于 IV 类水标准。

基于水生生物的单一生物指数评价结果表明，底栖动物、浮游植物和浮游动物 Shannon-Wiener 多样性指数在大部分研究区域的所有季节都处于中污染、重污染和严重污染状态。淮河不同河段的 B-IBI 和 O/E$_{50}$ 指数在任何季节主要处于重污染和严重污染状态。所有评价指标的淮河干流严重污染等级的点位也高于其他河段。

无加权综合污染指数、变异系数加权综合污染指数、污染贡献率加权综合污染指数、内梅罗指数评价结果表明，淮河所有河段的水质综合污染状况为污染和重污染状态，仅有淮河干流的个别点位在夏季出现合格。除底栖动物 BI 外，底栖动物、浮游植物和浮游动物 Shannon-Wiener 多样性指数在所有季节的淮河中下游、沙颍河、涡河和涡河河段都处于中污染、重污染和严重污染状态。所有季节的 B-IBI 和 O/E$_{50}$ 指数同样主要处于重污染和严重污染状态。水质综合污染指数和生物指数对淮河流域典型水体的评价一致性较高。

第 5 章 | 多闸坝平原河流生态流量过程推求及调控阈值确定

5.1 多闸坝平原河流生态流量过程推求方法

5.1.1 多闸坝平原河流生态流量过程推求步骤

合理选择目标物种对生态流量过程的推求至关重要。鱼类是最古老的脊椎动物之一，生存周期长且具有移动性，可以作为研究长时间序列和大尺度的生境变化的目标物种。基于栖息地的生态流量过程往往以年为计算周期，且计算河段一般从几公里到几十公里，鱼类是推求生态流量过程的理想目标物种。

生态流量过程的推求首先将水环境模拟结果与目标鱼类的响应曲线输入栖息地模型，运用模糊数学理论得出栖息地适宜性指数（habitat suitability index，HSI）的空间分布；然后引入景观生态学的理论与知识对栖息地空间分布特性进行评价，得出栖息地评价指数与流量的响应关系曲线；最后考虑生物的生活史与流量季节变化特性推求生态流量过程（图5-1）。

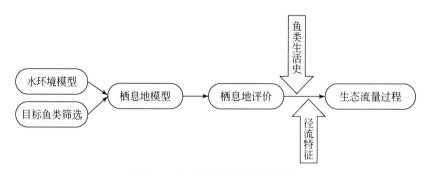

图 5-1　生态流量过程推求方法

（1）河流生态流量的时间尺度

计算一个完整水文年内逐月的生态需水量，建立逐月生态流量过程。

（2）河流生态流量的参照体系

以栖息地评价指数增长速率极值或多年平均径流值对应的栖息地状态作为参照确定生态流量。

（3）生态流量过程推求步骤

综合考虑鱼类不同生命阶段对生境的需求及径流的季节性变化，提出多闸坝平原河流生态流量过程推求方法，具体计算过程如下：

1）筛选目标鱼类，建立目标鱼类对关键生境因子的定量响应曲线；

2）构建面向鱼类生境的栖息地模型，并验证模型可靠性；

3）引入景观生态学的理论与知识对栖息地空间分布特性进行评价，得出栖息地评价指数与流量的响应关系；

4）确定研究区域鱼类栖息地恢复参照体系，计算参照条件下栖息地评价指标；

5）根据时间尺度和鱼类生活史，对于产卵期和捕食期采用栖息地法确定生态流量，越冬期采用水量平衡确定生态流量，确定完整水文年内的生态流量过程。

5.1.2 鱼类不同生命阶段生态流量确定

鱼类是最古老的脊椎动物之一，位于水生态系统顶级群落，受各种环境因子的影响，生存周期长且具有移动性，是研究长时间序列和大尺度的生境变化的理想目标物种。为了科学推算多闸坝平原河流生态需水过程，本研究在一个完整水文年内不同时段分别重点考虑鱼类不同生命阶段生境需求推求多闸坝平原河流生态流量过程（表5-1）。产卵期保证鱼类产卵必需的流速和水深，确保鱼类种群的繁衍发展；捕食期要求捕食水域环境具有一定的连通性，满足鱼类正常生活的流速和水深及河道内典型水力要素，确保其可以摄取一定的物质和能量资源；越冬期满足鱼类越冬场要求，保证鱼类正常越冬水位。

表 5-1 多闸坝平原河流生态流量过程计算规则简要说明

时间段	规则说明（流量需满足的要求）
产卵期	满足产卵场要求，保证鱼类产卵流速和水深
捕食期	满足鱼类正常生活的流速和水深及河道内典型水力要素
越冬期	满足鱼类越冬场要求，保证鱼类正常越冬水位

1. 鱼类产卵期及捕食期生态流量确定

（1）栖息地恢复目标的确定

目标鱼类生态流量的确定采用栖息地空间特性评价指数与流量的响应关系确

定。首先确定最佳栖息地状态，一般选取评价指数极值点对应的栖息地状态为最佳。当评价曲线没有极值点时，一般选取多年平均流量为栖息地最佳状态，多年平均流量是流域面积、地形、气候等因素的复合表现，而且 Tennant 法中提到的以多年平均流量一定比例作为保护栖息地资源的标准在实际应用中得到了一定程度验证。确定栖息地最佳状态后，根据相应的响应曲线分别推算 90%、70% 等不同栖息地恢复目标下对应的流量值（图 5-2）。

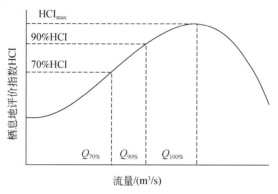

图 5-2　栖息地恢复目标确定

HCI，连通性指数

（2）适宜生态流量及最小生态流量的确定

适宜生态流量及最小生态流量综合考虑栖息地恢复目标与栖息地变化状态，本研究适宜生态流量选取栖息地评价指数随流量增长速率极值点对应的流量值，最小生态流量综合考虑栖息地恢复目标与水资源调度可达性（图 5-3）。

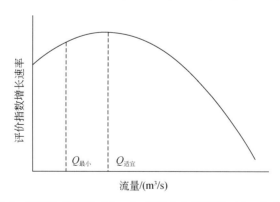

图 5-3　适宜生态流量（$Q_{适宜}$）与最小生态流量（$Q_{最小}$）确定

2. 鱼类越冬期生态流量确定

根据生态流量的定义，河流生态流量可以分为两个层次的要求：一是满足水生动植物的生存繁殖需求，二是满足河流水量平衡要求以使河流维持某种物理状态。

当表层水温在10℃左右时，鱼类纷纷进入越冬场，越冬场深水处的水温相比表层水温高而恒定，因此在对流速要求不高的鱼类越冬期，水位是鱼类生境需求最重要的影响因素。由多闸坝平原河流特点可知，流量对河流流速影响较大，而水位由于闸坝的调控影响不大，鱼类越冬期栖息地空间分布特性随着流量的变化不大。传统栖息地法采用栖息地空间特性与流量响应关系推求生态流量在多闸坝平原河流鱼类越冬期很难适用。针对多闸坝平原河流冬季可能出现的流速很小甚至为零生态流量推求困难等问题，本研究通过计算水温垂直变化情况，结合鱼类越冬场水温要求确定水位需求，采用水量平衡公式，建立多闸坝平原河流鱼类越冬期生态流量计算方法。

（1）垂直水温计算

为了满足鱼类越冬水温要求，必须保证越冬场足够的水深。因此本研究采用中水东北勘测设计研究有限责任公司张大发法对水温与水深的垂直分布关系进行研究，具体计算公式如下：

$$T_y = (T_0 - T_b) \mathrm{e}^{(-y/x)^n} + T_b \tag{5-1}$$

$$n = \frac{15}{m^2} + \frac{m^2}{35} \tag{5-2}$$

$$x = \frac{40}{m} + \frac{m^2}{2.37(1+0.1m)} \tag{5-3}$$

式中，m 为月份；T_b 为月平均水底水温（℃）；T_0 为月平均表层水温（℃）；T_y 为水深 y 处月平均水温（℃）。

（2）水量平衡计算公式

对于研究区域水量平衡计算不考虑区间的取水工程，采用如下公式计算：

$$\Delta W_1 = P + R_i - R_f - E + \Delta W_g \tag{5-4}$$

式中，ΔW_1 为研究河段储水量变化；P 为降水量；R_i 为区间入流量；R_f 为区间出流量；ΔW_g 为地下水交换变化量。一个特定区域全年的储水量一般变化不大，即 $\Delta W_1 \approx 0$，地下水交换是一个动态平衡的过程，可以认为 $\Delta W_g \approx 0$，则区域内水量损耗为水面蒸发量。根据以上分析，可以将上述公式改写为

$$W_1 = A(E - P) \tag{5-5}$$

式中，A 为水域面积；E、P 分别为蒸发量与降水量。

5.2　淮河流域典型水体目标鱼类筛选

本研究共收集到4次淮河干流鱼类资源调查数据，其中2011年3月和9月的数据由淮河流域水资源保护局提供，2015年5月和8月的数据由本研究与华中农业大学合作进行监测。首先根据4次淮河干流鱼类资源调查数据，选取渔获物中出现两

次以上的鱼类，并作为淮河鱼类栖息地目标鱼类的备选对象。共选取鱼类20种，其中鲤形目12种，鲶形目3种，鲈形目4种，鲱形目1种。本研究从备选鱼类产卵环境及捕食环境等方面进行了总结分析。淮河目标鱼类备选对象初次性成熟年龄大部分在2~3龄，春夏季产卵，产沉性卵、黏性卵及漂流性卵的鱼类均有；淮河目标鱼类备选对象食性类型有草食、肉食及杂食；水体底层、下层及中上层鱼类均有；淮河干流目标鱼类备选对象主要为经济鱼类，且分布广泛。

为了选取淮河鱼类生境需求代表性较好的目标鱼类，要求繁殖年龄选取淮河鱼类中大部分鱼类的首次繁殖年龄；鱼类对产卵水域一般有流态条件和产卵基质环境要求，本研究优先选取对流速有一定要求的鱼类为目标鱼类；底栖生活的鱼类更能适应高度人为调节的河流，本研究优先选取中上层鱼类；研究河段多为缓流生境，本研究优先选取定居性鱼类；从河流生态系统的结构和功能方面考虑，本研究优先选取营养级居中的大型草食鱼类；从渔业资源的贡献及广泛性考虑，本研究优先选取分布广泛的经济价值较高的鱼类（表5-2）。

表5-2　淮河干流目标鱼类筛选原则

筛选条件	说明
繁殖年龄	优先选取性成熟年龄为2龄以上的鱼类
产卵场环境要求	优先选取对流速有一定要求的鱼类
洄游习性	优先选取定居性鱼类
食性	草食和肉食优先于食底栖动物及碎屑的鱼类
生活环境特征	喜居于水体中上层鱼类优先于底层及淤泥的鱼类
成鱼体型	优先选取大中型鱼类
分布范围	分布广的鱼类优先于分布狭窄的鱼类
经济价值	优先选取地域特有及经济价值较高的鱼类

根据淮河流域典型水体底栖动物、鱼类名录和淮河干流渔获物鱼类种类等统计信息及淮河备选鱼类生境需求总结及表5-2的筛选原则构造判断矩阵，判断矩阵最大特征值为22.33，一致性比率CR为0.075，排序结果具有满意的一致性。从计算结果可以看出，鳊鱼的排序权值最高（表5-3），故认为鳊鱼能较大程度上代表淮河鱼类对生境的需求，且具有较强的代表性，适宜作为计算淮河生态流量的目标鱼类。

表5-3　淮河干流目标鱼类备选对象排序权值

n	1	2	3	4	5	6	7	8	9	10
种名	鳊鱼	翘嘴鲌	鳜	鲇	乌鳢	鲢	长吻鮠	鲫	黄颡鱼	鲤
排序权值	4.09	3.06	2.96	2.59	2.06	1.99	1.92	1.35	1	0.88

5.3 目标鱼类对关键生境因子响应曲线

5.3.1 目标鱼类的生物学特性

鳊鱼（图5-4），淡水鱼种之一，是"长春鳊""三角鲂""团头鲂"（即武昌鱼）等的统称，鲤科，鳊亚科。鳊鱼常见于江河、湖泊，幼鱼多栖息在浅水的湖汊或水流缓慢的河湾内，冬季集群在较深的地方越冬，整个生命周期都在河流中度过。鳊鱼是典型的草食性鱼类，幼鱼摄食浮游动物和藻类，成鱼主要以水生植物眼子菜、芦苇及杂草等为食，食物组成的季节变化基本与湖中水生植物的季节性盛衰相一致。

图5-4 鳊鱼

鳊鱼的体长与体重的关系可以用 $W = aL^b$ 公式表示，具体为 $W = 0.1003 \times 10^{-4} L^{3.1151}$，说明鳊鱼的体长与体重的生长是均匀的。在长江流域各龄鱼的平均生长度分别为：1龄鱼体长 21.7cm，重 0.16kg；2龄鱼体长 27.5cm，重 0.27kg；3龄鱼体长 30cm，重 0.46kg；4龄鱼体长 33cm，重 0.54kg。

5.3.2 目标鱼类不同生命阶段的响应曲线

鳊鱼产卵孵化场、捕食场及越冬场对环境因子的要求各不相同。本研究选取4个基本因子对栖息地进行考量，分别是2个水动力因子（流速、水深）和2个水质因子（水温、溶解氧）。结合野外实验和室内胁迫实验可以得出鳊鱼不同生命阶段对关键生境因子的响应曲线（图 5-5 ~ 图 5-7）。

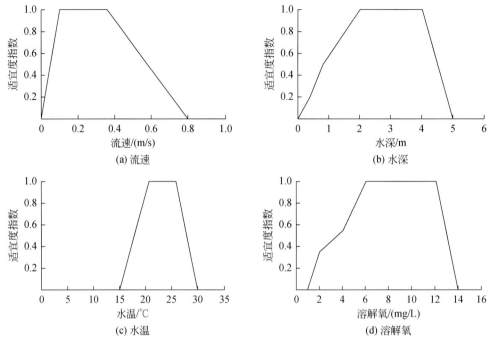

图 5-5　鳊鱼（产卵孵化期）对关键生境因子响应曲线

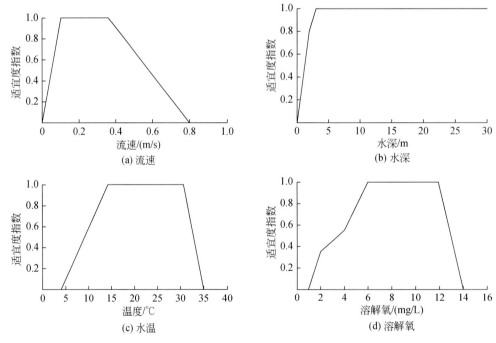

图 5-6　鳊鱼（捕食期）对关键生境因子响应曲线

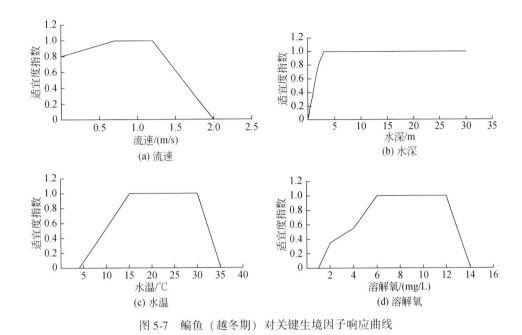

图 5-7 鳊鱼（越冬期）对关键生境因子响应曲线

5.4　淮河流域面向鱼类生境的栖息地模型

5.4.1　淮河流域典型水体水环境模型

淮河流域属平原河流，水系复杂，流域面积广，考虑计算成本，本研究优先考虑淮河干流生态流量的推求。在淮河干流拦河修建的闸有临淮岗和蚌埠闸。蚌埠闸位于淮河中下游、洪泽湖上游，是淮河干流中游的重要控制站，控制流域面积为 12 万 km²，对淮河干流的流量水质影响非常大。另外在蚌埠闸上游河段，鱼类产卵场相对集中，考虑以上两点，本研究选取淮河干流淮南至蚌埠闸河段，全长 51km（图 5-8）为生态敏感区，并建立栖息地模型推求淮河干流蚌埠闸断面生态流量。

5.4.2　淮河流域典型水体栖息地模型

1977～1979 年中国科学院南京地理研究所（原江苏省地理研究所）对淮河干流鳊鱼及家鱼的产卵场进行了调查（中国科学院南京地理研究所，1981）；1982～1983 年安徽省淮河水产资源调查队对淮河鳊鱼及家鱼的产卵场进行了调查，共捕获鱼卵 10 838 粒，鱼苗 20 687 尾（任百洲等，1985）；2015 年华中农业大学对淮河的

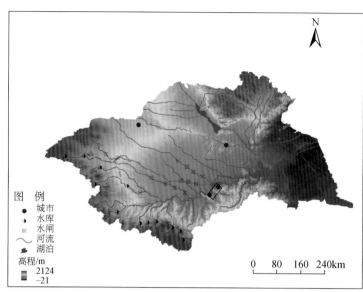

(a) 淮河流域数字高程

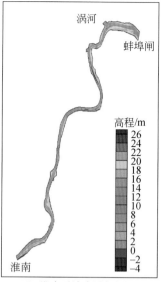

(b) 淮南至蚌埠河底高程

图 5-8　淮河流域淮南至蚌埠闸段

产卵场现状进行了调查。几次调查结果的位置大致相符，淮河干流鳊鱼的产卵场主要有 9 处（表 5-4）。

表 5-4　淮河鳊鱼产卵场的位置和规模（1982 年）

序号	名称	范围	距离/km	鳊鱼产卵量/万粒
1	正阳关	清河口—沫河口	8	13 702.9
2	峡山口	峡山口—绵羊石	4	8 182.4
3	黑龙潭	黑龙潭—凤台轮渡上	2	3 063.5
4	石头埠	石头埠上下	5	5 736.3
5	新城口	新城口上下	5	11 472.6
6	怀远	码头集—涡河入淮口	13	2 095.4
7	蚌埠	蚌埠闸—新铁桥	15	28 850.4
8	沫河口	沫河口—临淮关	14	20 535.3
9	五河	五河上下	5	34 417.8

　　一定的流速和复杂的流态是诱发鳊鱼产卵的自然条件。水流紊乱、流速、流向多变易于形成泡漩水的河段是鳊鱼产卵的良好场所。河面宽窄相间，河床地形复杂，干流与支流的交汇处，闸坝桥梁的下游，都具有形成泡漩水的条件。在研究区域，鳊鱼产卵调查数据显示有 4 处，分别为蚌埠、怀远、新城口及石头埠。鳊鱼栖息地的模拟结果显示，相对应位置的栖息地适宜性较高（图 5-9）；验证结果表明，栖息地模拟结果具有可靠性。

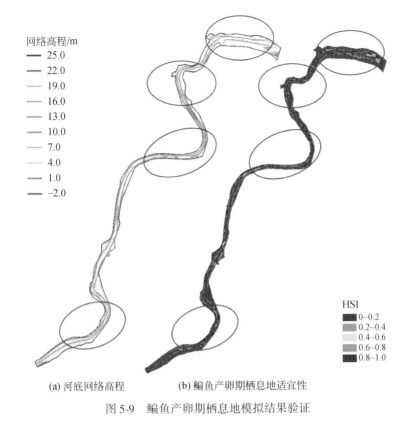

网络高程/m
— 25.0
— 22.0
— 19.0
— 16.0
— 13.0
— 10.0
— 7.0
— 4.0
— 1.0
— -2.0

HSI
0~0.2
0.2~0.4
0.4~0.6
0.6~0.8
0.8~1.0

(a) 河底网络高程　　　　　(b) 鳊鱼产卵期栖息地适宜性

图 5-9　鳊鱼产卵期栖息地模拟结果验证

5.4.3　目标鱼类栖息地空间特性分析

将水环境模型计算结果和鱼类对关键生境因子的响应关系输入栖息地模型，可以得出基于网格的研究区域的栖息地适宜性指数（HSI）空间分布。栖息地适宜性指数按其大小可分为适应、中适应、基本适应和基本不适应四个层次。有效栖息地适宜性指数的阈值定义为 0.5，栖息地适宜性指数大于 0.5 的斑块为有效斑块。栖息地空间特性分析指数分别采用适宜栖息地加权面积比例（WUA）、破碎性指数（habitat fragment index，HFI）和连通性指数（habitat circuity index，HCI）。适宜栖息地加权面积比例越接近 100%，栖息地适宜性越高；单位斑块的有效栖息地面积越小，栖息地越破碎；连通性指数越接近 1，栖息地连通性越好。本研究分别对鳊鱼产卵期、捕食期及越冬期栖息地空间特性进行了分析。

1. 产卵期栖息地空间特性分析

（1）产卵期栖息地适宜性指数

图 5-10 列出了流量（Q）为 1500m³/s 时鳊鱼产卵期各层次栖息地适宜性指数

空间分布。可以看出，中适应或基本适应斑块相对形成一定规模，而达到适应层次 HSI 斑块分布分散且面积较小。表 5-5 列出了栖息地适宜性指数基本计算参数，包括单元数量、总面积、斑块数量、最小斑块面积、最大斑块面积及平均斑块面积。根据以上参数，可以计算出鳊鱼产卵期栖息地适宜性指数的加权栖息地面积，将其除以研究区域的总面积得出适宜栖息地加权面积比例。

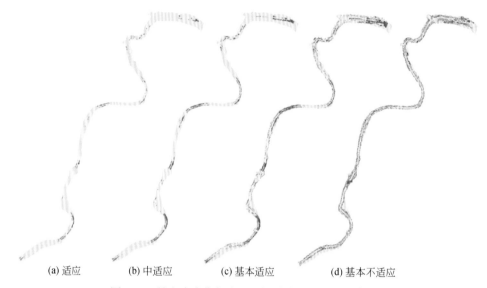

(a) 适应　　　　(b) 中适应　　　　(c) 基本适应　　　　(d) 基本不适应

图 5-10　鳊鱼产卵期栖息地空间分布（$Q=1500\text{m}^3/\text{s}$）

表 5-5　鳊鱼产卵期栖息地适宜性指数参数（$Q=1500\text{m}^3/\text{s}$）

分类	单元数量 /个	总面积 /m²	斑块数量 /块	最小斑块面积/m²	最大斑块面积/m²	平均斑块面积/m²
适应	909	987 691	69	1 016	145 699	14 314
中适应	2 415	2 609 803	92	1 045	429 147	28 367
基本适应	5 605	6 073 707	561	929	793 858	9 192
基本不适应	7 016	7 641 222	393	6	7 290	194

重复以上步骤，可以计算出一系列鳊鱼产卵期栖息地评价结果，进而可以得出鳊鱼产卵期适宜栖息地加权面积比例与流量的响应关系曲线（图 5-11）。考虑到产卵期淮河干流流量变化范围及计算成本，产卵期流量的计算梯度为 0~2000m³/s。从图 5-11 中可以看出，随着流量的增加，适宜栖息地加权面积比例呈先显著增加后增加平缓的趋势，其变化范围在 0~20%。分析其原因可知，鳊鱼产卵期对流速响应敏感，产卵期适宜流速范围为 0.1~0.4m/s，随着流量增加，流速不断增大，适宜面积也随之增加，但当流速增加过大时会阻碍鳊鱼产卵，因此适宜面积随后增加缓慢甚至减小。

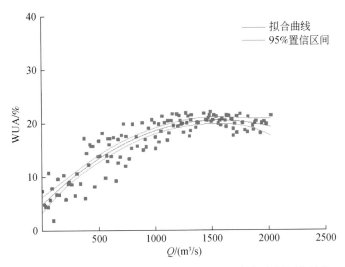

图 5-11 鳊鱼产卵期适宜栖息地加权面积比例与流量评价结果

（2）产卵期栖息地破碎性及连通性指数

图 5-12 列出了流量（Q）为 1500m³/s 时鳊鱼产卵期栖息地有效斑块的空间分布。采用栖息地适宜性指数 0.5 计算栖息地有效斑块的阈值，可以得出，鳊鱼产卵期有效斑块个数为 78 块，有效斑块周长为 203～22 212m；有效斑块面积为 2652～1 310 040m²；邻近斑块的最短距离为 38～255m。

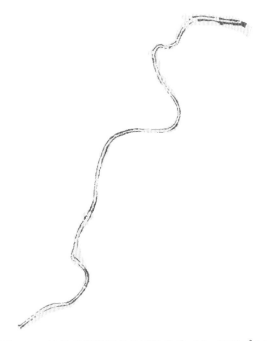

图 5-12 鳊鱼产卵期栖息地有效斑块（$Q=1500$m³/s）

计算不同流量下鳊鱼产卵期栖息地破碎性指数及连通性指数，可以得出鳊鱼产卵期栖息地破碎性指数及连通性与流量的响应关系（图 5-13 和图 5-14）。从图 5-13 和图 5-14 中可以看出，鳊鱼产卵期破碎性指数及连通性指数变化趋势基本一致，呈先增大后减小的趋势。破碎性指数的变化范围为 50 000 ~ 200 000m²；连通性指数的变化范围为 0.1 ~ 0.4。从拟合曲线可以看出，流量为 1500m³/s 时对应的破碎性指数及连通性指数均达到最大值。

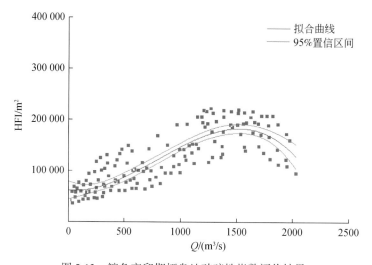

图 5-13　鳊鱼产卵期栖息地破碎性指数评价结果

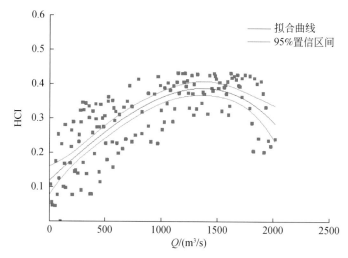

图 5-14　鳊鱼产卵期栖息地连通性指数评价结果

2. 捕食期栖息地空间特性分析

（1）捕食期栖息地适应性指数

图 5-15 列出了流量（Q）为 2000m³/s 时鳊鱼捕食期各层次栖息地适宜性指数

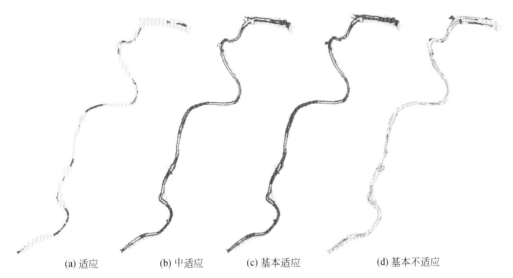

(a) 适应   (b) 中适应   (c) 基本适应   (d) 基本不适应

图 5-15   鳊鱼捕食期栖息地空间分布（$Q=2000\text{m}^3/\text{s}$）

空间分布。从图 5-15 中可以看出，捕食期四个层次的栖息地适宜性指数的斑块密度和连通性明显高于产卵期。中适应和基本适应层次的栖息地适宜性指数基本可以连通整个研究区域。表 5-6 列出了栖息地适宜性指数基本计算参数，包括单元数量、总面积、斑块数量、最小斑块面积、最大斑块面积及平均斑块面积。鳊鱼捕食期栖息地适宜性指数的各层次（适应、中适应、基本适应和基本不适应）的总面积分别约为 3.33km²、16.89km²、20.26km²、5.27km²；最大斑块面积分别约为 0.60km²、13.83km²、0.79km²、0.62km²；平均斑块面积分别约为 0.06km²、1.54km²、2.89km²、0.01km²。

表 5-6   鳊鱼捕食期栖息地适宜性指数参数（$Q=2000\text{m}^3/\text{s}$）

分类	单元数量 /个	总面积 /m²	斑块数量 /块	最小斑块 面积/m²	最大斑块 面积/m²	平均斑块 面积/m²
适应	3 015	3 332 229	59	1 008	602 696	56 478
中适应	15 454	16 890 696	11	1 098	13 833 728	1 535 518
基本适应	18 535	20 263 644	8	1 098	793 858	2 894 806
基本不适应	4 798	5 270 575	452	854	618 630	11 661

图 5-16 为鳊鱼捕食期适宜栖息地加权面积比例与流量的非线性响应曲线。从图 5-16 中可以看出，随着流量的增加，适宜栖息地加权面积比例增加不显著，当流量非常小时，依然有一定的适宜栖息地面积。鳊鱼捕食期流速限制主要是临界游泳流速（critical swimming speed），当流速增大至临界游泳流速时，会影响其正常摄食。临界游泳流速，即最大持续游泳速度通常作为评价鱼类稳定游泳运动能力的重要指标。稳定游泳以鱼体运动方向和速度相对恒定为主要特征，其在鱼体姿势的维

持、食物与配偶的搜索、适宜生境的探寻以及洄游等方面起着重要作用。研究区由于闸坝的调控，即使流量较小时目标鱼类捕食所需水动力条件依旧可以保证。因此，流量较小时依然可以一定程度上满足鳊鱼的捕食栖息地要求。

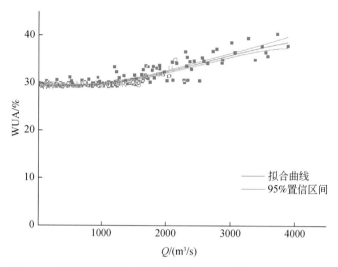

图5-16 鳊鱼捕食期适宜栖息地加权面积比例与流量评价结果

（2）捕食期栖息地破碎性及连通性指数

图5-17列出了流量（Q）为2000m³/s时鳊鱼捕食期栖息地有效斑块的空间分布。采用栖息地适宜性指数0.5计算栖息地有效斑块的阈值，可以得出鳊鱼捕食期有效斑块个数为9块，有效斑块周长为150~237 025m；有效斑块面积为1096~13 972 104m²；邻近斑块的最短距离为37~122m。

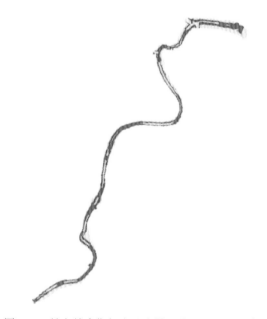

图5-17 鳊鱼捕食期栖息地有效斑块（$Q=2000$m³/s）

鳊鱼捕食期为7~9月,淮河干流此时间段的流量最大可达4000m³/s,因此捕食期流量计算范围为0~4000m³/s。图5-18和图5-19表示鳊鱼栖息地捕食期破碎性指数及连通性指数与流量的响应关系。从图5-18和图5-19中可以看出,随着流量的增加,破碎性指数及连通性指数呈缓慢增加的趋势。破碎性指数变化范围为1 500 000~2 000 000m²,连通性指数变化范围为0.6~0.65。与产卵期相比,捕食期有效栖息地破碎性指数及连通性指数相对较高。

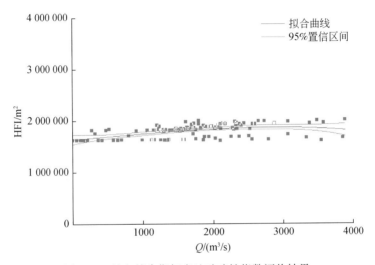

图5-18 鳊鱼捕食期栖息地破碎性指数评价结果

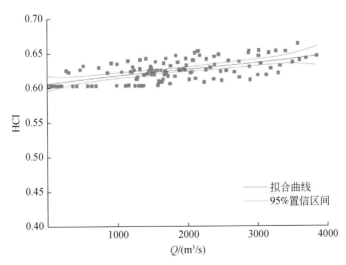

图5-19 鳊鱼捕食期栖息地连通性指数评价结果

3. 越冬期栖息地空间特性分析

（1）越冬期栖息地适宜性指数

图 5-20 列出了流量（Q）为 1000m³/s 时鳊鱼越冬期各层次栖息地适宜性指数空间分布。越冬期适宜栖息地斑块均分布在水深较大的区域，即三个深潭所在区域，且斑块分布集中。表 5-7 列出了栖息地适宜性指数基本计算参数，包括单元数量、总面积、斑块数量、最小斑块面积、最大斑块面积及平均斑块面积。鳊鱼越冬期栖息地适宜性指数的各层次（适应、中适应、基本适应和基本不适应）的总面积分别约为 2.64km²、4.21km²、10.12km²、2.47km²；最大斑块面积分别约为 0.64km²、0.94km²、5.20km²、0.32km²；平均斑块面积分别约为 0.12km²、0.32km²、1.01km²、0.007km²。可以看出，最大斑块面积与平均斑块面积相对产卵期和捕食期差异较小，说明越冬期适宜栖息地面积分布均匀且集中。

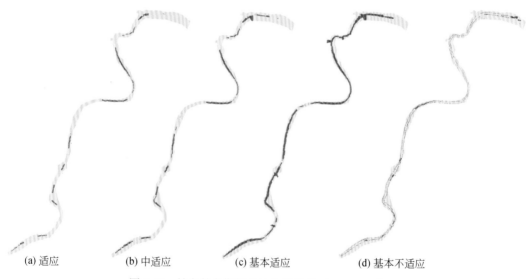

(a) 适应　　　(b) 中适应　　　(c) 基本适应　　　(d) 基本不适应

图 5-20　鳊鱼越冬期栖息地空间分布（$Q = 1000\text{m}^3/\text{s}$）

表 5-7　鳊鱼越冬期栖息地适宜性指数参数（$Q = 1000\text{m}^3/\text{s}$）

分类	单元数量 /个	总面积 /m²	斑块数量 /块	最小斑块 面积/m²	最大斑块 面积/m²	平均斑块 面积/m²
适应	2 399	2 643 913	22	1 022	638 296	120 178
中适应	3 811	4 205 949	25	1 017	940 687	323 535
基本适应	9 152	10 124 448	10	4 865	5 195 394	1 012 445
基本不适应	2 234	2 467 477	356	542	316 585	6 931

鳊鱼越冬期为每年的 12 月至次年 2 月，淮河干流的流量变化范围为 0 ~ 1100m³/s，因此鳊鱼越冬期流量计算范围为 0 ~ 1200m³/s。重复计算不同流量梯度

下鳊鱼越冬期栖息地适宜性指数的分布，从而得出鳊鱼越冬期流量与适宜栖息地加权面积比例非线性响应曲线，如图 5-21 所示。

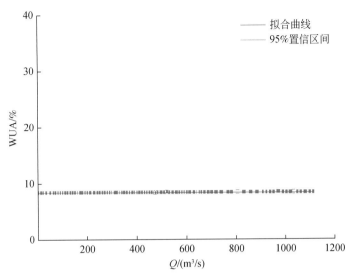

图 5-21 鳊鱼越冬期适宜栖息地加权面积比例与流量评价结果

从图 5-21 中可以看出，目标鱼类越冬期适宜栖息地加权面积比例基本保持不变。除一些肉食性种类没有明显的越冬习性外，大多数鱼类都会进入不同的场所越冬。水位和气候成为鱼类选择越冬场所的主要因素。表层水温低至 10℃ 时，鱼类纷纷进入越冬场，水温低至 6℃ 左右时，不少鱼类停止摄食。研究区域冬季闸坝的调控水位波动不大，故越冬期目标鱼类的适宜栖息地面积随着流量的变化不大，基本保持恒定。

（2）越冬期栖息地破碎性及连通性指数

图 5-22 列出了流量为 1000m³/s 时鳊鱼越冬期栖息地有效斑块的空间分布。从图 5-22 中可以看出，栖息地有效斑块区域为深潭所在区域，越冬期水深对鱼类的栖息地选择影响较大，采用公式计算出了破碎性指数及连通性指数的主要参数，鳊鱼越冬期期有效斑块个数为 29 块，有效斑块周长为 139 ~ 19 323m；有效斑块面积为 1036 ~ 953 857m²；邻近斑块的最短距离为 43 ~ 1119m。与捕食期相比，越冬期有效栖息地面积有所缩减。

鳊鱼越冬期栖息地空间特性分析流量的计算梯度为 0 ~ 4000m³/s。图 5-23 和图 5-24 表示鳊鱼栖息地越冬期破碎性指数及连通性指数与流量的响应关系。从图 5-23 和图 5-24 中可以看出，破碎性指数及连通性指数随着流量的增加变化不大，破碎性指数基本维持在 160 000m² 左右，连通性指数维持在 0.12 左右。在适宜栖息地加权面积比例评价中，也可以看出鳊鱼越冬期随着流量的增加适宜栖息地加

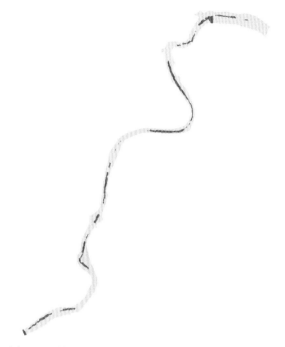

图 5-22　鳊鱼越冬期栖息地有效斑块（$Q=1000\text{m}^3/\text{s}$）

权面积比例波动不大。分析原因可知，流速对鳊鱼越冬期栖息影响不大，因为越冬期鱼类选择深水区河底越冬。水深是鱼类越冬的主要制约因素，深水区相对表层水温较高且较恒定。研究区域闸坝调控严重，越冬期水位波动不大，因此越冬期目标鱼类有效栖息地斑块位置和面积均变化不大。

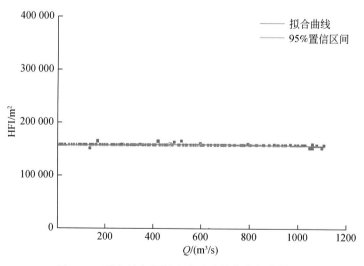

图 5-23　鳊鱼越冬期栖息地破碎性指数评价结果

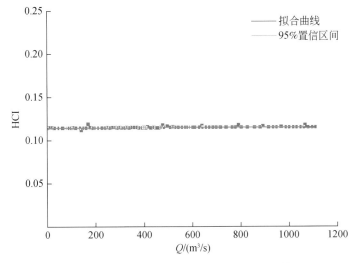

图 5-24　鳊鱼越冬期栖息地连通性指数评价结果

5.5　淮河流域典型水体生态流量过程确定

5.5.1　淮河流域典型水体生态流量过程计算

1. 生态流量过程参照体系确定

选取参照体系时一般考虑以河流的天然状态作为河流生态系统的最基本参考。考虑研究区域特点，本研究选取人为扰动较少的 1956～1966 年鲁台子断面多年平均径流量作为淮河干流生态流量的计算基准（表 5-8 和图 5-25）。

表 5-8　鲁台子多年平均流量统计

月份	1	2	3	4	5	6
多年平均流量/（m³/s）	213.59	268.61	323.32	735.27	1028.44	1036.47
月份	7	8	9	10	11	12
多年平均流量/（m³/s）	1867.24	1742.64	1013	583.46	440.42	308.98

为确定鱼类生态流量过程，在一个水文年内分时段优先考虑鱼类的不同生长阶段的生境需求。每年的 4～6 月优先考虑满足鱼类产卵场要求，7～10 月优先考虑满足捕食场要求，11 月至次年 3 月优先考虑鱼类越冬场要求，具体原则见表 5-9。

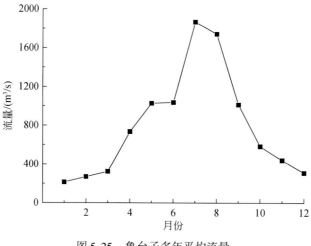

图 5-25　鲁台子多年平均流量

表 5-9　生态流量计算原则

时段	原则说明
1～3 月	满足栖息地水量平衡要求
4～6 月	满足产卵场要求，且不低于鱼类产卵流速要求
7～10 月	满足正常生活的流速水深要求
11～12 月	满足栖息地水量平衡要求

2. 水温与水量平衡计算

（1）越冬场水温垂直分布

根据安徽省合肥市气象站的气象资料，已知鲁台子断面位于 116.6333°E，32.5667°N，查底层水温和表层水温沿纬度的分布曲线，可得研究区域鲁台子断面的月均表层水温与底层水温（图 5-26）。

采用东北勘测设计研究院张大发法可计算出研究区域 1～12 月水温垂直分布（图 5-27），从图 5-27 中可以看出，当水深大于 15m 时，越冬期（1～3 月）水温大于鱼类越冬最低水温 5℃。

（2）水量平衡计算

研究区域鱼类越冬场位置及相关参数见图 5-28。为了得到研究区域越冬期水域面积，首先对越冬场水深与流量关系进行研究。由计算时段内（2007～2010 年）越冬场水深与蚌埠闸流量关系曲线可以看出，由于闸坝的调控，研究区域越冬场水深均满足鱼类越冬要求。

闸坝的调控研究区域水位波动不大，且最低水位满足鱼类越冬水深要求，因此

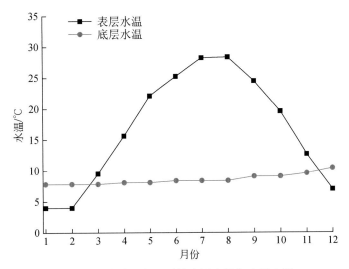

图 5-26 鲁台子断面月均表层水温与底层水温

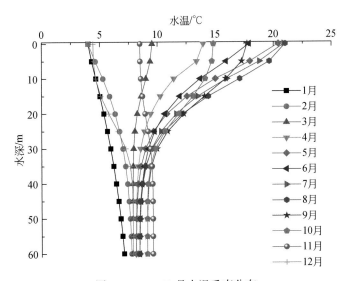

图 5-27 1~12 月水温垂直分布

研究区域平均水位对应面积为 $39.7km^2$。在水量平衡计算时，考虑最不利情况（只考虑蒸发损失），蒸发量采用计算时段月平均值（图 5-29）。

3. 淮河流域典型水体生态流量确定

在生态流量的计算中，以参照年份的月平均流量对应的栖息地状况达最佳为目标，分别计算满足 50%、70%、90% 栖息地修复所需流量。本研究目标鱼类产卵期生态流量由连通性指数与流量的响应关系曲线推算得出，栖息地恢复目标 70% 对应连通性指数增长速率最大，推荐为适宜生态流量；50% 对应流量栖息地恢复目标及

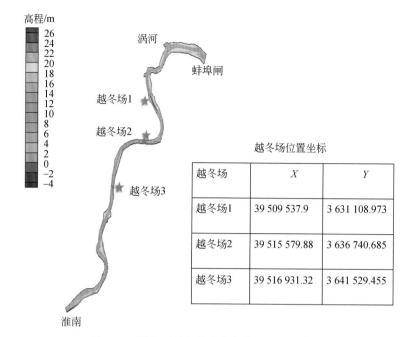

图 5-28　研究区域鱼类越冬场位置及相关参数

图中坐标系为北京 54

越冬场位置坐标

越冬场	X	Y
越冬场1	39 509 537.9	3 631 108.973
越冬场2	39 515 579.88	3 636 740.685
越冬场3	39 516 931.32	3 641 529.455

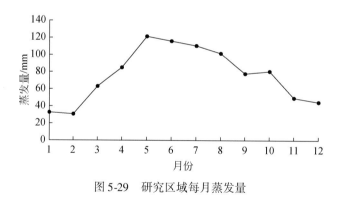

图 5-29　研究区域每月蒸发量

工程可达性最佳，推荐为最小生态流量。通过前面分析可知，研究区域闸坝调控在目标鱼类捕食期和越冬期随着流量的增加栖息地空间分布特性指数变化并不大，因此在捕食期和越冬期生态流量确定利用水量平衡计算。

5.5.2　淮河流域典型水体生态流量过程比较与分析

Tennant 法中多年平均流量的 10% 是大多数水生生物维持短时间生存所推荐的最低瞬时径流量，多年平均流量的 30% 是保持大多数水生生物有较好栖息条件所推荐的基本流量。本研究将鱼类栖息地计算结果与 Tennant 法最小生态流量（多年平均流量的 10%，即 Tennant-10%）与适宜生态流量（多年平均流量的 30%，即 Tennant-30%）的情况进行比较（图 5-30），可以看出，栖息地法计算的流量需求明显高于 Tennant 法计算的流量需求，捕食期和越冬期计算的流量需求小于 Tennant 法计算的流量需求。

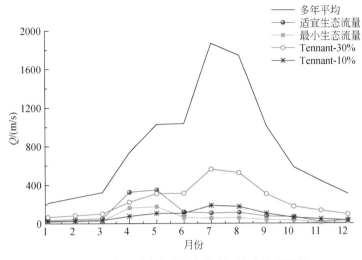

图 5-30　淮河干流鲁台子生态断面生态流量过程

从目标鱼类生境需求方面分析，产卵期是鱼类生命史中非常重要的阶段，一定的水文条件是许多鱼类产卵的必需条件。本研究目标鱼类鳊鱼产卵要求一定流速，范围为 0.1~0.36m/s。Tennant 法计算产卵期（4~6 月）最小生态流量为 120m³/s，该流量下研究区域流速分布很难满足鳊鱼产卵最低流速（0.10m/s）要求（图 5-31），而当流量为 250m³/s（栖息地最小生态流量）及 500m³/s（栖息地适宜生态流量）时，研究区域流速满足率相对较好。在鱼类捕食期（7~10 月）及越冬期（1~3 月），对流速要求不高，但是需要保证水域连通性及越冬水深，即保证一定水位。将不同流量梯度下（Tennant 法最小生态流量、Tennant 法适宜生态流量、栖息地适宜生态流量、栖息地最小生态流量）河道水深分布进行比较（图 5-32），可以看出，水深分布差异并不大。在多闸坝平原河流，流量变化对水位影响不大，因此在鱼类捕食期及越冬期仅需保证水量平衡要求即可满足鱼类捕食及越冬要求。可以看出，Tennant 法以历史径流资料为基础，根据某一个固定比例确定的流量值很难保证鱼类在产卵期的基本生境需求，而过大估计鱼类在捕食期及越冬期流量需求，Tennant 法计算结果主要依据河道径流特征推导得出，因而与鱼类生境需求流量过程存在差异。本研究以鱼类生活史关键阶段生境需求为依据推求完整水文年内生态流量过程，更加符合生物生境需求。

从栖息地空间特性方面（图 5-33~图 5-35）比较不同生态流量下栖息地评价指

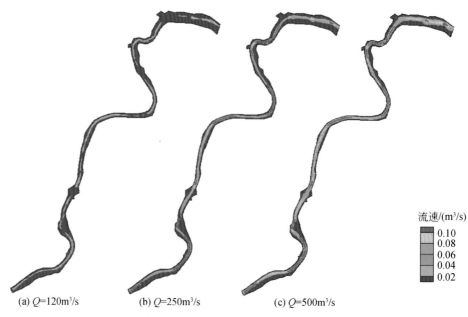

(a) Q=120m³/s (b) Q=250m³/s (c) Q=500m³/s

图 5-31 鳊鱼产卵期研究区域流速分布

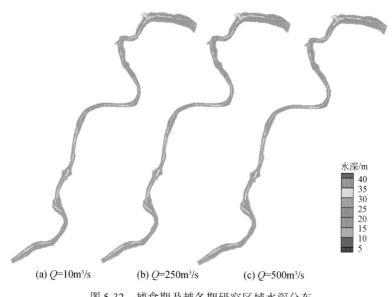

(a) Q=10m³/s (b) Q=250m³/s (c) Q=500m³/s

图 5-32 捕食期及越冬期研究区域水深分布

数，产卵期目标鱼类 Tennant 法最小生态流量、Tennant 法适宜生态流量、栖息地适宜生态流量及栖息地最小生态流量对应的栖息地适宜性指数分别为 7.06、11.00、9.31、13.62；连通性指数分别为 0.15、0.22、0.19、0.26；破碎性指数分别为 60 978.54m²、71 577.75m²、65 138.58m²、87 662.80m²。可以看出，鱼类产卵期栖息地法计算适宜生态流量具有较高适宜性及连通性。捕食期目标鱼类 Tennant 法最小生态流量、

Tennant 法适宜生态流量、栖息地最小生态流量对应栖息地适宜性指数分别为 29.47、29.57、29.84；破碎性指数分别为 1 708 646m²、1 662 555m²、1 640 167m²；连通性指数分别为 0.61、0.61、0.61。越冬期目标鱼类 Tennant 法最小生态流量、Tennant 法适宜生态流量、栖息地适宜生态流量及栖息地最小生态流量对应栖息地适宜性指数分别为 8.38、8.38、8.38、8.38；连通性指数分别为 0.11、0.11、0.11、0.11；破碎性指数分别为 157 245.6m²、157 245.6m²、157 245.6m²、157 245.6m²。从捕食期及越冬期栖息地评价指数可以看出，虽然本研究越冬期采用水量平衡法计算的生态流量值较小，但是仍然可以保证鱼类栖息地生境需求。

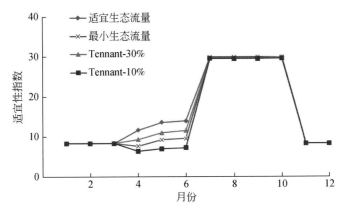

图 5-33　不同流量条件下栖息地适宜性指数

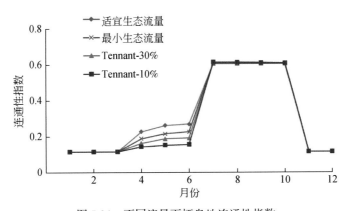

图 5-34　不同流量下栖息地连通性指数

从水资源调度可达性分析，鱼类产卵期栖息地法适宜生态流量选取为栖息地连通性指数增长速率极值点对应流量，且该流量下可以保证 70% 栖息地恢复目标，计算结果为相应多年月平均流量的 1/3，最大化兼顾水生生物生境需求及水资源合理配置。捕食期和越冬期水量平衡法计算出的生态流量结果在同样满足鱼类生境需求情况下量值较小，尤其是在冬季枯水期可以有效减缓水资源调度压力，提高可达性。

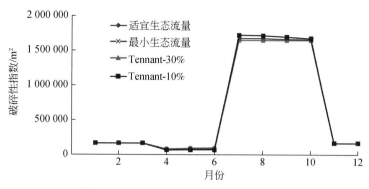

图 5-35　不同流量下栖息地破碎性指数

综上所述，本研究推导的流量过程线基于鱼类不同生命阶段的生境需求，更具生态水文意义。另外，在不同时期，生态流量值差异较大，河流生态系统健康的维持需要多种水流条件来满足，栖息地法计算生态流量过程理论与计算方法比以往单一静态的生态流量更具生态价值。

5.6　本章小结

基于淮河鱼类调查数据及层次分析法，筛选出鳊鱼作为目标鱼类计算生态流量，并得出目标鱼类对关键生境因子的非线性响应曲线，建立鱼类栖息地模型，对栖息地空间分布特性进行分析，并考虑天然径流的季节变化及鱼类不同生命阶段的生境需求，推求基于鱼类栖息地的生态流量过程。主要计算结果如下。

1）基于淮河鱼类调查及历史资料得出 20 种备选鱼类，从产卵环境和摄食环境等方面对淮河干流备选鱼类进行研究，根据筛选原则构建比较判断矩阵，计算各备选鱼类的排序权值，筛选出淮河干流对生境要求具有代表性的目标鱼类——鳊鱼；通过室内试验及文献收集，进一步得出鳊鱼不同生命阶段对关键生境因子的响应曲线。

2）结合鳊鱼对关键生境因子响应曲线，建立了淮河干流鱼类栖息地模型并对模型进行了验证。根据鳊鱼产卵调查数据，研究区域鳊鱼产卵场有 4 处，分别为蚌埠、怀远、新城口及石头埠，栖息地模拟结果显示，历史产卵场位置栖息地适宜性较高。验证结果表明，栖息地模拟结果具有可靠性。

3）以淮河多年平均流量对应的栖息地状态为参照体系，推求鲁台子断面的最小生态流量与适宜生态流量过程。计算结果分别与 Tennant 法最小生态流量与适宜生态流量计算结果比较，产卵期流量需求明显高于 Tennant 法计算的流量需求，而捕食期和越冬期流量需求小于 Tennant 法计算的流量需求。分析表明，基于鱼类栖息地推算的生态流量过程包含更多生态水文信息。计算了淮河流域关键生态断面（王家坝、鲁台子、蚌埠闸、小柳巷、界首、蒙城）适宜生态流量和最小生态流量过程，为联合调度系统提供了依据。

第6章 水质－水量－水生态耦合模拟技术

6.1 实地调查与室内外实验

6.1.1 现场实验

2017年分别于4月25～28日和10月30日～11月4日在沙颍河耿楼闸河段开展了污染物扩散及衰减规律现场示踪实验和自然降解过程实验（图6-1～图6-3）。

图6-1 耿楼闸

图6-2 支流万福沟及万福沟闸

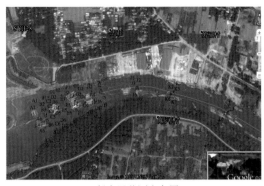

| (a) 氯离子监测点布置 | (b) COD$_{Mn}$和氨氮监测断面分布 |

图 6-3　示踪实验监测点布置图

1. 实验场地

耿楼闸位于颍河界首断面和颍上断面之间，由节制闸和船闸组成，上游有周口闸和槐店闸，下游有阜阳闸和颍上闸，实验观测河段自耿楼闸至以下 6500m 河段，其间耿楼闸以下 600m 处有万福沟支流汇入，示踪实验中，示踪剂自耿楼闸下投放，利用闸下消力池的强烈紊动作用充分混合。

2. 示踪剂选择与污染物监测指标及监测断面分布

为研究扩散过程，在万福沟汇入沙颍河的入口处以 NaCl 为示踪剂开展示踪实验，监测指标为氯离子（Cl⁻）。

3. 实验方法

示踪剂投放方案与监测方法见表 6-1 和表 6-2。

表 6-1　示踪剂投放方案

示踪剂	目的	投放点	投放方式	河槽流量	投放量
NaCl	扩散过程观测	万福沟	冲击性投放	万福沟 0.856m³/s 沙颍河 17.4m³/s	1000kg
葡萄糖 氯化铵	有机物降解过程观测	耿楼闸下	冲击性投放 （同时投放）	沙颍河 52.3m³/s	葡萄糖 600kg 氯化铵 650kg
葡萄糖 氯化铵	氨氮降解过程观测	耿楼闸下	连续性投放 2h （同时投放）	沙颍河 39.5m³/s	葡萄糖 600kg 氯化铵 350kg

表6-2　监测方法

指标类型	指标	监测方式	实验方法
水文	流量	监测船现场监测	ADCP（走航式多普勒流速测定仪）
水质	氯离子	现场采样分析	滴定法
	COD$_{Mn}$		《水质 高锰酸盐指数的测定》（GB 11892—1989）
	氨氮		《水质 氨氮的测定纳氏试剂分光光度法》（HJ 535—2009）

4. 实验结果

（1）沙颍河水质沿程变化自然特征

2017 年 11 月 2～3 日，沙颍河耿楼闸闸门开启 10 孔，开启高度为 0.3m，控制流量约为 150m³/s。该期间进行两次监测，高锰酸盐指数略有波动，但均在 3.0～4.0mg/L 范围内，没有显示出沿程降低的特征。氨氮浓度波动略大，在 0.5～0.7mg/L 范围内，在耿楼闸下 3500m 以前不仅没有显示出明显的降低趋势，反而略有增加的趋势；到 4500m 时，各项指标都变好。由此推测该河段仍然有少量的污染源汇入，尤其在闸下约 220m 处、800m 处和 3200～3500m 范围处，两次监测氨氮都明显上升。闸下 220m 附近经常有过闸船只停靠等候过闸，该处氨氮上升应该与其有关，所幸增加不多。闸下约 600m 处是万福沟入口，万福沟接纳太和县污水处理厂的尾水，这应该是 800m 处氨氮升高的原因，可以推测闸下 3200～3500m 处有氨氮污染源。尽管如此，溶解氧还是略有增加的趋势，表明该河段复氧能力是大于耗氧量的（图6-4）。

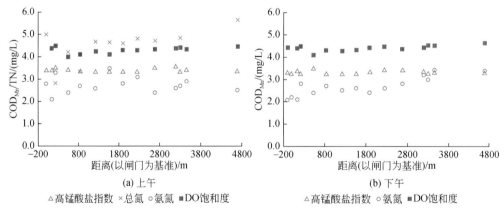

图6-4　水质沿程自然变化

（2）河道扩散过程

2017 年 4 月 25 日，耿楼闸开 2 孔，开启高度为 0.10m，控制流量约为 10m³/s，ADCP 实测流量为 8.24m³/s，万福沟闸拟控制流量为 1m³/s，实测流量为 0.865m³/s。

向万福沟汇入沙颍河入口上游100m处投放袋装氯化钠（去除不透水塑料内袋），5h内氯离子的监测结果见图6-5。

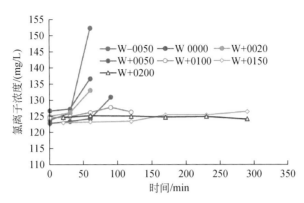

图6-5　万福沟入沙颍河口不同断面氯离子平均浓度随时间的变化

图例表示断面的桩号（位置），以m为单位，万福沟入口处为W 000，上游为一，下游为+，下同

由图6-5可以看出，氯化钠投放后，万福沟汇入沙颍河入口断面和上下游多个断面氯离子浓度都观察到升高迹象，其中60min时，多个断面升高最明显。从断面平均浓度可以很清晰地看到，入口以上50m、入口处和入口下20m断面60min时氯离子浓度升高；入口下游50m、100m断面90min时氯离子浓度升高；入口下游150m断面170min和290min时氯离子浓度均有升高。除上游50m断面外，离入口越远，断面氯离子浓度升高幅度越小。到入口下游200m以后，断面氯离子浓度基本保持平稳。

进一步考察各断面横向7个点位氯离子浓度变化情况，发现60min时万福沟汇入沙颍河入口的上游50m处断面的氯离子浓度升高主要是靠近左岸的第2、第3点的影响，该两个点位位于船闸下游，且就在船闸和主闸门隔墙尾部附近。可见，船闸关闭时，主河道回水将万福沟下部的入流快速带到了上游。

60min时万福沟汇入沙颍河入口断面的氯离子浓度升高则主要是第4、第5点的影响；下游20m处断面的第2～第4点位氯离子浓度均升高，升高幅度不断增大。90min在入口断面下游50m处断面观察到自左岸至右岸氯离子浓度升高的迹象。可见，万福沟内，由于袋装氯化钠沉降在河川底部，底部水流氯离子含量高，进入沙颍河时，向水面扩散消耗了一定的时间。根据实测的流速，万福沟内流速约为100m/h，因此，0、30min在入口断面没能观察到氯离子升高的现象，60min时，观察到氯离子升高是在第4、第5点位，且第5点比第4点还高，可见，靠近左岸的3个点，受氯离子自下向上扩散时间不足的影响，升高的氯离子直接运移到河川中央才被监测到。入口下游50m处断面90min时自左岸向右岸方向分布特征进一步证实了上述过程（图6-6）。

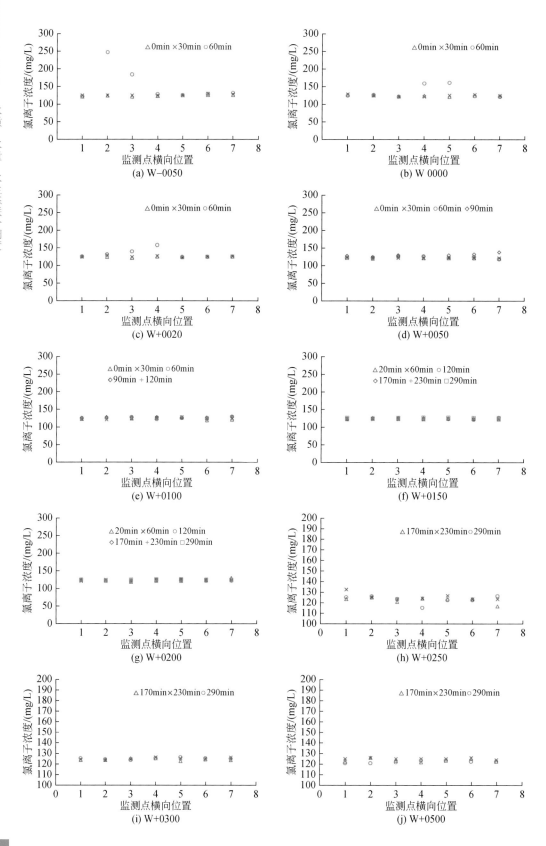

(a) W−0050

(b) W 0000

(c) W+0020

(d) W+0050

(e) W+0100

(f) W+0150

(g) W+0200

(h) W+0250

(i) W+0300

(j) W+0500

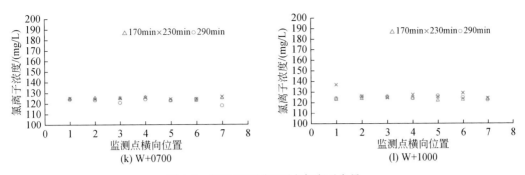

图 6-6　各断面不同监测点氯离子含量

（3）有机污染物自净过程

两次向耿楼闸下消力池投放葡萄糖和氯化铵，第二次投放是在第一次投放 3h（180min）后，第一次为冲击性投放，第二次为连续性投放。各时段各个断面的高锰酸盐指数分布见图 6-7。

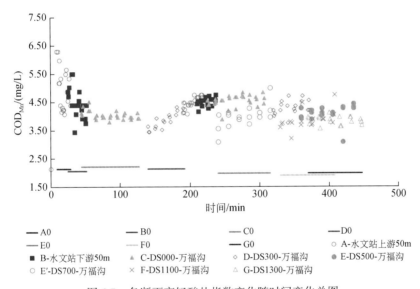

图 6-7　各断面高锰酸盐指数变化随时间变化总图

由于第一次投放示踪剂之前流量为 60m³/s，投放示踪剂时，为了产生冲击性投放效果，关闸 2h，直到第一次投放完成，按照 40m³/s 开闸（2 孔 0.4m），相应条件下水文监测结果见表 6-3，流量为 27.5 ~ 52.3m³/s，耿楼闸影响范围内的河道断面宽度约为 170m，影响范围之外的河道宽为 117 ~ 157m，耿楼闸影响范围内的河底高程为 20.5m，影响范围之外的万福沟入口处附近河底高程较高，其下游 300m 处为 22.8m，再往下游则在 20.2 ~ 21.5m 范围内。根据水位和河底高程判断，河段的水深在 6 ~ 8m 范围内，对应的断面面积为 700 ~ 1100m²，断面平均流速为 130 ~ 225m/h，耿楼闸影响范围内的断面平均流速约为 140m/h。据此推算第二次投放示踪剂时（3h，即180min），第一次投放示踪剂后的污染水团，即将到达万福沟入口，7.5h（450min）后污染水团大约行进至万福沟下500～1100m范围处。受污染物扩散效应、断面流速分布不均匀性影响，污染物实际行进速度大于平均流速，从高锰酸盐指数的监测情况来看，污染团5h（300min）前已经到达万福沟下700m，420min前在万福沟下1100m处也观察到高锰酸盐指数有所上升。数据经过整理后，可以更清晰地看到各断面位置与高锰酸盐指数峰值关系和高锰酸盐指数峰值与出现时间关系（图6-8和图6-9）。可见，各断面高锰酸盐指数峰值沿程不断衰减，随着行进时间的延长不断衰减。如果仅考虑万福沟下500m范围内的变化，$COD_{Mn} = 5.925e^{-7\times10^{-4}t}$，（回归系数$R^2 = 0.9905$）符合指数函数关系，即符合微生物降解一级反应动力学模型。但考虑更长河段范围内，不符合指数函数特征。11月自然状态下河道过程观测结果显示，万福沟及其下游河段受外源污染影响明显，万福沟接纳太和县污水处理厂尾水，推测外源影响是后续河段高锰酸盐指数不符合指数函数变化特征的根源（图6-10）。

表6-3 断面水文信息

位置（耿楼闸下/万福沟下）/m	测量时间	水位/m	流量/(m³/s)	断面面积/m²	断面平均流速/(m/s)	断面平均流速/(m/h)
150	14：26～14：34	28.52	41.5	1126	0.0368	133
200	14：54～14：59	28.52	44.4	1118	0.0397	143
900/300	13：08～13：16	28.52	52.3	891	0.0587	211
1300/700	15：23～15：28	28.52	29.7	697	0.0426	153
1700/1100	15：46～15：51	28.52	32.7	819	0.0399	144
2100/1500	16：01～16：06	28.54	46.4	752	0.0617	222
2600/2000	15：48～15：52	28.53	39.8	839	0.0475	171
3600/3000	15：29～15：34	28.52	27.5	717	0.0384	138
4600/4000	15：12～15：19	28.52	40.7	745	0.0546	197
5600/5000	14：58～15：05	28.53	31.4	782	0.0402	145

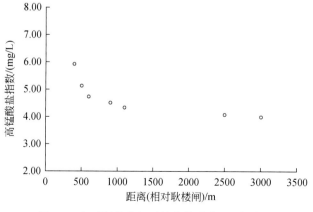

图6-8 各时间段高锰酸盐指数峰值-距离关系

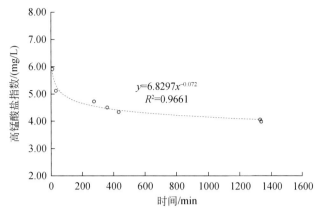

图 6-9　各时间段高锰酸盐指数峰值–时间关系

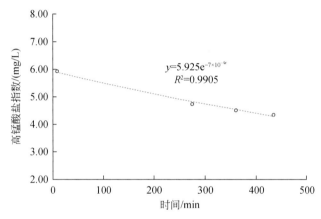

图 6-10　自然降解过程中高锰酸盐指数衰减特征

（4）氨氮自净过程

氨氮的变化特征与高锰酸盐指数极为相似（图 6-11～图 6-14）。但是氨氮到达峰值的时间比高锰酸盐指数略早，但是差别很短。铵离子的扩散速度比葡萄糖快可能是该现象的原因。与高锰酸盐指数相似，如果仅考虑万福沟下 500m 范围内的变化，$NH_3\text{-}N = 1.8174e^{-0.002t}$，（$R^2 = 0.9988$）符合指数函数关系，即符合微生物降解一级反应动力学模型。但考虑更长河段范围时，则不然，进一步印证了万福沟下500m 以外有外源污染的推测。

（5）小结

综上所述，以下几点结论在本研究中特别值得关注：

1）耿楼闸船闸对污染物的扩散影响显著。

2）在不受外源影响的条件下，高锰酸盐指数和氨氮降解均符合一级反应动力学特征，在温度约 20℃的条件下，$COD_{Mn} = 5.925e^{-7\times10^{-4}t}$，（$R^2 = 0.9905$）；$NH_3\text{-}N = 1.8174e^{-0.002t}$，（$R^2 = 0.9988$）。

第6章　水质－水量－水生态耦合模拟技术

93

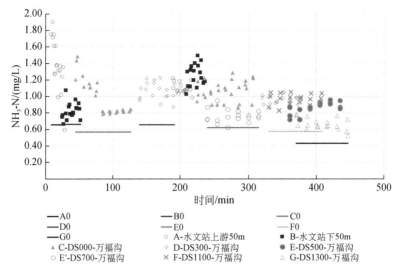

图 6-11　各断面氨氮变化随时间变化总图

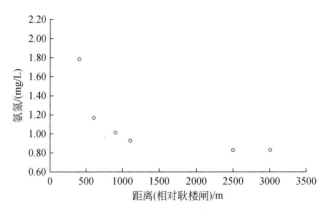

图 6-12　各时间段氨氮峰值–距离关系

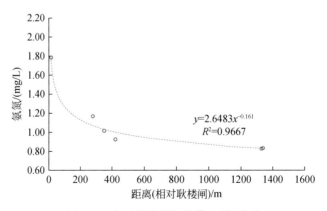

图 6-13　各时间段氨氮峰值–时间关系

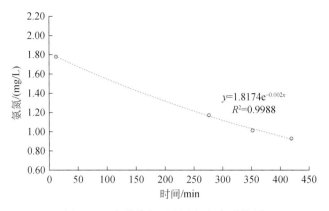

图 6-14 自然降解过程中氨氮衰减特征

3）耿楼闸下、万福沟闸下 3500m 处均存在氨氮和有机物外源的输入。

5. 实验结果在模型参数率定中的应用

在以上实验结果中，获得了氨氮和高锰酸盐指数的降解动力学方程，对模型参数率定提供了支持。

6.1.2 淮河水工实体模型污染物扩散试验

1. 试验场地

淮河防洪除涝减灾水工实体模型，占地 100 亩，模型水平比尺为 1∶300，垂直比尺为 1∶60，模拟河段自正阳关至蚌埠闸下，全长 144.5km（图 6-15）。本研究除了利用该水工实体模型辅助建立水动力学模型以外，在涡河口至蚌埠闸段系统开展了污染物扩散试验研究，为研究淮河污染物扩散规律和一维（二维）水动力-水质耦合模型扩散系数的确定以及涡河污染应急方案的制定提供支持。

图 6-15 淮河正阳关至蚌埠闸段实体模型

2. 试验方法

自上游正阳关、沙颍河测控干流流量，涡河测控入口流量，通过高锰酸钾和氯化钠联合示踪、电导在线监测研究污染物自涡河口进入淮河干流对干流水质的影响。自鲁台子至蚌埠闸确定4个水位、流速联合在线监测断面，每个断面安装3个三维超声波流速仪，以监测断面流量水位、流速、流量条件的变化。自涡河口至蚌埠闸设置7个电导连续监测断面（第7监测断面位于蚌埠闸前自来水取水口），每个断面设置3~5个监测点位（共计25个监测点），构建电导在线连续监测系统。该电导在线连续监测系统可以通过电导的变化研究涡河口进入干流的示踪剂的扩散迁移过程（图6-16和表6-4）。

图6-16　淮河模型污染物扩散示踪试验电导在线监测系统

表6-4　电导率监测点位置

断面编号	断面位置	监测点位					全断面宽度/m
		1	2	3	4	5	
1	2008C168	35.0	67.0	104.0	144	184	227
2	2008C169-1	25.0	75.0	119.5	—	—	146
3	2008C171	31.0	62.0	93.0	—	—	123
4	2008C173	34.5	69.0	103.5	—	—	138
5	2008C174-1	35.0	70.0	105.0	—	—	140
6	2008C176-1	38.5	77.0	115.5	—	—	154
7	2008C178-1（蚌埠闸上）	48.0	88.0	124.0	168	206.5	237

3. 试验结果

由于蚌埠闸上近右岸有蚌埠市自来水取水口，为了保障取水，蚌埠闸上必须保持一定的水位，因此，通过大量的预实验，确定了在蚌埠闸水位一定的条件下的实验方案。实验方案主要研究淮河干流流量 F、涡河与淮河干流流量比 R 和蚌埠闸开启方式的变化对污染物扩散特征的影响，并将实验过程数据用于二维模型中弥散系数的率定。

（1）涡河与淮河干流流量比 R 对污染物迁移扩散过程的影响

从稀释作用的角度来看，涡河与淮河干流流量比 R 越小，涡河污染物给淮河干流增加的浓度越低，但是即使稀释了，作为饮用水水源也是不被接受的。同时，河流中不能总是用平均浓度考虑问题，这是由于水力学条件的影响，污染物并不总是均匀分布的。本研究关注的就是涡河与淮河干流流量比 R 对示踪剂在断面的浓度分布特征。

以淮河干流流量（F）500m^3/s 为例，涡河与淮河干流流量比 R 对污染物迁移扩散过程的影响见图6-17和图6-18。结果表明，R 为3%和7%时前6个断面污染物分界明显，断面7右岸低于左岸，R 为7%差异更明显，近右岸的2个监测点与本底值相近。R 为5%时，前3个断面，靠近右岸超过或接近1/3的区域，电导率与本底值基本一致，即几乎没有受到污染，断面4开始，近右岸区域电导率越来越高，受到污染物的影响程度越来越大，最后断面7，5个监测点的电导率相近，污染物扩散均匀。R 为9%时，断面3各监测点的电导率基本一致，全断面污染物扩散均匀。

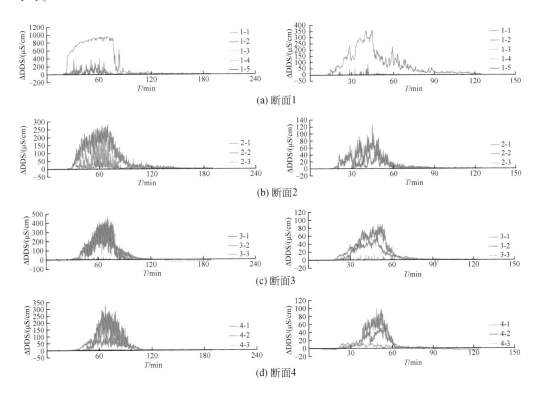

(a) 断面1

(b) 断面2

(c) 断面3

(d) 断面4

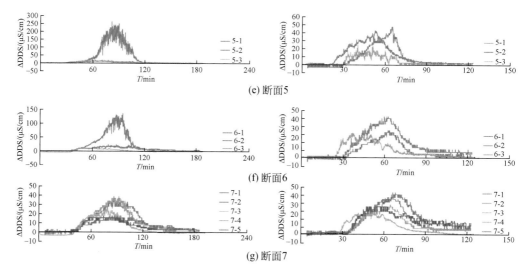

(e) 断面5

(f) 断面6

(g) 断面7

图6-17　左闸和右闸开启条件下各断面电导率变化特征对比

左列图 $R=3\%$；右列图 $R=5\%$

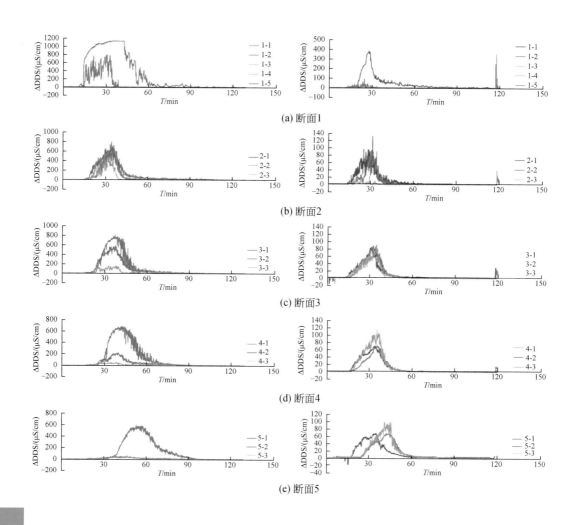

(a) 断面1

(b) 断面2

(c) 断面3

(d) 断面4

(e) 断面5

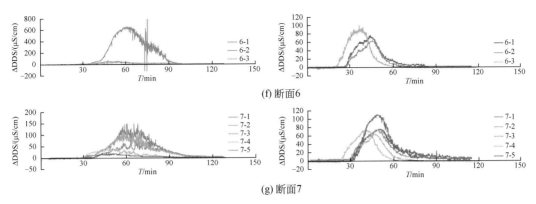

(f) 断面6

(g) 断面7

图6-18 左闸和右闸开启条件下各断面电导率变化特征对比

左列图 $R=7\%$；右列图 $R=9\%$

（2）蚌埠闸开启方式的影响

为考察涡河被污染时蚌埠市自来水取水口受污染影响的程度，针对使至少前3个断面分界清晰的涡河与淮河干流的流量比，开展关闭右岸闸门通过左岸闸门过流的实验。研究表明，在前面几个断面有明显清污分界的条件下，右闸关闭左闸开启对涡河的水流具有明显的导流作用，使后续断面的清污分解效果得到增强。例如，淮河干流流量为 $500\mathrm{m^3/s}$，涡河与淮河干流流量比为 3% 时的情况（图6-19）；又如，淮河干流流量为 $800\mathrm{m^3/s}$，涡河与淮河干流流量比为 7.5% 时的情况（图6-20）。

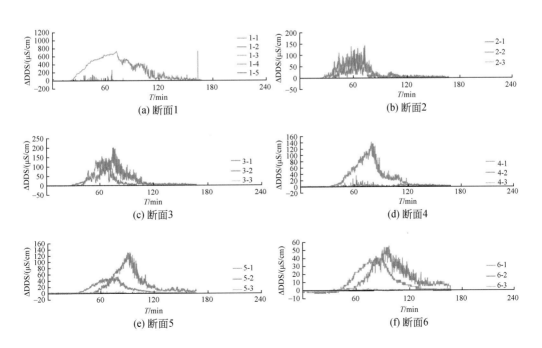

(a) 断面1

(b) 断面2

(c) 断面3

(d) 断面4

(e) 断面5

(f) 断面6

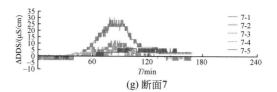

(g) 断面7

图 6-19　右闸关闭左闸开启条件下断面电导率变化特征

$$F = 500\text{m}^3/\text{s}, \quad R = 3\%$$

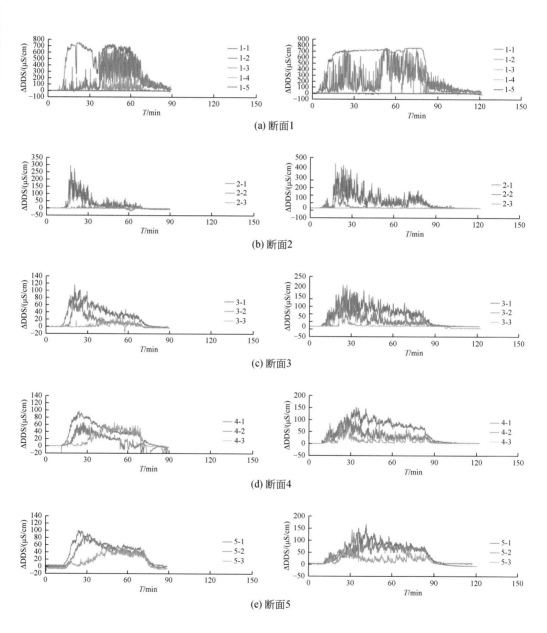

(a) 断面1

(b) 断面2

(c) 断面3

(d) 断面4

(e) 断面5

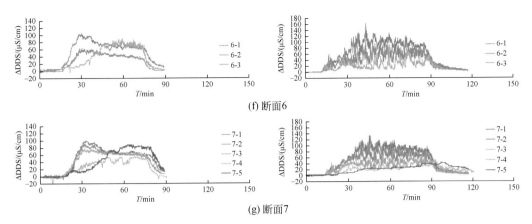

(f) 断面6

(g) 断面7

图 6-20　蚌埠闸开启方式对断面电导率变化特征对比

左列图均为左闸和右闸开启条件下断面电导率变化特征，且 $F=800\text{m}^3/\text{s}$，$R=7.5\%$；右列图

均为左闸开启右闸关闭条件下断面电导率变化特征，且 $F=800\text{m}^3/\text{s}$，$R=7.5\%$

（3）淮河干流流量的影响

淮河干流流量 $500\text{m}^3/\text{s}$ 和 $800\text{m}^3/\text{s}$ 相比，涡河流量与淮河干流流量的流量比 R 相同时，流量越大，涡河与淮河干流的水流掺混作用越强，断面均匀性越好，有趣的是，R 分别为 3% 和 7.5% 时，具有较清晰的清污分界面，不过流量高时近右岸区域受到的影响更高。

在涡河流量一定的条件下，增加淮河干流流量，稀释作用更强，从水力学条件的角度考虑，流量比减小，掺混作用增强，断面更趋于均匀，并不总对清污分流的控制有利。因此，不同的情况得到的结果不同（图 6-21 和图 6-22）。例如，涡河流量为 $15\text{m}^3/\text{s}$、淮河干流流量为 $300\text{m}^3/\text{s}$ 时，$R=5\%$；涡河流量为 $15\text{m}^3/\text{s}$、淮河干流流量为 $500\text{m}^3/\text{s}$ 时，$R=3\%$。二者相比，后者有利于清污分流的控制，因为淮河干流流量为 $500\text{m}^3/\text{s}$ 时，$R=3\%$ 清污分流效果明显。但是，如果淮河干流流量更高，为 $1200\text{m}^3/\text{s}$ 时，$R=1.25\%$，与 1.5% 接近，该工况下断面扩散较均匀，主要为稀释作用，清污分流效果不好。

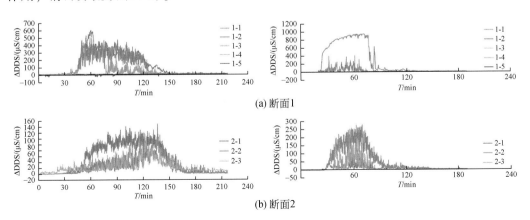

(a) 断面1

(b) 断面2

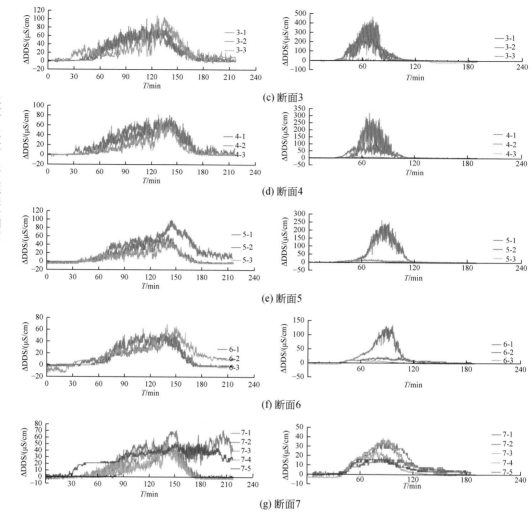

(c) 断面3

(d) 断面4

(e) 断面5

(f) 断面6

(g) 断面7

图 6-21　涡河流量（15m³/s）相同及左闸和右闸开启条件下淮河干流流量的影响

左列图 $F = 300\mathrm{m^3/s}$，$R = 5\%$；右列图 $F = 500\mathrm{m^3/s}$，$R = 3\%$

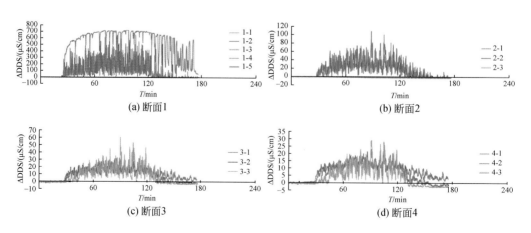

(a) 断面1

(b) 断面2

(c) 断面3

(d) 断面4

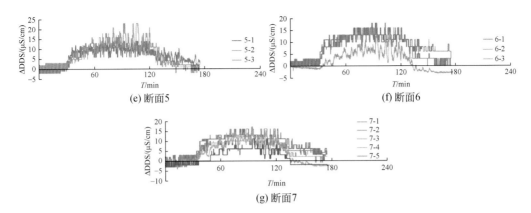

(e) 断面5   (f) 断面6

(g) 断面7

图 6-22 各断面电导率变化特征

$$F = 1200 \text{m}^3/\text{s}, \quad R = 1.5\%$$

（4）弥散系数的提取

将试验结果应用于二维模型，仅考虑弥散作用，获取弥散系数。

4. 试验小结

综上所述，应用电导在线连续监测系统，通过淮河水工模型开展的涡河污染物示踪试验获得以下结论：

1）涡河污染通过淮河干流流量、涡河与淮河干流流量比和蚌埠闸开闸方式的调控，有望实现清污分流下泄，淮河干流流量为 $500 \text{m}^3/\text{s}$、$800 \text{m}^3/\text{s}$ 时，流量比为 3% 和 7.5% 的条件下，涡河河口后较长河段清污分界清晰，关闭右闸开启左闸可进一步强化清污分流效果，大幅度降低蚌埠市饮用水取水水源受污染的程度。

2）模型扩散实验数据用于模型模拟，可获得河段污染物弥散系数。

6.2 资料收集与整理

本研究的核心任务是构建嵌入闸坝群的流域分布式水量–水质–水生态耦合模型，相关研究所需资料涉及气象、水文、水质、河道地形、闸坝工况和社会经济等多个方面，且所需基础数据量巨大。数据的格式、来源、类型以及时空尺度多样，其收集与处理工作量较大。

基于本研究的核心任务以及各研究单位提供的基础数据资料清单，通过多次实测、到生产部门实地调研以及购买等多种途径，完成本研究所需部分数据的收集与整理工作。所收集的及归类整理的数据见表 6-5。

表6-5　淮河流域基础数据集

数据类型	尺度	数据属性
DEM	90m 分辨率	高程及坡度
土地利用	1：1 000 000	1990 年以来土地利用分类及空间分布
土壤类型	1：4 000 000	土壤属性数据，如各类成分含量、分类、土壤传导率等
河道地形	500m	断面形状
国家气象站	15 个站点	1961～2013 年日平均风速、最高/最低气温、相对湿度和日照时数
雨量站	179 个站点	1961～2013 年日降水资料
闸坝/水库	34 个闸坝/水库	闸坝工程基本情况、运行规则
水文站	34 个闸坝和32 个水文站	1956～2013 年日和月径流
水质站点	28 个闸坝和4 个自动监测站	1995～2013 年 $NH_3\text{-}N$、COD 等月监测浓度；主要污染源排放量及污染物类别
社会经济	流域内各省（河南、安徽、山东、江苏）	2008～2012 年各省社会经济数据

详细基础信息见图 6-23～图 6-26。

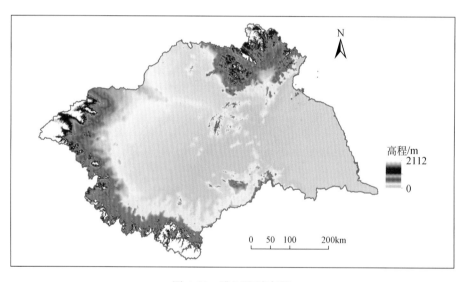

图 6-23　淮河流域高程

基于实地调研基础信息和闸坝工况资料，重新绘制了水系闸坝概化图（图 6-27），有效支撑了河网水动力模型的构建。

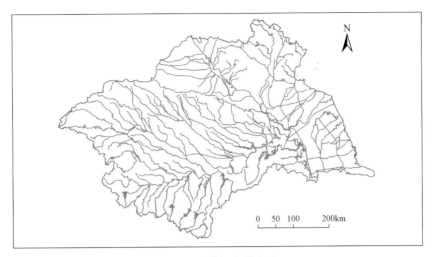

图 6-24　淮河流域水系

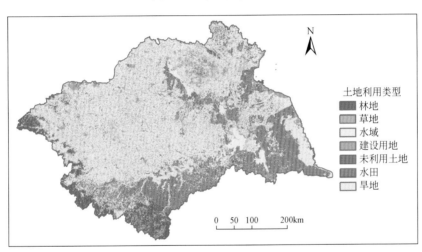

土地利用类型
- 林地
- 草地
- 水域
- 建设用地
- 未利用土地
- 水田
- 旱地

图 6-25　淮河流域土地利用类型

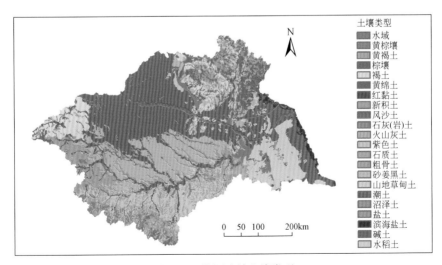

土壤类型
- 水域
- 黄棕壤
- 黄褐土
- 棕壤
- 褐土
- 黄绵土
- 红黏土
- 新积土
- 风沙土
- 石灰(岩)土
- 火山灰土
- 紫色土
- 石质土
- 粗骨土
- 砂姜黑土
- 山地草甸土
- 潮土
- 沼泽土
- 盐土
- 滨海盐土
- 碱土
- 水稻土

图 6-26　淮河流域土壤类型

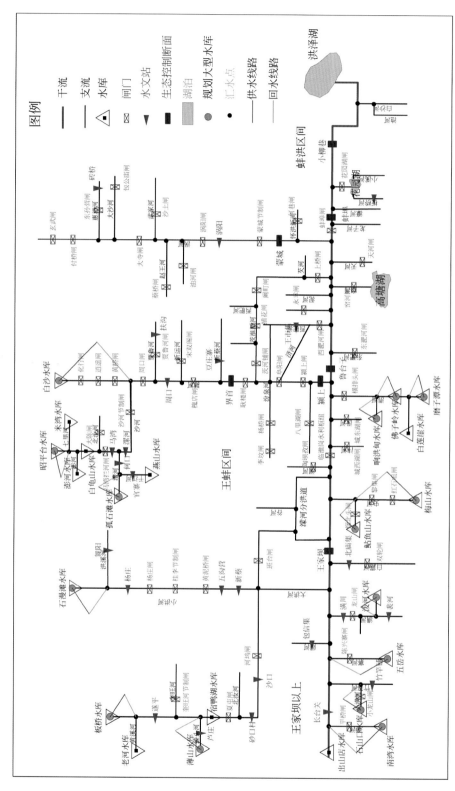

图6-27 水系闸坝概化图

6.3 水文–水动力–水质–水生态模型的构建

淮河流域河流纵横交错，水库闸坝众多，形成了一个水力和水生态相互联系的复杂体系。本研究耦合了水文–水动力–水质过程，将分布式时变增益模型与河网一维水动力–水质模型进行耦合，通过分布式时变增益模型子流域编码与河网水动力编码进行连接，在每个单元上采用时变增益产汇流模式模拟水循环的陆面部分（即产流和坡面汇流部分）和水循环的水面部分（即河网汇流部分），并在水循环的水面部分中考虑闸坝群的影响，将闸坝群的运行过程嵌入单元汇流过程中，以河网水动力水质模型为核心，将流域坡面产汇流、面源产污以及排污口点源排放污染作为河网水动力水质耦合模拟的外边界进行输入，通过编码连接方式实现水文–水动力–水质的空间耦合并易于模型的扩展与升级，同时吸纳水生态系统变化及其与水文过程关系研究中构建的水生态–水文水质–过程响应模型，将考虑河流生态健康调控阈值的闸坝群调控作为河网水动力水质耦合模拟的内边界，最终形成一套具有自主知识产权的开放式淮河流域分布式水质–水量–水生态耦合模型，动态模拟闸坝群运行环境下河流水文水质过程及其伴随的水生态特征的时间空间变化，揭示人工调控河流的水量–水质–水生态变化机理。耦合模型的框架图见图6-28。

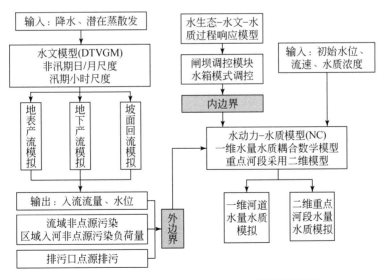

图6-28　水文–水动力–水质–水生态耦合模型框架

6.4 流域分布式时变增益模型（DTVGM）的构建

6.4.1 分布式时变增益模型原理

水文非线性系统的时变增益模型（time variant gain model，TVGM）是夏军教授于 1989～1995 年在爱尔兰国立大学（高威）（UCG）参加国际河川径流预报研讨班时提出的一种新的系统水文学方法。该方法利用中国及世界不同地区的水文、气象资料，通过水文系统理论方法的分析与应用，以降水径流之间简单的非线性系统关系等价地模拟沃尔泰拉（Volterra）级数表达的复杂非线性水文过程，其中重要的贡献是产流过程中取决于流域土壤湿度（即土壤含水量）和降雨强度子要素不同所引起的产流量变化（夏军，2002）。

传统的或基于物理途径的分布式水文模型参数较多，由于要求的水文资料等条件比较高，往往适宜实际流域应用的能力不太理想。DTVGM（distributed time variant gain model）的特点在于将集总式 TVGM 水文非线性系统模拟通过 DEM 平台并结合子流域水文模拟，推广到分布式流域水循环模拟。它既具有分布式水文概念性模拟的特征，也具有水文系统分析适应能力强的优点，能够在水文资料信息不完全或者不确定性干扰条件下完成分布式水文模拟与分析，是水文非线性系统方法与分布式水文模拟的一种结合。

DTVGM 建立在 GIS/DEM 的基础上，通过 DEM 提取陆地表面坡度、流向、水流路径、河流网络和流域边界等信息，在 DEM 划分的子流域中进行非线性产流计算，并利用 DEM 提取的汇流网络进行河道汇流计算。

1. DTVGM 子流域产流模型

降水到达流域地面以后，经过填洼、下渗、蒸发等复杂的蓄渗过程，经表层流、壤中流、地面流、地下流和回归流等形式，从坡地逐步汇集到河网，直至到达流域出口断面。在产流计算中，子流域总产流量划分为地表产流量 R_s 和地下产流量 R_g 两部分。其中，地表产流量描述为地表产流增益因子与实际降水的乘积关系。

$$R_s(t) = G_s(t)X(t) \tag{6-1}$$

式中，$G_s(t)$ 为地表产流增益因子；$X(t)$ 为实际降水过程；$R_s(t)$ 为地表产流过程。显然，$G_s(t)$ 的水文概念为流域的产流系数（$0 \leqslant G_s(t) \leqslant 1.0$）。通过对世界多个不同流域的水文长序列资料分析，夏军教授发现该增益因子并非常数，而是与土壤湿度有关，为时变增益因子。

如果缺乏土壤含水量资料，流域土壤前期影响雨量（API）是一个较理想的替代指标。$G_s(t)$ 与流域土壤前期影响雨量 $API(t)$ 之间的简单关系可以表达为

$$G_s(t) = g_1 API^{g_2}(t) \tag{6-2}$$

或者将式（6-2）进行泰勒（Taylor）展开，可进一步将表达式简化为

$$G_s(t) = g_1 + g_2 API(t) \tag{6-3}$$

式中，g_1 和 g_2 为与流域下垫面特性和气候特征相关的时变增益因子参数；$API(t)$ 可采用单一水库的线性系统模拟，即

$$API(t) = \int_0^t U_0(\sigma) X(t-\sigma) d\sigma = \int_0^t \frac{\exp\left(-\dfrac{\sigma}{K_e}\right)}{K_e} X(t-\sigma) d\sigma \tag{6-4}$$

式中，K_e 为与流域蒸发和土壤性质有关的滞时参数，一般约为系统记忆长度 m 的某个倍数。系统记忆长度通常与流域面积、流域坡度等有关，可通过经验分析确定。

将式（6-3）代入式（6-1），可得

$$R_s(t) = g_1 X(t) + g_2 API(t) X(t) \tag{6-5}$$

或

$$R_s(t) = g_1 X(t) + \int_0^t g_2 U_0(t-\sigma) X(\sigma) X(t) d\sigma \tag{6-6}$$

只要给定参数（g_1，g_2）和 K_e 便可由实际雨量计算地表净雨量。

地下产流模块中，API 在一定程度上代表土壤含水量，因此地下产流量 R_g 采用地下增益因子 g_3 与土壤前期影响雨量 API 之积表示，参数简单，方便合理：

$$R_g(t) = g_3 API(t) \tag{6-7}$$

式中，g_3 为地下产流系数，与流域下垫面特性有关，如土地利用方式。

因此，总产流量 R 即为地表产流量 R_s 与地下产流量 R_g 之和：

$$R(t) = R_s(t) + R_g(t) \tag{6-8}$$

将式（6-3）~式（6-6）代入式（6-8），可得总产流量的计算公式为

$$R(t) = G_s(t) X(t) + G_g(t) API(t) \tag{6-9}$$
$$= \left[g_1 + g_2 API(t) \right] X(t) + g_3 API(t)$$

2. DTVGM 子流域汇流模型

在 DTVGM 子流域汇流计算中，地表汇流采用 Nash（纳什）瞬时单位线进行汇流计算，Nash 瞬时单位线的公式为

$$u(0, t) = \frac{1}{K\Gamma(n)} \left(\frac{t}{K}\right)^{n-1} e^{-t/K} \tag{6-10}$$

式中，n 为反映流域调蓄能力的参数，相当于线性水库的个数或水库的调节次数；K

为线性水库的蓄泄系数，具有时间因次；$\Gamma(n)$ 为 n 的伽马函数，即 $\Gamma(n) = \int_0^\infty x^{n-1}\mathrm{e}^{-x}\mathrm{d}x$。

由于净雨过程很难用一个连续函数来描述，常用离散形式来表达，在实际工作中一般不直接应用瞬时单位线推求流域出口断面的流量过程。通常的处理方法是先把瞬时单位线 $u(0,t)$ 转换为 $S(t)$ 曲线，再用 $S(t)$ 曲线推求无因次时段单位线 $u(\Delta t,t)$，最后把无因次时段单位线 $u(\Delta t,t)$ 转化为时段单位线 $q(\Delta t,t)$。借助时段单位线即可推求流域出口断面流量过程。其中，Δt 为输入降水、径流数据的时间间隔。

Nash 瞬时单位线时间无量纲后的 $S(t)$ 曲线如下：

$$S(t) = \int_0^t u(0,t)\,\mathrm{d}t = \frac{1}{\Gamma(n)}\int_0^{t/K}\left(\frac{t}{K}\right)^{n-1}\mathrm{e}^{-t/K}\mathrm{d}\left(\frac{t}{K}\right) \tag{6-11}$$

其中，

$$\int_0^{t/K}\left(\frac{t}{K}\right)^{n-1}\mathrm{e}^{-t/K}\mathrm{d}\left(\frac{t}{K}\right) \approx \left[\frac{1}{n} + \frac{\frac{t}{K}}{n(n+1)} + \cdots + \frac{\left(\frac{t}{K}\right)^i}{n(n+1)\cdots(n+i)} + \cdots\right]\mathrm{e}^{-t/K}\left(\frac{t}{K}\right)^n \tag{6-12}$$

根据水量平衡原理，瞬时单位线和时间轴所包围的面积应等于 1 个水量，即 $\int_0^\infty u(0,t)\,\mathrm{d}t = 1.0$。因此，在求解 $S(t)$ 曲线时，当 $S(t) \geqslant 0.9999$ 时，可停止计算，并将此时的 t 记作 T_u，即单位线的历时。

将 $S(t)$ 曲线进行如下转换可得无因次时段单位线：

$$u(\Delta t,t) = S(t) - S(t-1)\ (t = 2,3,\cdots,T_u) \tag{6-13}$$

于是可得到时段为 Δt，净雨深为 1mm 的有因次时段单位线：

$$q(\Delta t,t) = u(\Delta t,t)\frac{F}{3.6\Delta t}\ (t = 1,3,\cdots,T_u) \tag{6-14}$$

式中，F 为流域面积（km^2）；$q(\Delta t,t)$ 为有因次时段单位线。

若 $R_s(t)$ 为地表净雨过程，则 $R_s(t)$ 与时段单位线 $q(\Delta t,t)$ 的离散卷积公式为

$$Q(t) = \sum_{i=1}^{T_s} q(\Delta t,i)h(t-i+1)\quad (t = 1,2,\cdots,T_Q,\ 1 \leqslant t-i+1 \leqslant T_h) \tag{6-15}$$

式中，T_Q 为地表径流历时；T_h 为净雨历时；T_u 为单位线历时。

只要确定瞬时单位线参数 (n, K)，即可计算流域出口地表汇流量。

地下水的水面比降较为平缓，可认为其涨落洪蓄泄关系相同，因此地下径流的水量平衡方程和蓄泄关系可表示为

$$I_g - Q_g - E_g = \frac{\mathrm{d}W_g}{\mathrm{d}t} \tag{6-16}$$

$$W_g = k_g Q_g$$

式中，I_g、E_g分别为地下水库的入流量和蒸发量；Q_g为出流量；W_g为地下水库蓄水量；k_g为地下水蓄泄常数，反映地下水的平均汇集时间。

将式（6-16）进行离散化处理，可得

$$(\bar{I}_g - \bar{E}_g)\Delta t - \bar{Q}_g \Delta t = k_g(Q_{g_2} - Q_{g_1}) \tag{6-17}$$

即

$$(\bar{I}_g - \bar{E}_g)\Delta t - \frac{Q_{g_1} + Q_{g_2}}{2}\Delta t = k_g(Q_{g_2} - Q_{g_1}) \tag{6-18}$$

进一步可得到

$$Q_{g_2} = \frac{\Delta t}{k_g + 0.5\Delta t}(\bar{I}_g - \bar{E}_g) + \frac{k_g - 0.5\Delta t}{k_g + 0.5\Delta t}Q_{g_1} \tag{6-19}$$

式中，Q_{g_1}、Q_{g_2}分别为时段始、末地下径流出流量（m^3/s）；$\bar{I}_g$为时段内地下水库的入流量（m^3/s）；$\bar{E}_g$为时段内地下水库的蒸发量（m^3/s）；Δt为计算时段（h）。

令$\text{KKG} = \dfrac{k_g - 0.5\Delta t}{k_g + 0.5\Delta t}$，则$\dfrac{\Delta t}{k_g + 0.5\Delta t} = 1 - \text{KKG}$，故式（6-19）可改写为

$$Q_{g_2} = (\bar{I}_g - \bar{E}_g)(1 - \text{KKG}) + Q_{g_1}\text{KKG} \tag{6-20}$$

若时段内的地下净雨深为R_g，则有

$$\bar{I}_g - \bar{E}_g = \frac{R_g \times F}{3.6\Delta t} \tag{6-21}$$

式中，F为流域面积（km^2）；3.6为折算系数。

将式（6-21）代入式（6-20），即可得线性水库地下汇流的计算公式：

$$Q_{g_2} = R_g(1 - \text{KKG})U + Q_{g_1}\text{KKG} \tag{6-22}$$

式中，U为折算系数，即$\dfrac{F}{3.6\Delta t}$。

只要确定线性水库参数KKG，即可计算流域出口地下汇流量。

3. 河道汇流演算

模型内嵌两种河道汇流方法，根据河道所具有的基本信息数据，可自由进行选择，其中马斯京根-唐吉演算法为马斯京根法的改进，计算结果更为精确。

（1）马斯京根法

马斯京根法在1934年左右提出，是河道洪水演进最常用的方法之一。马斯京根法为二参数集总线性模型，该方法包括空间集总形式的连续方程

$$\mathrm{d}S/\mathrm{d}t = I - Q \tag{6-23}$$

和非线性蓄量-流量关系

$$S = k[xI + (1-x)Q] \tag{6-24}$$

式中，k 和 x 为演进参数。从物理意义上来说，k 为河段平均传播时间，系数 x 为衡量入流和出流对河道蓄量作用的权重，x 变化范围为 $0 \sim 1$。

以有限差分形式表示式（6-24），并代入式（6-23）

$$\left(\frac{I_t + I_{t+\Delta t}}{2}\right)\Delta t - \left(\frac{Q_t + Q_{t+\Delta t}}{2}\right)\Delta t = k[x(I_{t+\Delta t} - I_t) = (1-x)(Q_{t+\Delta t} - Q_t)] \tag{6-25}$$

式中，Δt 为演算历时或离散时段，整理并求解 $Q_{t+\Delta t}$

$$Q_{t+\Delta t} = C_0 I_{t+\Delta t} + C_1 I_t + C_2 Q_t \tag{6-26}$$

式中

$$C_0 = \frac{0.5\Delta t - kx}{0.5\Delta t + k - kx} \tag{6-27}$$

$$C_1 = \frac{0.5\Delta t + kx}{0.5\Delta t + k - kx} \tag{6-28}$$

$$C_2 = \frac{-0.5\Delta t + k - kx}{0.5\Delta t + k - kx} \tag{6-29}$$

系数 C_0、C_1、C_2 有如下关系

$$C_0 + C_1 + C_2 = 1 \tag{6-30}$$

如果 k 和 x 已知，则可进行入流过程的洪水演进。该方程可重写为

$$Q_j = C_0 I_j + C_1 I_{j-1} + C_2 Q_{j-1} \tag{6-31}$$

（2）马斯京根–唐吉演算法

用以描述一维非稳定明渠水流的扩散波简化法被广泛地使用于河道洪水演算之中，它通过忽略圣维南方程组的动力方程的惯性项后与连续方程联立求解而得，经大量的实践证明，它是一种既具有足够精度又相对简单的洪水演算方法，其控制方程为

$$\frac{\partial Q}{\partial t} + u\frac{\partial Q}{\partial x} = D\frac{\partial^2 Q}{\partial x^2} \tag{6-32}$$

式中，Q 为流量；u 和 D 分别为运动波的波速和扩散系数，此处假设这两个系数为常数。

若只考虑对流项，而不考虑扩散项，则式（6-33）表示洪水波运动的运动波方程

$$\mathrm{LQ} \equiv \frac{\partial Q}{\partial t} + u\frac{\partial Q}{\partial x} = 0 \tag{6-33}$$

式中，LQ 为运动波方程的记号。

如果采用四点偏心加权差分格式，则

$$\frac{\partial Q}{\partial t} = \frac{X(Q_i^{j+1} - Q_i^j) + (1-X)(Q_{i+1}^{j+1} - Q_{i+1}^j)}{\Delta t}$$

$$\frac{\partial Q}{\partial x} = \frac{Y(Q_{i+1}^{j+1} - Q_i^{j+1}) + (1-Y)(Q_{i+1}^j - Q_i^j)}{\Delta x}$$

(6-34)

则式（6-33）变为差分方程

$$\mathrm{Ln}Q \equiv \frac{X(Q_i^{j+1} - Q_i^j) + (1-X)(Q_{i+1}^{j+1} - Q_{i+1}^j)}{\Delta t} + u \frac{Y(Q_{i+1}^{j+1} - Q_i^{j+1}) + (1-Y)(Q_{i+1}^j - Q_i^j)}{\Delta x}$$

$$= 0$$

(6-35)

式中，X、Y 分别为时间差分的权重和空间差分的权重；i、j 分别为空间和时间格点号；$\mathrm{Ln}Q$ 为运动波差分的记号。

将式（6-34）进行泰勒展开，并进行若干数学处理，最终得到

$$\frac{\partial Q}{\partial t} + u \frac{\partial Q}{\partial x} - D \frac{\partial^2 Q}{\partial x^2} = \mathrm{Ln}Q - \varepsilon_2 - \cdots$$

(6-36)

式中，ε_2 为运动波差分方程与微分方程之间的二阶精度截断误差，且必须满足条件

$$u\Delta x\left[\left(\frac{1}{2} - X\right) + r\left(\frac{1}{2} - Y\right)\right] = D$$

(6-37)

式中，$r = u\Delta t / \Delta x$，为柯朗（Courant）数。

式（6-37）中，令 $Y = 1/2$，可得到用运动波的数值扩散模拟扩散波物理扩散条件为

$$X = \frac{1}{2} - \frac{D}{u\Delta x}$$

(6-38)

从中解出

$$Q_{i+1}^{j+1} = C_1 Q_i^j + C_2 Q_i^{j+1} + C_3 Q_{i+1}^j$$

(6-39)

其中，

$$C_1 = \frac{KX + 0.5\Delta t}{0.5\Delta t + K - KX}$$

$$C_2 = \frac{KX - 0.5\Delta t}{0.5\Delta t + K - KX}$$

$$C_3 = \frac{K - KX - 0.5\Delta t}{0.5\Delta t + K - KX}$$

(6-40)

$$K = \Delta x / u$$

式（6-39）构成的洪水演算方法称为马斯京根–唐吉演算法。

4. 闸坝调蓄模块

水文计算是以水文单元（子流域或网格）为最小单元进行的产汇流计算。水库与

水利工程很不均匀的分布在每个水文单元上，如很多水文单元上没有水库，少数水文单元上有多个水库。为了统一计算，给出两个假设：①假设每个水文单元上都有一个水库；②假设所有水库都正好在计算的水文单元出口处。建模时，实际无水库的水文单元库容为0；有多个水库的水文单元将多个水库特征库容相加转换为一个水库。

水库调蓄在每个水文单元汇流计算完成后计算，水文单元汇流计算的流量作为该单元水库的入流，水库调蓄计算获得的出流作为该单元的出流。

调蓄规则与计算流程如下：

1）给出每个水文单元水库的初始库容、正常蓄水位库容、汛限水位库容、死库容以及每个水文单元的生态流量。

2）判断计算时间，汛期按照汛限水位-库容关系进行控制水库水量，非汛期按照正常蓄水位进行调蓄。

3）若来水扣除生态需水后，加上水库现有水量超过限制水位对应的库容，则将水库库容变成限制水位库容，多余的水则作为出库流量。

闸坝水量平衡模拟时，考虑闸坝上游来水、泄流、降水、蒸发和渗流等，总平衡方程为

$$\Delta V = V_{\text{flow in}} + V_{\text{pcp}} - V_{\text{evap}} - V_{\text{flow out}} - V_{\text{seep}} \tag{6-41}$$

式中，ΔV 为闸坝的蓄变量；$V_{\text{flow in}}$ 为闸上入流量；$V_{\text{flow out}}$ 为下泄水量；V_{pcp}、V_{evap}、V_{seep} 分别为闸坝的区间降水量、蒸发量和渗漏量，三者均与库容面积 SA 有关。

$$V_{\text{pcp}} = 10 \cdot R_{\text{day}} \cdot \text{SA} \tag{6-42}$$

$$V_{\text{evap}} = 10 \cdot \eta \cdot E_0 \cdot \text{SA} \tag{6-43}$$

$$V_{\text{seep}} = 240 \cdot K_{\text{sat}} \cdot \text{SA} \tag{6-44}$$

$$\text{SA} = \beta_{\text{sa}} \cdot V^{\text{expsa}} \tag{6-45}$$

式中，R_{day} 为日降水量；η 为蒸发系数；E_0 为一天的潜在蒸发量；K_{sat} 为水库底部的水力传导系数；V 为闸上的蓄水量；β_{sa} 和 expsa 为经验系数。因此水库水量平衡方程中 ΔV 和 $V_{\text{flow out}}$ 未知。我国闸坝在设计时，闸坝的水位、库容和下泄流量存在对应关系。闸坝在运行调度时，闸坝的下泄流量主要依据闸上水体达到某一水位（或库容）。因此三者之间存在一定的相关关系，即

$$V_{\text{flow out}} = f(V, H) \tag{6-46}$$

式中，$V_{\text{flow out}}$ 为下泄水量；V 和 H 分别为闸上的蓄水量和水位。

6.4.2 研究区域数字化

根据流域闸坝河湖水系概化图，对淮河流域进行数字化，依托 GIS 平台及地图数字化技术，重点考虑水库、闸坝、水文站及分洪道等控制单元要素，将研究区域

划分为 397 个子流域，并提取各子流域及河网参数。数字化阶段中对分洪道以及水库闸坝进行重点处理，构建模型过程中在分洪道的地方添加分洪闸，能够将复杂的网状形河网简化处理，分流量作为模型的一个参数，可以通过上下游水位及闸门的开度进行计算；水库闸坝信息单独为一个输入文件，可设置其在子流域的位置以及是否启用，方便灵活。划分所得的子流域见图 6-29 ~ 图 6-31。

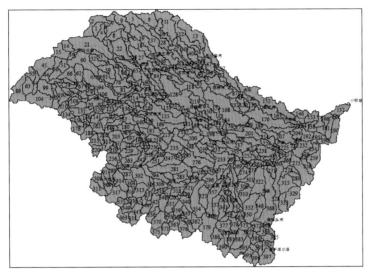

图 6-29　研究区域子流域

CID	LAT	LONG	ELE[m]	AREA[km2]	MEMLEN
0	34.69213	113.6710456	133.644685	254	12
1	34.831514	113.6979922	141.6322774	584	15
2	34.7012	113.8459319	95.10133333	93.75	10
3	34.613094	113.7487539	141.6868687	272.25	12
4	34.740377	114.4246311	70.63948876	567.25	15
5	34.750883	114.6501043	65.54215732	530.75	14
6	34.713362	113.9749706	87.42441315	532.5	14
7	34.561561	113.9843018	103.3631415	321.5	12
8	34.722542	114.1728484	75.81706161	527.5	14
9	34.545476	114.8850528	60.48698225	422.5	13

图 6-30　子流域参数

STID	RID	TYPE	LOC	ACTIVE	NAME
0	8	1	1	0	裴庄闸
1	15	0	1	0	白沙水库
2	19	1	1	0	吴庄闸
3	23	1	1	0	包公庙闸
4	26	1	1	0	黄口拦河闸
5	33	1	1	0	砖桥闸
6	34	1	1	0	丁庄拦河闸
7	41	2	1	0	扶沟
8	42	1	1	0	玄武闸

图 6-31　水库闸坝信息

6.4.3 分布式时变增益模型构建

建立淮河流域小柳巷以上研究区域分布式时变增益模型，整理 179 个降水站点的雨量数据（图 6-32），并通过反距离加权插值（IDW）插值到 397 个子流域中。考虑 85 个水库闸坝（图 6-33），7 个生态控制断面（图 6-34），收集 34 个水库闸坝的特征水位参数，根据时变增益理论，建立考虑闸坝群影响的洪水预报模型。

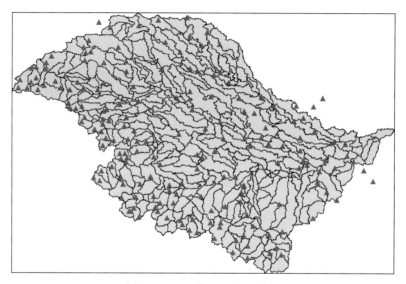

图 6-32　179 个雨量站点分布

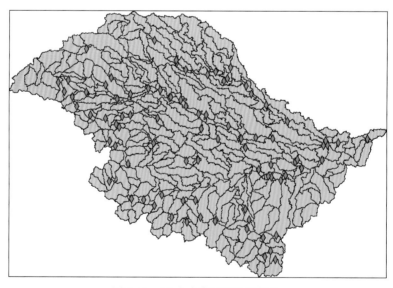

图 6-33　85 个水库闸坝分布信息

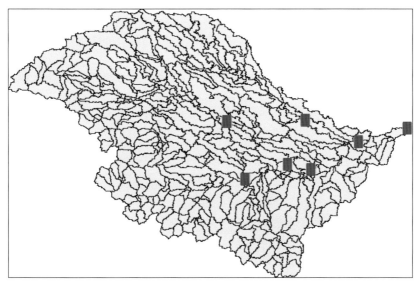

图 6-34　7 个生态控制断面

　　基于构建的小柳巷断面以上重点区域进行洪水预报,利用 2007 年数据进行参数率定和试算,效率系数均在 0.8 以上,结果较好,见图 6-35,表明所构建的预报模型在淮河流域的适用性。

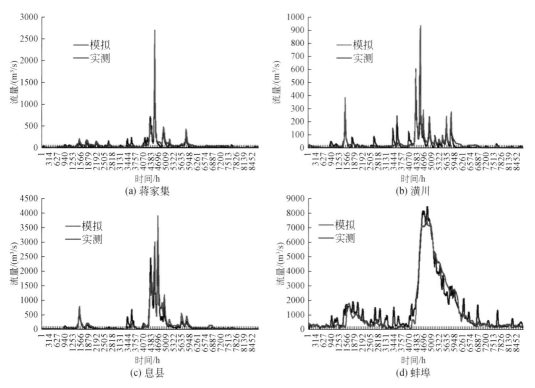

图 6-35　2007 年重点断面模拟结果

6.5　临洪预警模块的研发

基于DTVGM，对重点断面构建预警预报模块，主要包含方案制订（图6-36）和预警预报（图6-37）两部分，在维持当前闸坝调度方案不变的情况下，预估未来水情变化，起到临洪预警的作用，主要完成以下两方面的内容。

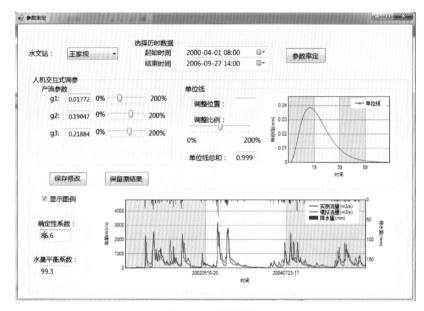

图6-36　方案制订

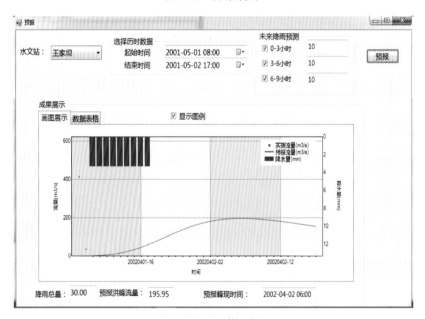

图6-37　预警预报

（1）洪水趋势预报

依据定量降水预报进行洪水趋势预报，做出洪水预警预报。该预报具有较长的预见期，对预报控制站主要提供水位流量过程、洪峰水位、洪峰流量等。未来时期降水估计可依据模型预报，也可依据气象卫星云图或使用者的经验判断估计。洪水趋势预报引入了预估的未来降水，延长了洪水预报的预见期。

（2）洪水参考性预报

依据实测降水，进行降水径流预报，作出洪水参考性预报。该预报具有较好的精度和一定的预见期，对预报控制站预报出洪水过程，为各部门实施水量水质联合调度安排提供依据。

6.6 中长期水资源规划模型的构建

在 DTVGM 的基础上，增加工业、农业以及生活用水模块，进行用水供需分析和计算，构建中长期尺度下的水资源规划模型，实现流域水文过程模拟、宏观区域水资源配置、微观水库闸坝调控的大尺度水文模型。

生活用水模块字段见图 6-38。

图 6-38　模块架构

为了验证中长期水资源规划模型的适用性，搜集并整理了 2012 年淮河流域小柳巷以上区间 71 个雨量站和 39 个水文站点的降水及流量资料，2012 年安徽省和河南省各市（县）生产总值、行政分区供水量和用水量、主要人口指标、综合人口及面积比例，依托 GIS 平台及地图数字化技术，基于淮河流域小柳巷研究区域周边 24 个市级行政单位的取用水数据，提取 397 个子流域的取用水量，结果见图6-39。

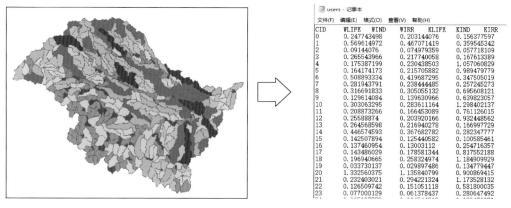

图6-39　取用水空间分布

结合2012年降水和流量数据进行参数率定与试算，模型日计算结果纳什效率系数均在0.8左右（图6-40和图6-41），结果较好，证明了所构建的中长期水资源规划模型在淮河流域的适用性。

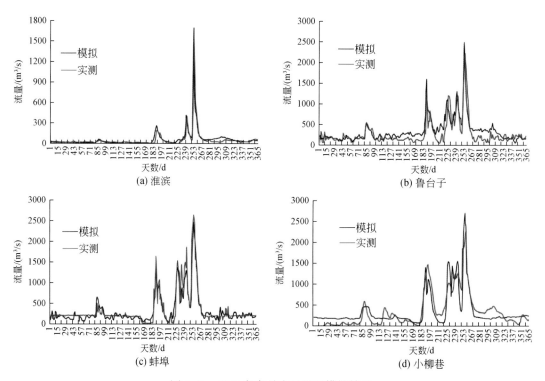

图6-40　2012年各站点日过程模拟结果

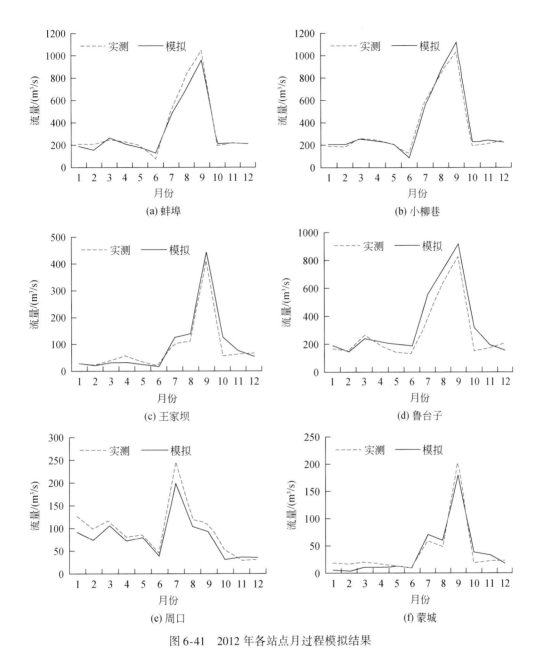

图 6-41 2012 年各站点月过程模拟结果

6.6.1 研究区典型断面以上流域面雨量频率分析

针对研究区典型断面（王家坝、蒙城、鲁台子、蚌埠、界首、周口）1956～2012 年长序列面雨量进行频率分析，确定不同水平年（特丰、丰、平、枯、特枯）条件下的来水量。基于泰森多边形法求解各个典型断面以上流域的面雨量，各个典型断面以上流域的泰森多边形空间分布图见图 6-42。

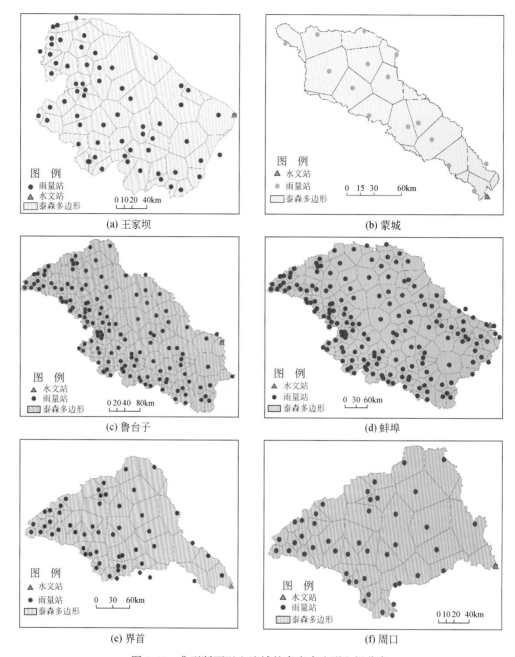

(a) 王家坝 (b) 蒙城

(c) 鲁台子 (d) 蚌埠

(e) 界首 (f) 周口

图6-42　典型断面以上流域的泰森多边形空间分布

　　基于泰森多边形求解所得各个典型断面面雨量，利用 P-Ⅲ 曲线拟合，见图6-43。

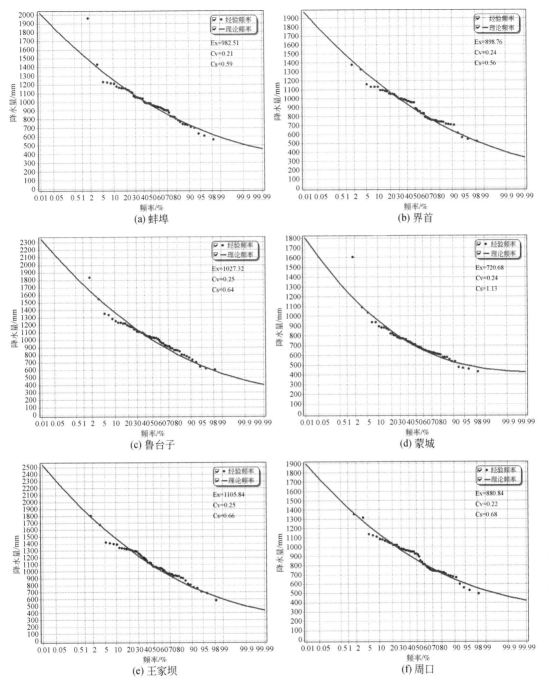

图 6-43　典型断面以上流域降水频率曲线

Ex 为均值；Cv 为变差系数；Cs 为偏态系数

根据排频结果，得到不同水平年的降水量，见表 6-6。

表6-6　重点断面以上流域降水排频结果

断面	频率/%				
	10	25	50	75	90
	降水量（年份）/mm				
蚌埠	1256（1987）	1108（1983）	962（1960）	835（1981）	735（1997）
界首	1185（1998）	1031（1989）	878（2010）	745（1997）	639（1976）
鲁台子	1369（1975）	1182（1979）	1000（1965）	843（1961）	721（1978）
蒙城	953（1984）	813（1979）	689（1977）	593（1970）	530（1993）
王家坝	1473（1982）	1272（1984）	1075（2008）	906（1997）	776（1976）
周口	1138（1998）	996（1980）	859（1965）	741（1986）	651（2008）

6.6.2　中长期水资源规划模型耦合生态流量边界

首先确定各个典型断面生态基流保障率计算方法，然后通过各个控制断面多年实测日平均流量进行保证率的计算，按由大到小的顺序对各断面日平均流量进行排序，选取前75%天数下的最小流量，作为生态基流保障率达到75%的日平均流量限值。计算方法为

$$P = \frac{满足生态断面流量要求的历时(日、旬或月)}{总历时(日、旬或月)} \times 100\% \qquad (6\text{-}47)$$

基于收集整理得到的2012年安徽省和河南省市级行政区划的取用水数据，构建淮河小柳巷以上研究区域水资源规划模型（月尺度），由于大多数水库在王家坝断面以上，以王家坝断面以上区域为例构建水资源规划模型，并利用长序列资料进行基本模型参数的率定和验证。率定期为1980～2002年，验证期为2003～2012年，结果见图6-44。

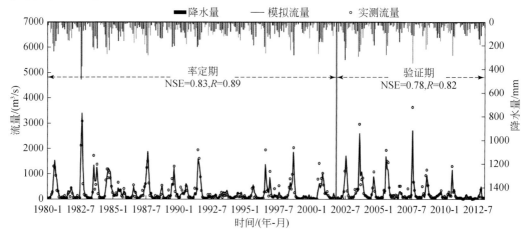

图6-44　王家坝断面径流模拟结果

按照栅格文件利用面积配比法，计算王家坝断面以上 2012 年的取用水数据（图 6-45）。

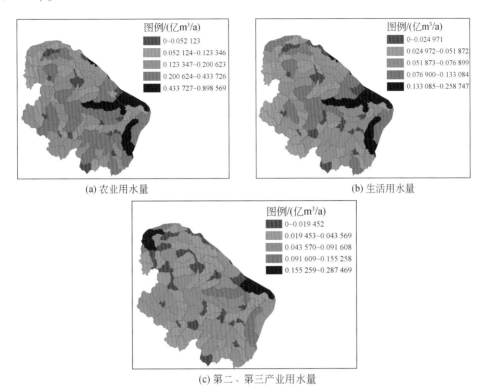

图 6-45　王家坝断面以上用水数据空间分布

将不同水平年的降水输入中长期水资源规划模型，可得王家坝断面以上不同水平年条件下的模拟流量，将模拟流量和生态流量目标进行对比，见表 6-7。

表 6-7　不同情景下生态流量模拟　　　　　　　　　（单位：m³/s）

月份	1	2	3	4	5	6	7	8	9	10	11	12
生态流量阈值（70%）	35.83	44.44	345.55	345.55	377.61	141.24	128.44	133.09	103.41	90.61	17.73	47.38
多年平均	50.1	123.5	302.6	302.6	215.7	537.7	681.2	163.7	175.1	91.2	172.5	60.9
枯（75%）	97.15	92.43	179.62	179.62	133.6	89.9	511.3	115.6	95.5	63.7	59.8	63.2
特枯（95%）	101.6	197.1	61.3	61.3	162.7	91.6	306.8	236.2	147.1	50.2	57.6	33.9

根据由水生态系统变化及其与水文过程关系研究确定的 70% 生态流量阈值和不同来水程度的（多年平均、枯、特枯）模拟月平均流量过程对比分析，在 2012 年的用水水平下，特枯典型年不满足生态流量的月份较多，多年平均状况下 4 月和 5 月不满足生态流量，建议在 4 月和 5 月进行调节，增大上游水库的下泄流量。

6.7 河网一维水动力–水质模型的构建

6.7.1 模型框架

选择淮河中游王家坝至小柳巷段为研究区，将研究区内现有的干支流河道、闸坝、行蓄洪区等典型河网要素纳入模型范围。基于对河网各单元水流运动及污染物时空变化规律的分析，建立淮河中游王家坝至小柳巷段一维河网水量水质数学模型，采用圣维南方程描述河道内洪水波的演进；采用水量平衡方程描述蓄洪区及生产圩区蓄水位的变化；采用合理的概化模式描述行洪区的充蓄及行洪过程；采用水力学公式进行重点闸坝的过流计算，采用对流扩散降解方程描述污染物在水体中输移扩散过程和源汇变化过程。

模型主要由降水径流模拟、河道水流模拟、闸坝调度模拟、行蓄洪区模拟及河道水质模拟等功能模块组成（图 6-46），并与区域分布式洪水预报及污染负荷模型相结合，实现淮河中游汛期–非汛期全过程多闸坝、多行蓄洪区水量水质的联合计算。

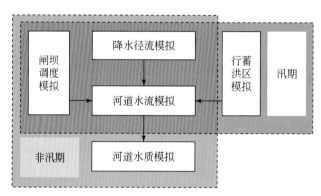

图 6-46 各个模块之间的衔接关系

针对河网水系的组成情况以及水文站和闸坝的空间分布，模型将全区域剖分为若干个模块，在应用时可根据实际工作的需要和数据的情况进行灵活的组合，实现模拟范围的多种变化（图 6-47）。

6.7.2 水动力子模型

选取淮河干流、沙颍河、涡河进行河道径流模拟，其他主要支流及分洪河道，

ID	Index	Name	UpChai...	DownCh...	UpNode	DownNo...	Select
1	0	王家坝-润河集	0	59114.29	0	1	0
2	1	蒙河分洪道	0	43629.34	2	1	0
3	2	润河集-沫河口	0	48017.7	1	3	0
4	3	润河集-沫河口	48017.71	78201.32	3	4	0
5	4	周口-沫河口	0	29038	5	6	0
6	5	周口-沫河口	29038.01	58278	6	7	0
7	6	周口-沫河口	58278.01	116389	7	8	0
8	7	周口-沫河口	116389.01	171477	8	9	0
9	8	周口-沫河口	171477.01	250237	9	10	0
10	9	周口-沫河口	250237.01	296048.9	10	4	0
11	10	沫河口-涡河口	0	123260.4	4	11	0
12	11	付桥闸-涡河口	0	43871	12	13	0
13	12	付桥闸-涡河口	43871.01	95357	13	14	1
14	13	付桥闸-涡河口	95357.01	143656	14	15	1
15	14	付桥闸-涡河口	143656.01	228923.13	15	11	1
16	15	涡河口-小柳巷	0	5548.7	11	16	0
17	16	涡河口-小柳巷	5548.71	114797	16	17	0

图 6-47　模拟范围多种变化的实现

1 代表进行计算；0 代表不进行计算

如史河、浉河、濛河分洪道、茨淮新河、怀洪新河等，可通过马斯京根唐吉演算法演算至河口，再以源汇项的方式加入淮河骨干河网中。

1. 控制方程及差分格式

描述河道一维水流运动的基本方程为圣维南方程组，如下：

$$\begin{cases} \dfrac{\partial Q}{\partial x} + B\dfrac{\partial Z}{\partial t} = q \\ \dfrac{\partial Q}{\partial t} + \dfrac{\partial}{\partial x}\left(\dfrac{\alpha Q^2}{A}\right) + gA\left(\dfrac{\partial Z}{\partial x} + \dfrac{Q\,|\,Q\,|}{K^2}\right) = 0 \end{cases} \tag{6-48}$$

式中，x、t 为流程（m）和时间（s），是自变量；A 为过水断面面积（m²）；B 为水面宽度（m）；Q 为流量（m³/s）；Z 为水位（m）；q 为旁侧入流（m²/s），入流为正，出流为负；g 为重力加速度（m/s²）；α 为动量校正系数，可取 1；K 为流量模数，$K = A \cdot \dfrac{1}{n} \cdot R^{2/3}$，$R$ 为水力半径（m），n 为糙率。

采用 Preissmann 四点线形隐式差分格式将圣维南方程离散为

$$-Q_j^{n+1} + C_j Z_j^{n+1} + Q_{j+1}^{n+1} + C_j Z_{j+1}^{n+1} = D_j \tag{6-49}$$

$$E_j Q_j^{n+1} - F_j Z_j^{n+1} + G_j Q_{j+1}^{n+1} + F_j Z_{j+1}^{n+1} = H_j \tag{6-50}$$

式中，

$$C_j = \frac{\Delta x_j}{2\Delta t \theta} B_{j+\frac{1}{2}}^n$$

$$D_j = (q_L)_{j+\frac{1}{2}}^n \frac{\Delta x_j}{\vartheta} - \frac{1-\theta}{\theta}(Q_{j+1}^n - Q_j^n) + C_j(Z_{j+1}^n + Z_j^n)$$

$$E_j = \frac{\Delta x_j}{2\theta \Delta t} - (\alpha u)_j^n + \frac{g}{2}\left(A\frac{|Q|}{K^2}\right)_j^n \frac{\Delta x_j}{\theta}$$ (6-51)

$$G_j = \frac{\Delta x_j}{2\theta \Delta t} + (\alpha u)_{j+1}^n + \frac{g}{2}\left(A\frac{|Q|}{K^2}\right)_{j+1}^n \frac{\Delta x_j}{\theta}$$

$$F_j = g A_{j+\frac{1}{2}}^n$$

$$H_j = \frac{\Delta x_j}{2\theta \Delta t}(Q_{j+1}^n + Q_j^n) - \frac{1-\theta}{\theta}\left[(\alpha UQ)_{j+1}^n - (\alpha UQ)_j^n\right] - \frac{1-\theta}{\theta}g A_{j+\frac{1}{2}}^n(Z_{j+1}^n - Z_j^n) + \left[q_L\left(v_x - \frac{Q}{A}\right)\right]_{j+\frac{1}{2}}^n \frac{\Delta x}{\theta}$$

以上各式中，下标 j、$j+1$ 为 j 河段首末断面编号；下标 $j+\frac{1}{2}$ 为 j 河段的中间断面；上标 n 为时段编号；Δt 为时间步长（s）；$\Delta x_j = x_{j+1} - x_j$；$U = \frac{Q}{A}$ 为断面平均流速。

2. 方程求解

（1）双追赶法

对于一条河道断面编号依次为 L_1，L_1+1，$\cdots$，L_2 具有 $L_2 - L_1$ 个河段的河道，有 $2(L_2 - L_1 + 1)$ 个未知变量，可以列出 $2(L_2 - L_1 + 1)$ 个线性方程，以河道的首断面水位 Z_{L_1} 和末断面水位 Z_{L_2} 为基本未知量，可用双追赶法求解。

令 $$Q_i = \alpha_i + \beta_i Z_i + \zeta_i Z_{L_2}$$ (6-52)

可推导出逆推公式

$$\begin{cases} \alpha_i = \dfrac{Y_1(H_i - \alpha_{i+1}G_i) - Y_2(D_i - \alpha_{i+1})}{Y_1 E_i + Y_2} \\[2mm] \beta_i = \dfrac{Y_2 C_i + Y_1 F_i}{Y_1 E_i + Y_2} \\[2mm] \zeta_i = \dfrac{\zeta_{i+1}(Y_2 - Y_1 G_i)}{Y_1 E_i + Y_2} \\[2mm] Y_1 = C_i + \beta_{i+1} \\[2mm] Y_2 = G_i \beta_{i+1} + F_i \end{cases}$$ (6-53)

$$i = L_2 - 2, L_2 - 3, \cdots, L_1$$

对于 $i = L_2 - 1$，有

$$\begin{cases} \alpha_{L_2-1} = \dfrac{H_{L_2-1} - G_{L_2-1}D_{L_2-1}}{G_{L_2-1} + E_{L_2-1}} \\[3mm] \beta_{L_2-1} = \dfrac{C_{L_2-1}G_{L_2-1} + F_{L_2-1}}{G_{L_2-1} + E_{L_2-1}} \\[3mm] \zeta_{L_2-1} = \dfrac{C_{L_2-1}G_{L_2-1} - F_{L_2-1}}{G_{L_2-1} + E_{L_2-1}} \end{cases} \tag{6-54}$$

令
$$Q_i = \theta_i + \eta_i Z_i + \gamma_i Z_{L_1} \tag{6-55}$$

可推导出顺推公式

$$\begin{cases} \theta_i = \dfrac{Y_2(D_{i-1} + \theta_{i-1}) - Y_1(H_{i-1} - E_{i-1}\theta_{i-1})}{Y_2 - G_{i-1}Y_1} \\[3mm] \eta_i = \dfrac{Y_1 F_{i-1} - Y_2 C_{i-1}}{Y_2 - G_{i-1}Y_1} \\[3mm] \gamma_i = \dfrac{\gamma_{i-1}(Y_2 + Y_1 E_{i-1})}{Y_2 - G_{i-1}Y_1} \\[3mm] Y_1 = C_{i-1} - \eta_{i-1} \\[3mm] Y_2 = E_{i-1}\eta_{i-1} - F_{i-1} \end{cases} \tag{6-56}$$

$$i = L_1 + 2, L_1 + 3, \cdots, L_2$$

对于 $i = L_1 + 1$，有

$$\begin{cases} \theta_{L_1+1} = \dfrac{E_{L_1}D_{L_1} + H_{L_1}}{E_{L_1} + G_{L_1}} \\[3mm] \eta_{L_1+1} = -\dfrac{C_{L_1}E_{L_1} + F_{L_1}}{E_{L_1} + G_{L_1}} \\[3mm] \gamma_{L_1+1} = \dfrac{F_{L_1} - C_{L_1}E_{L_1}}{E_{L_1} + G_{L_1}} \end{cases} \tag{6-57}$$

因此，由上述递推公式可以得到

$$\begin{cases} Q_{L_1} = \alpha_{L_1} + \beta_{L_1}Z_{L_1} + \zeta_{L_1}Z_{L_2} \\[2mm] Q_{L_2} = \theta_{L_2} + \eta_{L_2}Z_{L_2} + \gamma_{L_2}Z_{L_1} \end{cases} \tag{6-58}$$

即首末断面流量表达为首末节点水位的线性组合。联立式（6-52）~式（6-55）得

$$Z_i = \frac{\theta_i - \alpha_i + \gamma_i Z_{L_1} - \zeta_i Z_{L_2}}{\beta_i - \eta_i} \tag{6-59}$$

首末节点水位求得后，代入式（6-59）可求得 Z_i，求得 Z_i 后，代入式（6-52）中即可得 Q_i。

（2）节点水位方程

为了求解河网节点水位，需要建立节点水位方程。节点水位方程建立的依据是

水量平衡方程，即

$$\sum_{j=1}^{m} Q_i^j = A_i \frac{\Delta Z_i}{\Delta t}$$ （6-60）

式中，Q_i^j 为河道 j 汇入节点 i 的流量；A_i 为节点 i 的蓄水面积；Z_i 为节点 i 的水位；m 为汇入节点 i 的河道数。将式（6-58）代入式（6-60），得到以节点 i 的水位 Z_i 和与节点 i 相邻的所有节点水位 Z_j，$j=1$，$\cdots$，m 为未知量的线性代数方程。联立所有的节点水位方程，用收敛的迭代算法（如松弛迭代法）求解。

3. 边界的处理

一维水量水质模型研究的范围包括淮河干流王家坝至小柳巷、沙颍河周口至沫河口、涡河付桥闸至涡河口河段，见图6-48。上述河段中布设有水文站、水位站及行蓄洪区，区间有支流入汇。因此在水流有交换的计算断面，应具体分析此处的流入流出项，确保计算过程满足水量平衡条件。

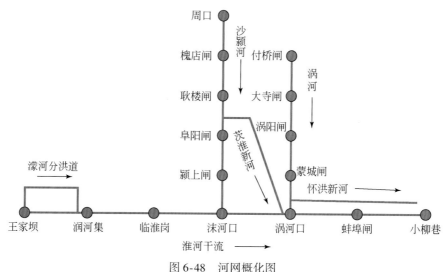

图6-48　河网概化图

根据实际情况，重点分析计算范围内首末节点的处理及区间旁侧入流的耦合。

（1）王家坝节点的处理

王家坝是模型计算的首节点，其流量由钐岗、王家坝闸及王家坝干流三部分组成，王家坝闸的流量过程由调度指令确定，所以这里需要率定王家坝淮河干流与濛河分洪道的钐岗断面的分流曲线。本研究通过统计2000~2010年汛期实测资料，点绘不同流量级的钐岗分流比，见图6-49。

通过对点群位置的分析，并结合已有的经验，得到钐岗分流公式：

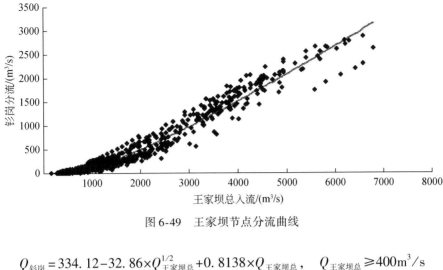

图 6-49 王家坝节点分流曲线

$$Q_{钐岗} = 334.12 - 32.86 \times Q_{王家坝总}^{1/2} + 0.8138 \times Q_{王家坝总}, \qquad Q_{王家坝总} \geqslant 400 \mathrm{m}^3/\mathrm{s}$$

$$Q_{钐岗} = 0, \qquad\qquad\qquad\qquad\qquad\qquad Q_{王家坝总} < 400 \mathrm{m}^3/\mathrm{s}$$

（2）小柳巷节点的处理

小柳巷作为模型的下边界，在验证期采用实测水位过程，在预见期需要选择该断面的水位流量关系作为其边界条件，本研究中采用的小柳巷断面的水位流量关系通过近年来淮河较大洪水的实测资料率定得出，详见图 6-50。

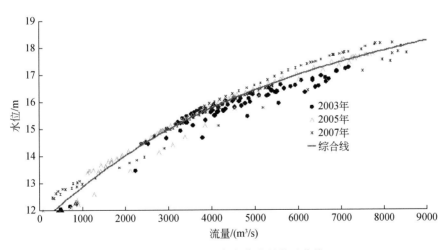

图 6-50 小柳巷节点水位流量关系曲线

（3）旁侧入流及区间耗水的处理

旁侧入流在模型中概化为源，给定流量过程；区间耗水及取水概化为汇，给定出流过程。上述信息的获取需要通过区域分布式产流产污模型计算得出，为此河网模型专门设计了相应的接口，方便与其他模型耦合及系统集成。

6.7.3 堰闸泵调度子模型

模型范围内涉及的水工建筑物可分为水闸、橡胶坝、泵站三类，正确模拟上述工程的运用工况是实现防污防洪调度的前提。本研究针对淮河闸坝泵在不同时段的工作曲线，设计了如下 3 种调度模式。

1）水位型调度——WL 模式，主要用于实现水闸、橡胶坝对上游水位的控制，模型可根据入闸流量的多寡调整闸坝运行工况，将上游水位控制在给定的范围内。

2）流量型调度——PUMP 模式，主要用于实现水闸、泵站对下泄流量的控制。

3）堰闸型调度——SLUICE 模式，主要用于给定水闸开启的孔数及高度的状况下，进行堰闸流量的计算。

水工建筑物附近的流态非常复杂，很难用一维模型进行模拟，只能做简化处理。一般认为，水工建筑物的流量由上下游的水文条件及堰闸的启闭情况共同决定。对于水位型调度或流量型调度，可把水工建筑物的上下游单独处理，对于上游河段，流量 Q 或水位 Z 已知，作为下边界条件处理；对于下游河段，过闸流量根据调度指令或上游计算得出，作为上边界条件处理。

在 SLUICE 模式下，需要将上下游河段视为整体，根据出流情形，选用相应的水力学公式进行过流计算。

（1）自由出流情形

即 $\delta = \dfrac{Z_{i+1}-Z_d}{Z_i-Z_d} \leqslant 0.8$ 时，有

$$Q = mB\sqrt{2g}\,(Z_i-Z_d)^{1.5} \qquad (6\text{-}61)$$

式中，Z_d 为堰顶高程；Z_i 为堰上游水位；Z_{i+1} 为堰下游水位；$m=0.320\sim0.385$ 为自由出流系数；B 为闸门开启总宽度。由于过闸流量与闸下水位无关，$Q_{i+1}=Q_i=Q$，可同关闸情形，闸上、闸下作为两条单一河道处理。

（2）淹没出流情形

即 $\delta = \dfrac{Z_{i+1}-Z_d}{Z_i-Z_d} > 0.8$ 时，有

$$Q = \varphi B\sqrt{2g}\,(Z_{i+1}-Z_d)(Z_i-Z_{i+1})^{0.5} \qquad (6\text{-}62)$$

式中，$\varphi = 1.0\sim1.08$ 为淹没出流系数。将式（6-61）线性化为

$$\begin{cases} Q^{n+1} = \alpha + \beta \left(Z_i^{n+1} - Z_{i+1}^{n+1} \right) \\ \alpha = 0.5C \left(Z_i - Z_{i+1} \right)^{0.5} \\ \beta = 0.5C \left(Z_i - Z_{i+1} \right)^{-0.5} \\ C = \varphi B \sqrt{2g} \left(Z_{i+1} - Z_d \right) \end{cases} \quad (6\text{-}63)$$

当上边界为流量边界条件时，有

$$\begin{cases} S_{i+1} = \dfrac{P_{i+1} - \alpha}{V_i + \beta^*} \\ T_{i+1} = \dfrac{-\beta^*}{V_i + \beta^*} \\ P_{i+1} = \dfrac{\alpha V_i + \beta^* P_i}{V_i + \beta^*} \\ V_{i+1} = \dfrac{\alpha V_i + \beta^* P_i}{V_i + \beta^*} \end{cases} \quad (6\text{-}64)$$

为避免计算误差过大，过闸后下游河道计算仍用流量边界条件计算。

6.7.4 行蓄洪区子模型

行蓄洪区是淮河防洪体系的重要组成部分。淮河中游河道比降平缓，滩槽泄量小，洪水期需要启用行洪区，一方面蓄滞洪水，削减洪峰；另一方面扩大河道行洪断面，辅助河道行洪，加速洪水下泄。按防洪规划，行洪区分泄流量要达河道设计流量的 20%～40%。但在实际运用中，由于大部分行洪区没有修建进退洪控制工程，多采用口门或漫堤行洪的方式，口门宽度、深度无法控制，行洪效果差，而且一旦启用，只能等到汛后才能对口门进行封堵，调度难度大，运用方式单一。

随着淮河干流行蓄洪区调整和建设工程的持续推进，规划中保留的行洪区和蓄洪区，将由口门进洪的方式逐步过渡为建闸控制，以解决过去启用难度大、运用方式落后和行洪效果差等问题。

淮河干流行蓄洪区调整后，蓄洪区共 6 处，分别为濛洼、南润段、城西湖、邱家湖、城东湖、瓦埠湖；行洪区共 6 处，自上而下分别为姜唐湖、寿西湖、董峰湖、汤渔湖、荆山湖、花园湖。

1. 蓄洪区的模拟

针对蓄洪区区内流速较低、几乎没有比降的特点，将其概化为水平湖面，通过水量平衡原理来模拟蓄洪区的槽蓄作用，见式（6-65）：

$$\sum Q = A(z)\frac{\partial Z}{\partial t} \tag{6-65}$$

式（6-65）表示进出零维内的水量等于其内的蓄量变化；$A(z)$为零维区域内水面面积，一般为水位的某种函数关系。

对式（6-65）离散后得

$$\sum Q = A(Z)\frac{(Z-Z^0)}{\Delta t} \tag{6-66}$$

2. 行洪区的模拟

针对行洪区兼有蓄洪、行洪功能的特点，本研究将其概化为一条与淮河平行的河道，通过上下游闸门与干流河道相连，见图6-51。由图6-51可知，行洪区的行洪能力采用一条与之等效的一维河道进行模拟，行洪区的蓄洪能力则通过在紧邻进洪闸门处加一个滞蓄节点的滞洪库容进行修正，该节点的处理同蓄洪区。

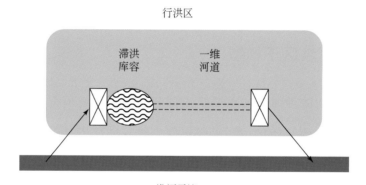

图6-51　行洪区概化图

行洪区的运用过程可大致分为充蓄期和正常行洪期。充蓄期伴随着闸门的开启，上下游落差减少，行洪流量变化较大，属于闸孔自由出流状态；正常行洪期，闸门全开敞泄，为淹没出流，流量比较稳定，行洪区内水位随淮河干流水位涨落。

6.7.5　水质子模型

1. 控制方程及离散

水质子模型选取淮河流域重点关注的水质指标（NH_3-N、COD_{Mn}）为研究对象，采用对流扩散方程描述污染物在水体中输移扩散过程和源汇变化过程：

$$\frac{\partial AC}{\partial t} + \frac{\partial QC}{\partial x} = \frac{\partial}{\partial x}\left(AD\frac{\partial C}{\partial x}\right) - AKC + C_2 q \qquad (6\text{-}67)$$

式中，A 为断面面积（m^2）；C 为污染物质的断面平均浓度（mg/L）；Q 为流量（m^3/s）；D 为纵向分散系数（m^2/s）；K 为污染物降解系数（$1/\text{d}$）；C_2 为源汇项浓度（mg/L）；q 为旁侧入流（m^2/s）；x 为河道沿程距离坐标；t 为时间坐标。

污染物质河网汉点平衡方程为

$$\sum_{j=1}^{n} Q_j C_j = C\varOmega\left(\frac{\text{d}Z}{\text{d}t}\right) \qquad (6\text{-}68)$$

式中，$\varOmega$ 为河网汉点的水面面积；n 为与汉点相连的河道数。

式（6-67）基本上对所有的污染物质普适，不同污染物区别主要在于方程中源汇项的动力学过程，其中污染物质的生化降解是最主要的源汇项。根据淮河流域的水环境状况，选择河流控制性水质指标——氨氮和高锰酸盐指数作为水动力-水质模型所计算的污染物。两种污染物质均按可降解物质考虑，其生化降解过程符合一级动力学反应方程，其中氨氮（C_{Nit}）的动力学反应方程见式（6-69），高锰酸盐指数（C_{COD}）的动力学反应方程见式（6-70）。

$$\frac{\text{d}C_{\text{Nit}}}{\text{d}t} = -K_{\text{Nit}}C_{\text{Nit}} \qquad (6\text{-}69)$$

$$\frac{\text{d}C_{\text{COD}}}{\text{d}t} = -K_{\text{COD}}C_{\text{COD}} \qquad (6\text{-}70)$$

生化降解系数 K 主要受水温和水流条件的影响，总结前人已有的研究成果，可以发现生化降解系数 K 与水温、流速等因子的关系如下：

$$K_{\text{Nit}} = f_{\text{Nit}}(T) \cdot (0.05 + 0.65u) \cdot \frac{C_{\text{Nit}}}{\text{KH}_{\text{Nit}} + C_{\text{Nit}}} \qquad (6\text{-}71)$$

$$K_{\text{COD}} = f_{\text{COD}}(T) \cdot (0.05 + 0.70u) \cdot \frac{C_{\text{COD}}}{\text{KH}_{\text{COD}} + C_{\text{COD}}} \qquad (6\text{-}72)$$

$$f_{\text{Nit}}(T)\begin{cases} \exp\left[K_{\text{Nit}_1} \cdot (T - T_{\text{Nit}_1})^2\right], & T < T_{\text{Nit}_1} \\ 1, & T_{\text{Nit}_1} \leq T \leq T_{\text{Nit}_2} \\ \exp\left[-K_{\text{Nit}_2} \cdot (T - T_{\text{Nit}_2})^2\right], & T > T_{\text{Nit}_2} \end{cases} \qquad (6\text{-}73)$$

$$f_{\text{COD}}(T) = \exp\left[\text{KT}_{\text{COD}} \cdot (T - 20)^2\right] \qquad (6\text{-}74)$$

式中，u 为流速（m/s）；K_{Nit} 为 $\text{NH}_3\text{-N}$ 降解系数（$1/\text{d}$）；KH_{Nit} 为 $\text{NH}_3\text{-N}$ 硝化时的半饱和系数，取值为 0.5；K_{COD} 为 COD 的降解系数（$1/\text{d}$）；KH_{COD} 为 COD 氧化时的半饱和系数，取值为 4；T 为水温；T_{Nit_1}、T_{Nit_2} 分别为硝化菌最适宜温度，取 25℃、30℃；K_{Nit_1}、K_{Nit_2} 分别为氨氮硝化的温度系数，均取 0.003；KT_{COD} 为温度对 COD 氧化的影响系数。

水质方程中除生化降解系数 K 外，还有一个关键的参数，即离散系数 E_x。经过大量的数值试验，选取式（6-75）进行离散系数的计算：

$$E_x = 10 + 0.5uh \qquad (6-75)$$

2. 边界处理

水质模型的边界包括开边界和污染负荷边界。与水动力开边界一样，模型中共有淮河干流王家坝、沙颖河周口、涡河付桥闸 3 个上游开边界及小柳巷下游开边界。上游开边界采用相应站点水质自动或人工监测站的数据，负荷边界条件包括工业点源、生活污染、畜禽养殖、农田污染和水产养殖等。

本研究从淮河流域水资源保护局的污染源普查数据，收集到研究区详细的点源污染信息，包括工业和污水处理厂，见图 6-52。将收集到的点源信息按就近原则，把污染负荷添加到邻近河流，可直接生成点源的水质边界。

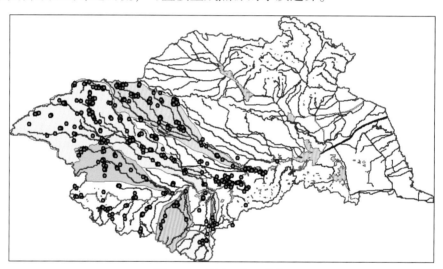

图 6-52　排污口位置分布

对非点源而言，污染负荷产生量与入河量是两个不同的概念。通常入河量只是产生量的一小部分。大量非点源污染或者被原地吸收、降解消耗，或者在向受纳水体移动的过程中衰减。因此，引入折算系数描述这一过程，并可对不同来源、不同行政区域和不同种类的污染物设定不同的折算系数，污染负荷产生量与折算系数相乘后再加入邻近的河道断面中去。

6.7.6　模型的率定和验证

模型的参数包括河道的糙率、污染物的离散系数和降解系数、闸坝的淹没堰流系数和侧收缩系数、行洪区有效行水宽度等。为此，本研究通过实测资料和实体模型试验成果，对堰闸过流计算、行洪区概化模拟及水动力-水质耦合计算等部分分别进行率定和验证。

1. 堰闸过流计算

依托淮河试验研究中心，收集了临淮岗、蚌埠闸等大型枢纽的水工模型试验资料，以便于对比分析。

（1）临淮岗枢纽

采用临淮岗枢纽深孔闸和浅孔闸水工模型试验成果，对枢纽数学模型的概化方式及各堰闸流量系数的取值进行进一步验证。具体的边界条件和两种模拟方法成果比较见表6-8。

表6-8 临淮岗枢纽数学模型与水工模型比较

边界条件			计算结果			
总流量 /(m³/s)	临淮岗闸下 /m	模型	深孔闸流量 /(m³/s)	浅孔闸流量 /(m³/s)	深孔闸落差/m	浅孔闸落差/m
1090	20.66	水工	1090	0	0.15	—
		数学	1090	0	0.152	—
		差值	0	0	−0.002	—
5000	25.51	水工	1682	3318	0.11	0.07
		数学	1666	3334	0.109	0.09
		差值	16	−16	0.001	−0.02
7000	26.70	水工	2155	4845	0.15	0.11
		数学	2115	4885	0.151	0.13
		差值	40	−40	−0.001	−0.02

对比三个流量级的模拟成果，可以看出，深孔闸水工模型与数学模型过闸落差的差值均在0.01m以内，浅孔闸水工模型与数学模型过闸落差的差值为0.02m，各闸过闸流量差别一般在3%以内。两种模拟方法得出的成果基本一致。

（2）蚌埠闸枢纽

采用蚌埠闸枢纽新闸、老闸联合运用时的水工模型试验成果，对蚌埠闸数学模型的概化方式及各堰闸流量系数的取值进行进一步验证。具体的边界条件和两种模拟方法成果比较见表6-9。

对比四个流量级的模拟成果，可以看出，水工模型与数学模型过闸落差的差值均在1cm以内，各泄水建筑物分流比差别一般在5%以内。两种模拟方法得出的成果基本一致。

表 6-9　蚌埠闸枢纽数学模型与水工模型比较

边界条件			成果比较			
总流量 /(m³/s)	蚌埠闸下/m	模型	过闸落差 /m	老闸流量 /(m³/s)	新闸流量 /(m³/s)	分洪道流量 /(m³/s)
6 000	20.56	水工	0.042	4 050	1 620	330
		数学	0.039	4 003	1 691	306
		差值	0.003	47	−71	24
8 000	21.62	水工	0.056	5 322	2 064	614
		数学	0.053	5 281	2 138	581
		差值	0.003	41	−74	33
10 000	22.37	水工	0.080	6 591	2 604	805
		数学	0.071	6 596	2 604	800
		差值	0.009	−5	0	5
13 080	22.99	水工	0.120	8 610	3 410	1 060
		数学	0.110	8 591	3 362	1 127
		差值	0.010	19	48	−67

2. 行洪区概化模拟

以董峰湖行洪区为例，分析行洪区一维概化的合理性。董峰湖行洪区位于淮河左岸，见图 6-53。区内涉及毛集实验区的焦岗乡和毛集镇，凤台县的刘集乡[①]、李冲回族乡，国营董峰湖农场，总面积为 43.7km²，其中耕地面积为 4.9 万亩，区内总人口为 1.6 万人。其中董岗保庄圩面积为 1.8km²，人口为 0.8 万人，其余人口主要居住在张王、河口、胡台、何台等庄台上。区内地形南高北低，地面高程一般在 18.0 ~ 22.7m。

根据以往经验，淮河行洪区的运用过程可分为 5 个典型阶段。

第一阶段：行洪区进、退洪闸闸门由关闭逐步开启。进洪闸向行洪区进洪，退洪闸向行洪区反向进洪。此阶段，行洪区进、退洪闸同时向行洪区进洪，区内水位迅速增加，行洪区发挥蓄洪功能。

第二阶段：行洪区进、退洪闸闸门继续升高直至完全开启，过闸水流的状态也由闸孔出流过渡至宽顶堰流。进洪闸进洪流量进一步增加，退洪闸退洪流量由 0 增加至最大流量后逐渐回落。此阶段，行洪区进洪流量大于退洪流量，区内水位继续升高，行洪区兼有蓄洪和行洪的功能，且蓄洪作用逐渐减弱，行洪功能逐渐增强。

---

① 2015 年 10 月 9 日，经安徽省人民政府同意，撤销凤台县刘集乡设立刘集镇。

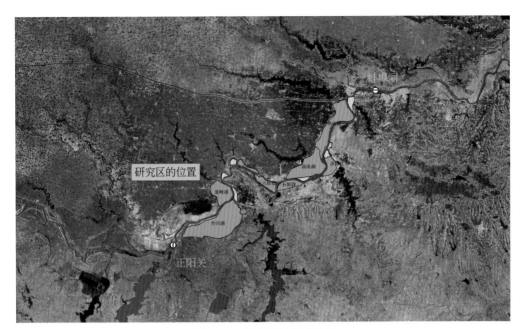

图 6-53　董峰湖行洪区位置

第三阶段：闸门全开敞泄。进洪闸进洪流量与退洪闸退洪流量基本持平，行洪区内水位随淮河干流水位涨落，变化幅度不大，行洪区主要发挥行洪的功能。

第四阶段：随着干流水位的回落，行洪区行洪流量开始减少。此阶段，进洪闸进洪流量小于退洪闸退洪流量，区内水位持续回落，行洪区行洪作用逐渐减少，蓄洪作用为负。蓄洪作用为负代表行洪区蓄水量减少。

第五阶段：淮河干流洪水进入退水时段，行洪区进洪闸关闭停止进洪，退洪闸执行退水任务。此阶段，行洪区无行洪作用，蓄洪作用为负。

本研究通过重演 2003 年发生的洪水，将行蓄洪区子模型的概化模拟成果与商用软件 MIKE 二维模型的成果进行对比，见图 6-54。由图 6-54 可知，两种模型均正确地反映了董峰湖行洪区充蓄、行洪、退水各典型阶段洪水传播规律，计算出的进退洪闸流量基本一致。这说明本研究对于行洪区的概化是合适的。

3. 水动力–水质耦合计算

1）采用 2004 年 6～8 月沙颍河–淮河污染团下泄跟踪监测资料对模型进行验证，其中沙颍河颍上闸及淮河干流鲁台子流量过程比较见图 6-55 和图 6-56，氨氮浓度过程比较见图 6-57 和图 6-58。

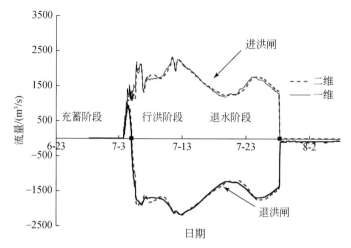

图 6-54 行蓄洪区子模型与商用软件 MIKE 二维模型模拟成果的比较

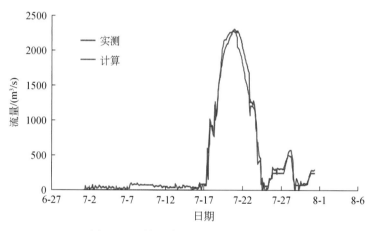

图 6-55 沙颍河颍上闸流量过程比较

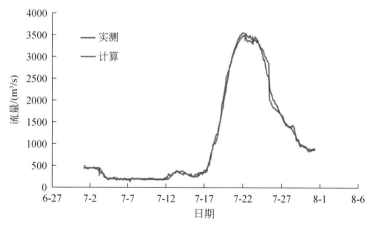

图 6-56 淮河干流鲁台子流量过程比较

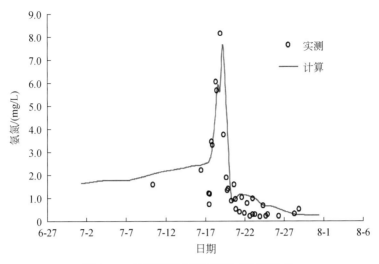

图 6-57 沙颍河颍上闸氨氮浓度过程比较

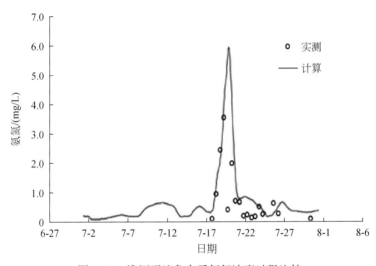

图 6-58 淮河干流鲁台子氨氮浓度过程比较

2）采用 2013 年 1～5 月涡河污染团下泄跟踪监测资料对模型进行验证，其中涡阳闸上及蒙城闸上的水位过程比较见图 6-59 和图 6-60，其中沿程各站点氨氮浓度过程比较见图 6-61～图 6-64。

3）采用 2012 年 1～12 月全年淮河干流、沙颍河及涡河同步水情水质过程资料对模型进行验证，其中沿程各站点水位过程比较见图 6-65～图 6-72，氨氮及 COD_{Mn} 浓度过程比较见图 6-73～图 6-90。

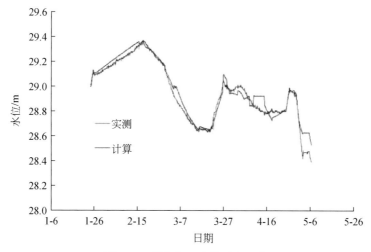

图 6-59　涡阳闸上水位过程比较

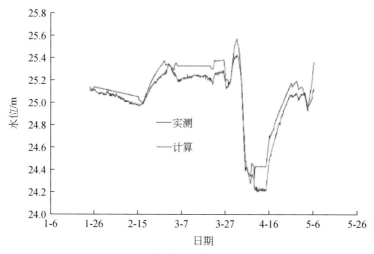

图 6-60　蒙城闸上水位过程比较

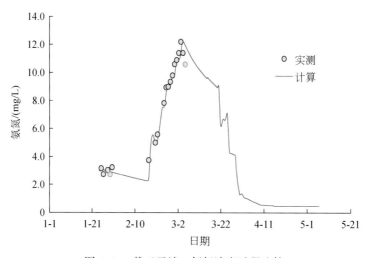

图 6-61　戴王孟渡口氨氮浓度过程比较

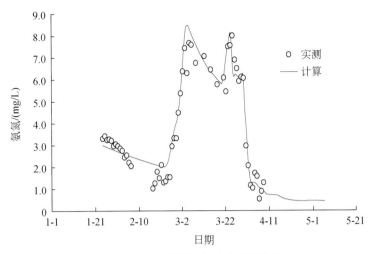

图 6-62　义门大桥氨氮浓度过程比较

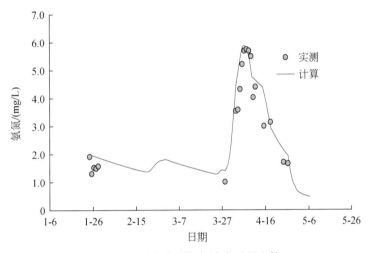

图 6-63　高炉大桥氨氮浓度过程比较

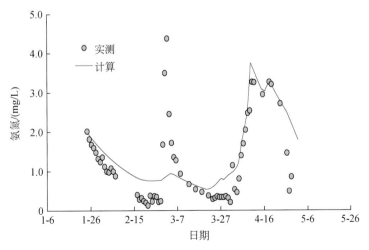

图 6-64　岳坊大桥氨氮浓度过程比较

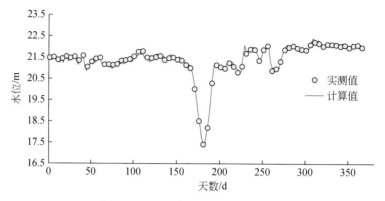

图 6-65　临淮岗闸上水位过程比较

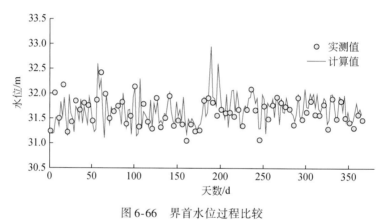

图 6-66　界首水位过程比较

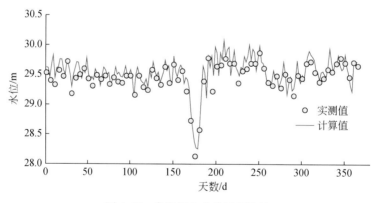

图 6-67　阜阳闸上水位过程比较

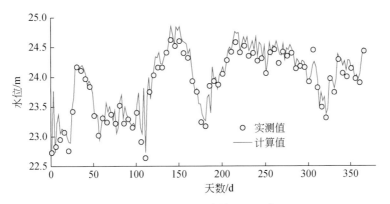

图 6-68　颍上闸上水位过程比较

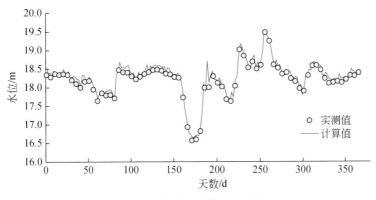

图 6-69　鲁台子水位过程比较

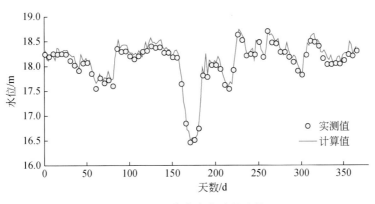

图 6-70　田家庵水位过程比较

　　总体而言,所建模型对淮河大型枢纽及行洪区概化合理,基本反映了洪水在河道及行洪区之间的蓄泄过程,可以满足汛期防洪的需求;水动力–水质模型模拟结果与实测数据吻合较好,基本反映了淮河研究区污染负荷、水动力条件和地表水环境质量之间的响应关系，可以用于防污调度及水质预测研究。

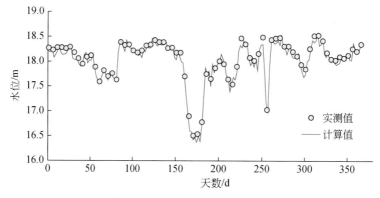

图 6-71　蚌埠闸上水位过程比较

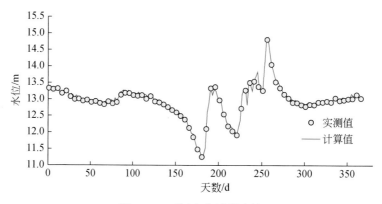

图 6-72　五河水位过程比较

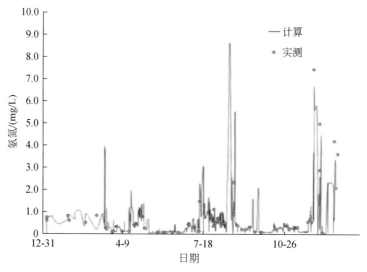

图 6-73　鲁台子氨氮浓度过程比较

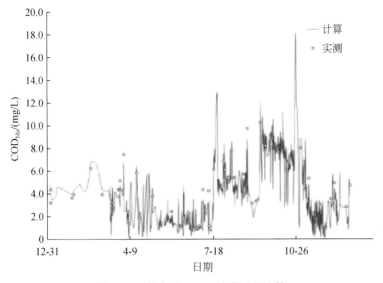

图 6-74 鲁台子 COD_{Mn} 浓度过程比较

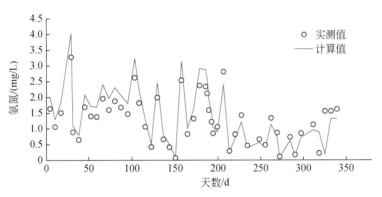

图 6-75 田家庵氨氮浓度过程比较

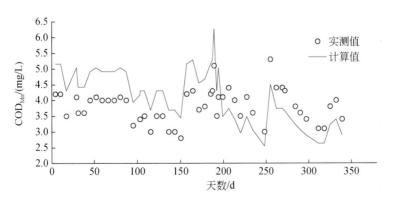

图 6-76 田家庵 COD_{Mn} 浓度过程比较

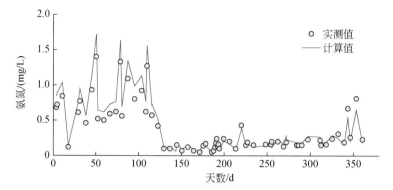

图 6-77　蚌埠闸上氨氮浓度过程比较

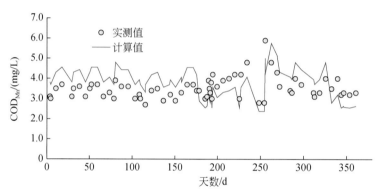

图 6-78　蚌埠闸上 COD_{Mn} 浓度过程比较

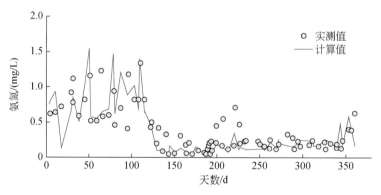

图 6-79　小柳巷氨氮浓度过程比较

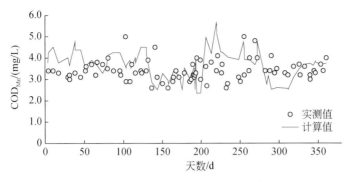

图 6-80　小柳巷 COD_{Mn} 浓度过程比较

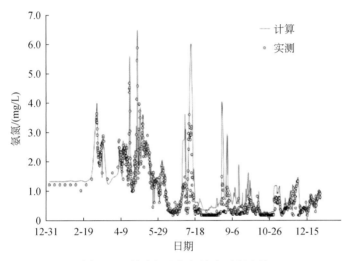

图 6-81　槐店闸上氨氮浓度过程比较

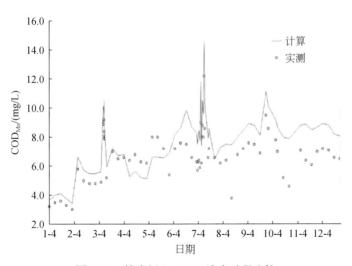

图 6-82　槐店闸上 COD_{Mn} 浓度过程比较

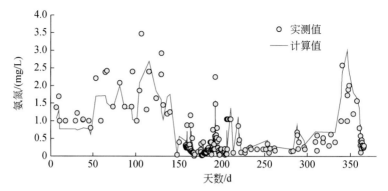

图 6-83　界首氨氮浓度过程比较

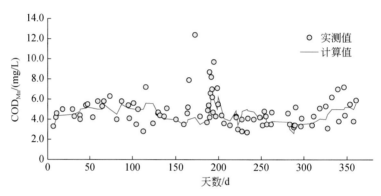

图 6-84　界首 COD_{Mn} 浓度过程比较

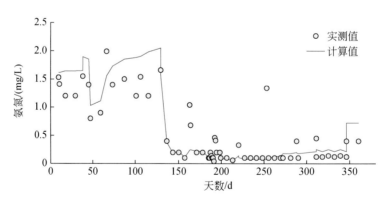

图 6-85　阜阳闸上氨氮浓度过程比较

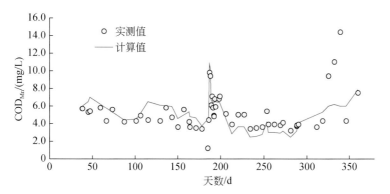

图 6-86　阜阳闸上 COD$_{Mn}$ 浓度过程比较

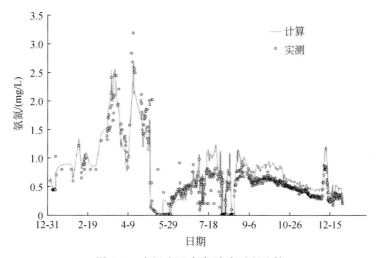

图 6-87　颍上闸上氨氮浓度过程比较

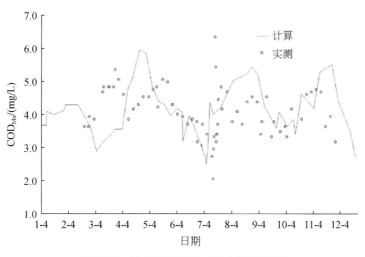

图 6-88　颍上闸上 COD$_{Mn}$ 浓度过程比较

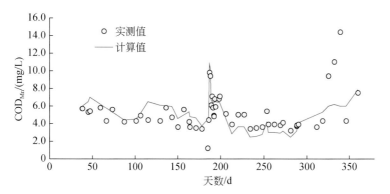

图 6-86　阜阳闸上 COD$_{Mn}$ 浓度过程比较

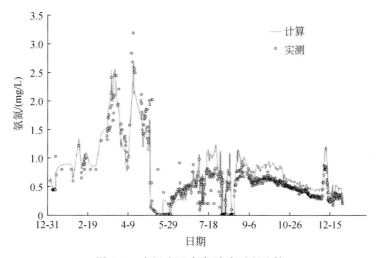

图 6-87　颍上闸上氨氮浓度过程比较

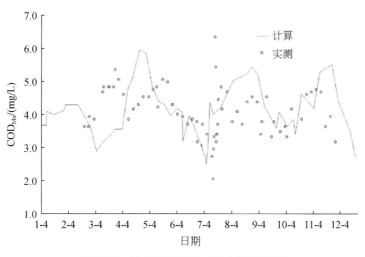

图 6-88　颍上闸上 COD$_{Mn}$ 浓度过程比较

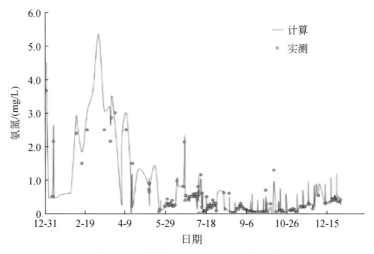

图 6-89　蒙城闸上氨氮浓度过程比较

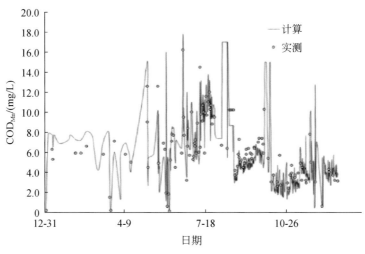

图 6-90　蒙城闸上 COD_{Mn} 浓度过程比较

6.7.7　典型年（2003 年）防污调度模拟

1. 淮河 2003 年洪水过程概述

2003 年 6 月 28 日～8 月 30 日，润河集总洪量为 145.98 亿 m^3，其中淮河干流王家坝洪量为 98.90 亿 m^3，占 67.75%；史河蒋家集洪量为 23.26 亿 m^3，占 15.93%；未控区间洪量为 23.82 亿 m^3，占 16.32%，详见表 6-10。

表 6-10 2003 年润河集站洪量的来水组成

时段	上游及区间来水量				润河集
	测站	王家坝	蒋家集	未控区间	
6 月 28 日~ 8 月 30 日	集水面积/km²	30 630	5 930	3 800	40 360
	占润河集比例/%	75.9	14.7	9.4	100
	洪量/亿 m³	98.90	23.26	23.82	145.98
	占润河集比例/%	67.75	15.93	16.32	100

鲁台子总洪量为 223.44 亿 m³，其中淮河干流润河集洪量为 145.98 亿 m³，占 65.3%；淠河横排头洪量为 17.03 亿 m³，占 7.6%；沙颍河阜阳闸洪量为 30.82 亿 m³，占 13.8%；未控区间洪量为 29.61 亿 m³，占 13.3%，详见表 6-11。

表 6-11 2003 年鲁台子站洪量的来水组成

时段	上游及区间来水量					鲁台子
	测站	润河集	横排头	阜阳闸	未控区间	
6 月 28 日~ 8 月 30 日	集水面积/km²	40 360	4 920	35 246	8 104	88 630
	占鲁台子比例/%	45.5	5.6	39.8	9.1	100
	洪量/亿 m³	145.98	17.03	30.82	29.61	223.44
	占鲁台子比例/%	65.3	7.6	13.8	13.3	100

淮河干流王家坝至鲁台子段出现三次较大的洪水过程，详见图 6-91～图 6-93。

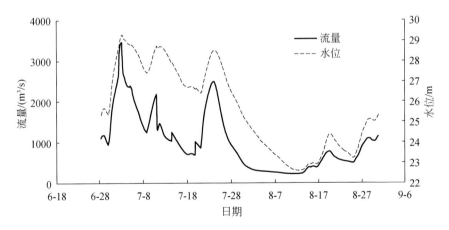

图 6-91 2003 年王家坝站 6 月 28 日~8 月 30 日实测水位–流量过程

第 6 章 水质－水量－水生态耦合模拟技术

153

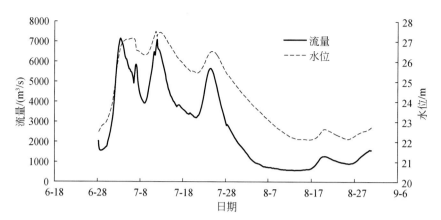

图 6-92　2003 年润河集站 6 月 28 日~8 月 30 日实测水位–流量过程

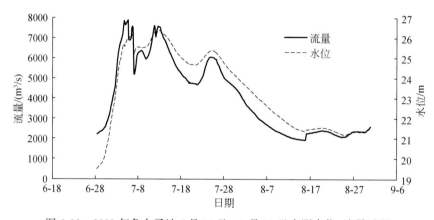

图 6-93　2003 年鲁台子站 6 月 28 日~8 月 30 日实测水位–流量过程

（1）第一次洪水过程，持续时间为 6 月 21 日~7 月 7 日

王家坝站从 6 月 29 日 23 时起涨，30 日 17 时超过警戒水位。在上游支流白鹭河、洪汝河同时来水的情况下，7 月 2 日 14 时王家坝水位达 28.95m（超保证水位 0.06m），相应流量（淮河王家坝、官沙湖分洪道钐岗、洪河分洪道地理城、蒙洼蓄洪区王家坝闸之和，下同）为 6390m³/s。3 日 1 时王家坝水位达 29.28m，濛洼蓄洪区启用，4 时王家坝出现 2003 年最高水位 29.31m，相应流量为 7610m³/s。5 日 6 时王家坝闸关闭停止分洪。

润河集站从 6 月 27 日 8 时起涨，7 月 1 日 17 时水位达 24.15m，相应流量为 3130m³/s。3 日 23 时润河集水位为 26.96m（超保证水位 0.01m），相应流量为 6920m³/s。6 日 2 时润河集出现洪峰水位 27.16m，相应流量为 7170m³/s。6 日 23 时润河集水位落至保证水位以下。

正阳关 6 月 21 日 8 时起涨，水位为 17.97m，鲁台子相应流量为 315m³/s。在上游润河集及支流颍河、淠河来水的共同影响下，7 月 2 日 22 时正阳关水位涨至

24.01m（超警戒水位 0.12m），鲁台子相应流量为 5380m³/s。在 2 日 20 时 36 分沙颍河启用茨淮新河分洪，4～5 日洛河洼、上六坊堤、下六坊堤、石姚段行洪区先后启用，4 日 18 时正阳关水位涨至 26.06m 后，涨幅减缓并出现小的起伏。6 日 4 时正阳关水位达到保证水位 26.39m，15 时出现洪峰水位 26.44m，超过保证水位 0.05m，受唐垛湖分洪影响，正阳关水位迅速下降，6 日 17 时降至保证水位以下，7 日 2 时降至 25.31m。

鲁台子站 7 月 5 日 14 时出现年洪峰流量 7890m³/s，7 月 6 日 15 时水位升至 26.17m。

（2）第二次洪水过程，持续时间为 7 月 8～15 日

王家坝站 7 月 8 日 20 时从水位 27.43m 起涨，11 日 2 时王家坝水位达到 28.76m，濛洼蓄洪区再度启用，最大分洪流为 1370m³/s，王家坝相应流量为 4870m³/s。

润河集站 7 月 8 日 20 时水位从 26.33m 起涨，11 日 2 时水位达 27.09m。在王家坝闸第二次开启分洪、邱家湖行洪区破口行洪、城东湖蓄洪区开闸分洪共同影响下，11 日 17 出现年最高水位 27.51m，相应流量为 6940m³/s，之后水位开始回落。

正阳关 7 月 9 日 18 时水位从 25.78m 起涨，11 日 8 时达到 26.42m，超过保证水位 0.02m，鲁台子相应流量为 7120m³/s。在邱家湖行洪区和城东湖蓄洪区开闸分洪共同影响下，正阳关 11 日 18 时水位涨至 26.67m 后回落，鲁台子相应流量为 7620m³/s。正阳关 12 日 18 时出现当年最高水位 26.70m，14 日 14 时落至保证水位以下。

鲁台子站 11 日 18 时出现洪峰流量 7620m³/s，12 日 18 时出现当年最高水位 26.38m。

淮南站本次洪水过程中 7 月 13 日 20 时出现洪峰水位 24.08m。

（3）第三次洪水过程，持续时间为 7 月 19～25 日

王家坝站 7 月 21 日 3 时起涨，24 日 4 时出现洪峰水位 28.53m，洪峰流量为 5429m³/s。

润河集站 7 月 24 日 20 时出现洪峰水位 26.51m，洪峰流量为 5810m³/s。

正阳关站 7 月 21 日 8 时起涨，水位为 24.89m，25 日 10 时出现洪峰水位 25.67m。

鲁台子站 24 日 20 时出现洪峰流量 6060m³/s，25 日 8 时出现洪峰水位 25.38m。

2. 调度方案拟定及计算

在现状河道地形条件下，根据 2003 年洪水过程特点和行蓄洪区及分洪河道实际运用情况，拟定不同的联合调度方案，见表 6-12。

表 6-12 　2003 年洪水不同联合调度方案对淮河干流洪峰水位的影响

调度方案	联合调度工况	计算项	王家坝	润河集	正阳关	田家庵	吴家渡
		保证水位/m	29.20	26.95	26.40	24.55	22.48
不启用	行蓄洪区和分洪河道均不启用	峰值水位/m	29.65	28.92	28.12	25.55	23.07
		超保证水位历时/h	97	312	299	274	210
实际调度	濛洼+城东湖+邱家湖+唐垛湖+上六坊堤+下六坊堤+石姚段+洛河洼+荆山湖+茨淮新河+怀洪新河	峰值水位/m	29.32	27.51	26.70	24.25	21.94
		超保证水位历时/h	4	154	82	0	0
方案1	濛洼+姜唐湖+上六坊堤+下六坊堤+荆山湖	峰值水位/m	28.93	27.46	26.78	24.44	22.51
		超保证水位历时/h	0	180	108	0	18
方案2	濛洼+姜唐湖+上六坊堤+下六坊堤+荆山湖+茨淮新河	峰值水位/m	28.93	27.38	26.63	24.42	22.56
		超保证水位历时/h	0	113	82	0	42
方案3	濛洼+姜唐湖+上六坊堤+下六坊堤+荆山湖+城东湖+茨淮新河	峰值水位/m	28.88	27.22	26.22	24.41	22.56
		超保证水位历时/h	0	69	0	0	22
方案4	濛洼+姜唐湖+上六坊堤+下六坊堤+荆山湖+董峰湖+茨淮新河	峰值水位/m	28.90	27.31	26.35	24.41	22.55
		超保证水位历时/h	0	83	0	0	20
方案5	濛洼+姜唐湖+上六坊堤+下六坊堤+荆山湖+城东湖+茨淮新河+怀洪新河	峰值水位/m	28.83	27.10	26.15	24.08	21.86
		超保证水位历时/h	0	48	0	0	0
方案6	濛洼+姜唐湖+上六坊堤+下六坊堤+荆山湖+南润段+邱家湖+茨淮新河+怀洪新河	峰值水位/m	28.82	26.95	26.15	24.08	21.86
		超保证水位历时/h	0	0	0	0	0
方案7	濛洼（二次蓄洪）+姜唐湖+上六坊堤+下六坊堤+荆山湖+茨淮新河+怀洪新河	峰值水位/m	28.82	26.96	26.16	24.08	21.86
		超保证水位历时/h	0	5	0	0	0

（1）行蓄洪区不启用方案

若沿淮的行蓄洪区和分洪河道均不启用，王家坝、润河集、正阳关、田家庵和吴家渡分别超保证水位 0.45m、1.97m、1.72m、1.00m 和 0.59m，分别超保证水位历时 97h、312h、299h、274h 和 210h。可见，2003 年洪水水位高、持续时间长，启用行蓄洪区削减洪峰，分泄洪水是必要的。

（2）行蓄洪区实际调度方案

2003年洪水过程中，淮河干流实际调度启用了邱家湖、唐垛湖、上六坊堤、下六坊堤、石姚段、洛河洼和荆山湖行洪区，濛洼和城东湖蓄洪区，以及茨淮新河和怀洪新河来蓄滞及分泄洪水。

根据2003年洪水实测水位，王家坝、润河集、正阳关、田家庵和吴家渡峰值水位分别为29.32m、27.51m、26.7m、24.25m和21.94m，其中王家坝、润河集和正阳关分别超保证水位0.12m、0.56m和0.30m，分别超保证历时4h、154h和82h，其他各站水位在保证水位以下。可见，2003年实际调度有效地降低了淮河干流沿程水位，缩短了高水位历时。

（3）方案1

方案1为濛洼蓄洪区，姜唐湖、上六坊堤、下六坊堤和荆山湖行洪区联合使用。王家坝、润河集、正阳关、田家庵和吴家渡峰值水位分别为28.93m、27.46m、26.78m、24.44m和22.51m，其中吴家渡峰值水位和保证水位相当，仅高出0.03m，润河集和正阳关超保证水位较多，分别为0.51m和0.38m。正阳关水位过程见图6-94，在7月7~9日和13~15日超保证水位。

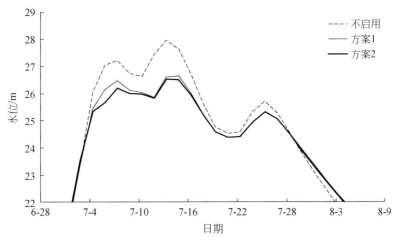

图6-94　2003年洪水正阳关水位过程

（4）方案2

方案2为茨淮新河，濛洼蓄洪区，姜唐湖、上六坊堤、下六坊堤和荆山湖行洪区联合使用。王家坝、润河集、正阳关、田家庵和吴家渡峰值水位分别为28.93m、27.38m、26.63m、24.42m和22.56m，其中润河集、正阳关和吴家渡分别超保证水位0.43m、0.23m和0.08m。

在7月3~16日的洪水过程中，茨淮新河分两次分洪。第一次分洪时间为7月3~

6 日，较其不分洪情况，降低正阳关水位 0.2 ~ 0.4m，正阳关水位在保证水位以下，但是使吴家渡峰值水位从 22.51m 抬高至 22.56m，超保证水位 0.08m；第二次分洪时间为 7 月 13 ~ 16 日，此期间阜阳闸关闭，阜阳闸以上流量全部分入茨淮新河，由于阜阳以上流量较小，这次分洪仅降低正阳关水位 0.15m，正阳关峰值水位为 26.63m，仍然超保证水位 0.23m。

可见，在茨淮新河，濛洼蓄洪区，姜唐湖和荆山湖行洪区启用情况下，润河集和正阳关水位仍超保证水位，若要降低润河集和正阳关水位需要启用其余行蓄洪区或分洪河道。

（5）方案 3

方案 3 在方案 2 的基础上，启用城东湖蓄洪区，最大分洪流量为 1800m³/s，分洪历时为三天，启用时间为鲁台子最大三天洪量第一天，分洪时间为 7 月 12 日 8 时。

启用城东湖蓄洪区使正阳关峰值水位从 26.63m 降至 26.22m，下降 0.41m；润河集峰值水位从 27.38m 降至 27.22m，下降 0.16m；对田家庵和吴家渡峰值水位无影响，因为田家庵和吴家渡峰值水位出现时间为 7 月 8 日。

（6）方案 4

方案 4 在方案 2 的基础上，启用董峰湖行洪区（规划建闸），进退洪闸同时进洪，闸门开启后保持敞泄，启用时间为鲁台子最大三天洪量第一天，分洪时间为 7 月 12 日 8 时。

董峰湖行洪区启用使正阳关峰值水位从 26.63m 降至 26.35m，下降 0.28m；润河集峰值水位从 27.38m 降至 27.31m，下降 0.07m；对田家庵和吴家渡峰值水位无影响，吴家渡峰值水位 22.55m，超保证水位 0.07m。

从方案 3 和方案 4 计算结果可以看出，2003 年洪水过程中，城东湖蓄洪区和董峰湖行洪区启用均能有效降低正阳关水位，使其在保证水位以下。从降低润河集和正阳关峰值水位方面来说，城东湖蓄洪区的效果略优于董峰湖行洪区。

（7）方案 5

方案 5 在方案 3 的基础上，启用怀洪新河分洪，即茨淮新河、濛洼、姜唐湖、荆山湖、上六坊堤、下六坊堤、城东湖和怀洪新河联合调度。怀洪新河分洪时间为 7 月 6 ~ 12 日，最大分洪流量为 1500m³/s，总分洪量为 7 亿 m³。2003 年实际调度怀洪新河分洪量为 15 亿 m³。

（8）方案 6

方案 6 在方案 5 的基础上，采用南润段和邱家湖蓄洪区代替城东湖蓄洪区，即茨淮新河、濛洼、姜唐湖、荆山湖、上六坊堤、下六坊堤、南润段、邱家湖和怀洪新河联合调度。计算表明，润河集峰值水位和保证水位相当，其他各站均显著低于保证水位。

（9）方案7

方案7在方案5的基础上，采用濛洼蓄洪区二次蓄洪代替城东湖蓄洪区，即茨淮新河、濛洼（二次蓄洪）、姜唐湖、荆山湖、上六坊堤、下六坊堤、怀洪新河联合调度。计算表明，润河集峰值水位和保证水位相当，其他各站均显著低于保证水位。方案7和方案6对降低沿程水位效果相当。

3. 方案比选

1）方案1和方案2计算结果表明，启用茨淮新河分洪降低了正阳关峰值水位0.15m，抬高了吴家渡峰值水位0.05m。茨淮新河自身有茨河、西淝河、芡河等支流汇入，茨淮新河分洪需要综合考虑沙颍河、淮河干流和其自身区间的洪水特点。

2）方案3和方案4计算结果表明，城东湖蓄洪区和董峰湖行洪区的启用均可以有效降低正阳关水位，对正阳关水位来说，城东湖蓄洪效果优于董峰湖分洪效果。

3）方案6和方案7计算结果表明，淮河干流王家坝至浮山段河道沿程水位均低于保证水位，能够满足防洪要求，但是方案6优于方案7，因为能够降低润河集水位的措施较多，而对王家坝来说，濛洼蓄洪区效果最直接，也最好，越往下游的行蓄洪区对降低王家坝水位效果越差，濛洼蓄洪区应该预留库容预防王家坝下一次洪水过程。

综上所述，方案6为2003年洪水调度模拟计算中各组方案的最佳方案，方案6各站洪峰水位见图6-95。

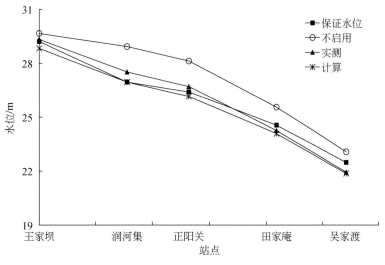

图6-95 方案6沿程洪峰水位计算值

6.7.8 典型年（2013 年）防污调度模拟

1. 惠济河–涡河 2013 年污染团下泄事件

惠济河是涡河最大的支流，发源于河南开封城西北的黄汴河口，在安徽亳州境内十八里铺镇汇入涡河。2013 年 1 月 13 日 20 时，惠济河安溜水文站职工在进行测流作业时，发现测流断面有少量鱼在水面漂浮，1 月 14 日发现上游开始有大量死鱼漂浮。安溜水文站在第一时间将此信息上报给阜阳水文水资源局水质科。

阜阳水文水资源局水质科按照阜阳水文水资源局污染联防监督监测相关规定，要求亳州水文勘测队于 15 日赶至现场查看、调查并拍照取证，同时对污染事故做出初步判断，对惠济河安溜测流断面、郑店大桥、大寺闸上进行 8 时和 15 时的两次采样水质分析及实时测流，以判断下泄污水的偶然性或持续性及主要污染物的含量，并将此次污染事故过程上报阜阳水文水资源局领导和安徽省水环境监测中心。

2013 年 1 月 16 日中午，接到亳州市防汛抗旱指挥部办公室关于惠济河安徽境内安溜段出现死鱼情况的电话报告后，淮河水利委员会水资源保护局立即派员对惠济河和涡河亳州段水污染情况进行调查监测。初步调查显示，河南惠济河东孙营闸开闸泄污对下游及涡河水质造成了严重的污染，17 日淮河水利委员会水资源保护局的监测数据表明，惠济河上省界断面、下游安徽省境内的冬邢营、安溜镇断面、涡河十八里断面的氨氮浓度分别为 17.8mg/L、17.8mg/L、17.8mg/L、17.7mg/L，超标 16.8 倍、16.8 倍、16.8 倍、16.7 倍，虽然经过引黄掺水稀释及沿程不同污染浓度水体的交换，但涡河大寺闸以上污水氨氮浓度仍超标 10 倍以上，为劣 V 类水。

2. 防污调度方案拟定及计算

为保证下游蚌埠市的饮水安全，根据当时的情况和以往经验的总结，共设置三类处置方案，各调度方案得出的氨氮浓度过程见图 6-96 ~ 图 6-99。

（1）快速大流量下泄方案

控制涡河下泄流量为 100m³/s，使污染团快速通过水质敏感区。

（2）持续小流量下泄方案

维持涡河大寺闸下泄流量为 15m³/s，以延长下泄时间方式，降低对蚌埠市用水的影响。

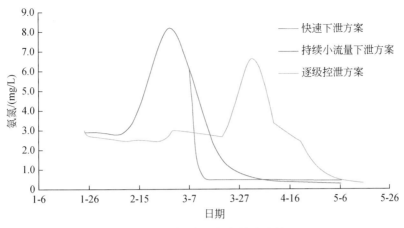

图 6-96　涡阳闸上氨氮浓度比较

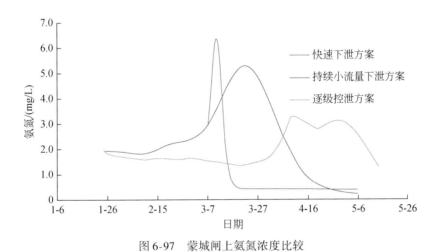

图 6-97　蒙城闸上氨氮浓度比较

（3）逐级控泄方案

将下泄流量控制在 15 ~ 20m³/s，并联合调度大寺闸、涡阳闸、蒙城闸，采用分期蓄水、分时下泄的方式，逐步有序下泄上游污水。

3. 方案比选

（1）快速大流量下泄方案

该方案的优点是影响时间短，水体更新迅速，但蚌埠市城市取水口的氨氮浓度将超过 2mg/L，持续时间为 4 天，蚌埠市需启用应急水源以解决居民的饮水问题。

（2）持续小流量下泄方案

该方案将使大寺闸以下近 175km 河段被污染，涡河沿线长时间处于重污染状态。

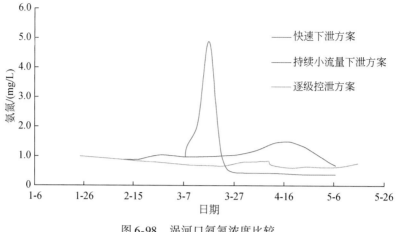

图6-98 涡河口氨氮浓度比较

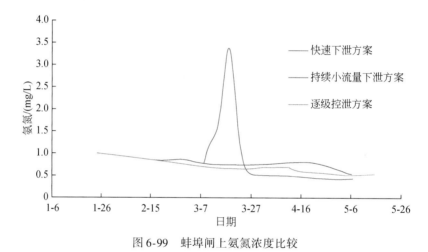

图6-99 蚌埠闸上氨氮浓度比较

（3）逐级控泄方案

该方案可使污染影响的范围控制在蒙城闸附近，不会对蚌埠市的用水产生影响。

综上所述，第三种方案一方面将污水长时间驻留在蒙城以上，利用河道的水环境容量充分降解污染物，另一方面能针对涡河、淮河上游水情的变化，对沿线水闸进行灵活的调度，可作为防污调度的推荐方案。

基于逐级控泄方案的模拟成果，结合涡河上游的降水情况及污情事态的发展，利用惠济河东孙营闸–涡河大寺闸–涡阳闸–蒙城闸–淮河干流蚌埠闸进行多闸联调，形成了联合调控方案。通过大寺闸开启6次，涡阳闸、蒙城闸各开启5次，使氨氮浓度峰值下降到2mg/L以下。在汛前，圆满处置了该突发事件。涡河安徽段沿程三大枢纽的污水排放过程见表6-13。

表6-13　涡河安徽段沿程三大枢纽的污水排放过程

阶段	时间	历时	大寺闸				涡阳闸				蒙城闸			
			闸门启闭情况	平均流量/(m^3/s)	过闸水量/(万m^3)	氨氮浓度峰值/(mg/L)	闸门启闭情况	平均流量/(m^3/s)	过闸水量/(万m^3)	氨氮浓度峰值/(mg/L)	闸门启闭情况	平均流量/(m^3/s)	过闸水量/(万m^3)	氨氮浓度峰值/(mg/L)
第一阶段	1月24日8时	7h	关闸	0	0	3.7	关闸	0	0	3.0	关闸	0	0	2.0
		21h	第一次开闸	15	123	3.6								
		11h	关闸	0	0	4.4	第一次开闸	9	32	2.8				
		20d16h					关闸	0	0	2.8				
第二阶段		17d1h	第二次开闸	21	3075	12.7	第二次开闸	19	2805	2.0	第一次开闸	21	3204	0.9
第三阶段		16h	关闸	0	0	11.6	关闸	0	0	1.7	关闸	0	0	0.5
		10d3h												
		5h	第三次开闸	16	22	10.3								
		4d17h	关闸	0	0	10.2								
第四阶段		6d2h	第四次开闸	33	1783	7.3	第三次开闸	27	1412	3.2	第二次开闸	25	1535	0.4
		21h	关闸	0	0	4.2	关闸	0	0	3.3	关闸	0	0	0.4
		1d1h												
第五阶段		12d8h	第五次开闸	37	3945	3.1	第四次开闸	38	4017	6.5	第三次开闸	56	5970	1.3
		5d2h	关闸	0	0	1.3	关闸	0	0	2.0	关闸	0	0	1.3
第六阶段		1d14h	第六次开闸	19	3608	0.5	第五次开闸	21	3879	1.6	第四次开闸	15	264	1.3
		2d1h									关闸	0	0	
		7d23h									第五次开闸	28	1786	
		7d7h									关闸	0	0	
		2d16h												

6.7.9　采样试验方案设计和模拟结果

试验方案设计如下。

1）试验河段：沙颍河耿楼闸上下游10km左右（图6-100）。

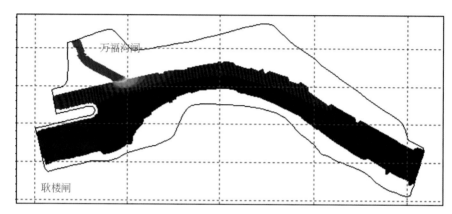

图6-100　试验河段示意

2）试验目的：离散系数、降解系数等模型参数的确定。

3）测量参数：水流参数（水位、流量、流速）、水质指标（氨氮、高锰酸盐指数、溶解氧、温度等）（表6-14）。

表6-14　试验方案参数

耿楼闸流量 /（m³/s）	入流浓度			万福沟闸流量 /（m³/s）	入流浓度			放流时间 /h
	氨氮 /（mg/L）	COD_Mn /（mg/L）	示踪剂 （不考虑降解） /（mg/m³）		氨氮 /（mg/L）	COD_Mn /（mg/L）	示踪剂 （不考虑降解） /（mg/m³）	
15	1	6	0	0				0
15	1	6	0	1	5	30	0.5	2
15	1	6	0	1	5	30	0.5	4
15	1	6	0	1	5	30	0.5	8
15	1	6	0	1	5	30	0.5	16
15	1	6	0	1	5	30	0.5	24
15	1	6	0	1	5	30	0.5	48
15	1	6	0	1	5	30	0.5	连续下泄

6.8　二维水动力–水质模型构建

针对复杂的水动力学问题，构建了一套适用于复杂地形条件的二维水动力–水质模型。该模型采用了满足和谐性质的控制方程，考虑了复杂混合流态问题和间断流问题，既具有简捷处理复杂边界及地形条件的能力，又具有稳定、简便处理干湿界面的优点，能够在地形地貌环境较为复杂的条件下完成河道水量水质过程的模拟与分析，可广泛应用于河道灾害预警评估，是一个具有自主知识产权的大尺度二维水动力–水质模型。

针对计算效率的要求，基于重点河段的地形特点，提出了动态自适应正方形结构网格方法，与目前河道模型常用的非结构网格或贴体网格相比，具有精度高、计算效率高的特点，同时避免了非结构网格壁面处虚假流动的问题，以及贴体网格变化后交角的大小与数值解有关的问题，能自动产生细网格表征复杂地形及捕捉复杂水流状态，而在地形及流态简单平缓的地方则用粗网格覆盖，并在水流状态由复杂转为简单后，细网格自动变粗。因此，网格随着水力条件的变化而不断变化，从而达到计算精度及时间上的最佳结合。

6.8.1　Godunov 型有限体积框架下的二维水动力–水质模型

二维水动力–水质模型的控制方程为

$$\frac{\partial \boldsymbol{q}}{\partial t} + \frac{\partial \boldsymbol{f}}{\partial x} + \frac{\partial \boldsymbol{g}}{\partial y} = \boldsymbol{s} \tag{6-76}$$

$$\boldsymbol{q} = \begin{bmatrix} \eta \\ q_x \\ q_y \\ q_c \end{bmatrix} \quad \boldsymbol{f} = \begin{bmatrix} q_x \\ uq_x + \dfrac{g}{2}(\eta^2 - 2\eta z_b) \\ uq_y \\ uq_c \end{bmatrix}$$

$$\boldsymbol{g} = \begin{bmatrix} q_y \\ vq_x \\ vq_y + \dfrac{g}{2}(\eta^2 - 2\eta z_b) \\ vq_c \end{bmatrix} \quad \boldsymbol{s} = \begin{bmatrix} 0 \\ -\dfrac{\tau_{bx}}{\rho} - g\eta \dfrac{\partial z_b}{\partial x} \\ -\dfrac{\tau_{by}}{\rho} - g\eta \dfrac{\partial z_b}{\partial y} \\ s_c \end{bmatrix} \tag{6-77}$$

式中，t 为时间（s）；x、y 为笛卡尔坐标；g 为重力加速度（m/s^2）；如图 6-101

所示，z_b 为床底高程（m）；η 为水位高程（$\eta = h + z_b$）（m），h 为水深（m）；$-\dfrac{\partial z_b}{\partial x}$ 为 x 方向的底坡斜率；$-\dfrac{\partial z_b}{\partial y}$ 为 y 方向的底坡斜率；$\tau_{bx} = \rho C_f u \sqrt{u^2 + v^2}$ 为 x 方向的底坡摩阻力；$\tau_{by} = \rho C_f v \sqrt{u^2 + v^2}$ 为 y 方向的底坡摩阻力，其中 $C_f = gn^2/h^{1/3}$ 为底坡摩阻系数，n 为曼宁（Manning）糙率系数，ρ 为水的密度；$q_c\,(=ch)$ 为污染物扩散通量，c 为污染物扩散系数；s_c 为污染物扩散源项，q 是包含流量变量的矢量；f 和 g 分别是 x 和 y 方向的数值通量。

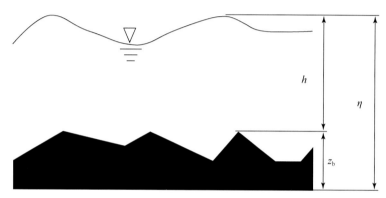

图 6-101　水位、水深、床底高程示意

采用显式格式计算二维水动力－水质控制方程组，计算格式统一、简单。针对研究区域复杂和地形分布不规则的特点，改进二维浅水方程形式，使用水位变量替代水深变量，建立预和谐控制方程，即 pre-balanced shallow water equations。基于预和谐控制方程，采用 Godunov 型有限体积法为框架，使用 Runge-Kutta 方法实现时间上的二阶精度，运用 MUSCL（monotone upstream-centred schemes for conservation laws）方法实现空间上的二阶精度。采用 HLCC 近似尼曼解计算界面通量；结合斜率限制器以保证模型的高分辨率特性，避免在间断或大梯度解附近产生非物理虚假振荡。采用局部修正干湿界面处床底高程的方法处理干湿床问题，简化了计算过程，提高了计算稳定性。采用半隐式格式计算摩阻项，确保了摩阻项在计算过程中不改变流速分量的方向，也避免了小水深引起的速度不合理极化问题，提高了计算稳定性和准确性。针对显式格式，采用 CFL 稳定条件，实现了数值模型的自适应时间步长技术。

二维水动力－水质模型采用的动态自适应网格（dynamically adaptive but structured grid）可以直接根据有限体积 Godunov-type 格式数值求解二维浅水方程，Godunov-type 格式数值的选用使得模型具有自动捕捉复杂流态（包括水跃等）的能力。此外，在复杂地形下仍能保持平衡解，并可自动跟踪干湿边界，适用于现实中的河道模拟。

相邻网格必须满足两倍边长关系（2：1原则），即网格的任意边长只能是相邻网格对应边长的2倍、1倍或1/2（图6-102）。利用笛卡儿基础网格，定义不同等级单元网格的坐标，采用(i, j, is, js)的格式，(i, j)代表其在背景网格中的坐标，(is, js)代表其在子网格中的坐标，相邻网格可直接通过原坐标找到，可避免对计算网格重新排序，产生多余的数据结构存储空间。

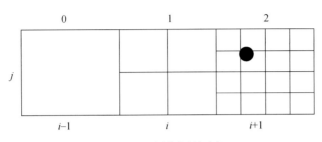

图6-102 网格规则示意

根据水动力学特性，定义自适应参数标准。采用平均水面梯度作为网格自适应参数标准，有助于精确捕捉间断和其他复杂的流模式（如超临界流、临界流、亚临界流等），将其代入标准公式计算阈值，判断下一个时间步长内各等级网格的疏密调整变化情况。在模拟中，每一个时间步长都将进行一次判断。通过设置适当的自适应参数值和阈值，实现随水流演进的动态自适应。

有限体积离散如下：

$$q_{i,j}^{k+1} = q_{i,j}^{k} - \frac{\Delta t}{\Delta x}(f_{i+1/2,j} - f_{i-1/2,j}) - \frac{\Delta t}{\Delta y}(g_{i,j+1/2} - g_{i,j-1/2}) + \Delta t s_{i,j} \tag{6-78}$$

式中，k为现在的时间步长；i和j为网格的网格单元序号；Δt为时间步长。

对式（6-78）使用二阶Runge-Kutta方法实现时间上的二阶精度，可得

$$q_{i,j}^{k+1} = q_{i,j}^{k} - \frac{1}{2}\Delta t \left[K_{i,j}(q_{i,j}^{k}) + K_{i,j}(q_{i,j}^{*}) \right] \tag{6-79}$$

式中，$K_{i,j} = \frac{f_{i+1/2,j} - f_{i-1/2,j}}{\Delta x} + \frac{g_{i,j+1/2} - g_{i,j-1/2}}{\Delta y} - s_{i,j}$为Runge-Kutta系数；中间流变量为$q_{i,j}^{*} = q_{i,j}^{k} + \Delta t K_{i,j}(q_{i,j}^{k})$。

由于积分平均，物理变量在每个单元内部为常数，在整个计算域内形成阶梯状分布，在单元界面处物理量存在间断，即界面左、右两侧的物理量不相等，进而在界面处构成了一个局部黎曼问题。通过黎曼问题求解可得到界面处的对流数值通量。二维浅水方程的对流数值通量计算可转化为界面处一维黎曼问题求解。

近似黎曼求解器的效率较高，且精度完全满足模拟计算的要求，因此近似黎曼求解器获得了广泛的研究和应用。目前较常用的黎曼求解器主要有FVS格式、FDS

格式、Osher 格式、Roe 格式、HLL 格式、HLCC 格式等。其中 HLCC 格式满足熵条件，且在合理计算波速的情况下适应干湿界面计算，因此二维水动力－水质模型采用 HLCC 格式计算二维浅水方程的对流数值通量：

$$f_{i+1/2,j} = \begin{cases} f_{\text{L}}, & 0 \le S_{\text{L}} \\ f_{*\text{L}}, & S_{\text{L}} \le 0 \le S_{\text{M}} \\ f_{*\text{R}}, & S_{\text{M}} \le 0 \le S_{\text{R}} \\ f_{\text{R}}, & 0 \ge S_{\text{R}} \end{cases} \tag{6-80}$$

式中，f_{L} 和 f_{R} 分别为接触波左、右侧的数值通量；$f_{*\text{L}}$ 和 $f_{*\text{R}}$ 分别为黎曼解中间区域接触波左、右侧的数值通量；S_{L}、S_{M}、S_{R} 分别为左、中、右三个波的波速。$f_{*\text{L}}$ 和 $f_{*\text{R}}$ 由式（6-81）计算：

$$f_{*\text{L}} = \begin{bmatrix} f_{1*} \\ f_{2*} \\ f_{1*} \cdot v_{\text{L}} \end{bmatrix}, \quad f_{*\text{R}} = \begin{bmatrix} f_{1*} \\ f_{2*} \\ f_{1*} \cdot v_{\text{R}} \end{bmatrix} \tag{6-81}$$

式中，f_{1*} 和 f_{2*} 分别为运用 HLL 格式计算得到的法向数值通量的第一、第二个分量；v_{L} 和 v_{R} 表示左右切线速度：

$$f_* = \frac{S_{\text{R}} f_{\text{L}} - S_{\text{l}} f_{\text{R}} + S_{\text{L}} S_{\text{R}} (\boldsymbol{u}_{\text{R}} - \boldsymbol{u}_{\text{L}})}{S_{\text{R}} - S_{\text{L}}} \tag{6-82}$$

此处采用双稀疏波假设并考虑干底情况的方法计算左、右波速近似值：

$$S_{\text{L}} = \begin{cases} u_{\text{R}} - 2\sqrt{gh_{\text{R}}}, & h_{\text{L}} = 0 \\ \min(u_{\text{L}} - \sqrt{gh_{\text{L}}}, u_* - \sqrt{gh_*}), & h_{\text{L}} > 0 \end{cases} \tag{6-83}$$

$$S_{\text{R}} = \begin{cases} u_{\text{L}} + 2\sqrt{gh_{\text{L}}}, & h_{\text{R}} = 0 \\ \max(u_{\text{R}} + \sqrt{gh_{\text{R}}}, u_* + \sqrt{gh_*}), & h_{\text{R}} > 0 \end{cases} \tag{6-84}$$

$$u_* = \frac{1}{2}(u_{\text{L}} + u_{\text{R}}) + \sqrt{gh_{\text{L}}} - \sqrt{gh_{\text{R}}} \tag{6-85}$$

$$h_* = \frac{1}{g}\left[\frac{1}{2}(\sqrt{gh_{\text{L}}} + \sqrt{gh_{\text{R}}}) + \frac{1}{4}(u_{\text{L}} - u_{\text{R}})\right]^2 \tag{6-86}$$

由式（6-87）计算接触波的波速：

$$S_{\text{M}} = \frac{S_{\text{L}} h_{\text{R}}(u_{\text{R}} - S_{\text{R}}) - S_{\text{R}} h_{\text{L}}(u_{\text{L}} - S_{\text{L}})}{h_{\text{R}}(u_{\text{R}} - S_{\text{R}}) - h_{\text{L}}(u_{\text{L}} - S_{\text{L}})} \tag{6-87}$$

以 $(i+1/2, j)$ 界面为例，$(i+1/2, j)$ 界面动量通量 $f_{i+1/2,j} = F(\boldsymbol{q}_{i+1/2,j}^{\text{L}}, \boldsymbol{q}_{i+1/2,j}^{\text{R}})$，根据不同的左、右单元水位和床底高程情况，分别确定用于计算数值通量的左、右初始间断值 $\boldsymbol{q}_{i+1/2}^{\text{L}}$ 和 $\boldsymbol{q}_{i+1/2}^{\text{R}}$，从而解决界面处的黎曼问题。此处采用 MUSCL 限制坡度的线性重建法计算界面左、右侧初始间断值，从而达到空间上的二阶精度。

单元格（$i+1/2$，j）界面左侧数值通量算法：

$$\bar{\eta}^{\mathrm{L}}_{i+1/2,j}=\eta_{i,j}+\frac{\psi}{2}(\eta_{i,j}-\eta_{i-1,j}),\quad \bar{h}^{\mathrm{L}}_{i+1/2,j}=h_{i,j}+\frac{\psi}{2}(h_{i,j}-h_{i-1,j}),$$

$$\bar{q}^{\mathrm{L}}_{xi+1/2,j}=q_{xi,j}+\frac{\psi}{2}(q_{xi,j}-q_{xi-1,j}),\quad \bar{q}^{\mathrm{L}}_{yi+1/2,j}=q_{yi,j}+\frac{\psi}{2}(q_{yi,j}-q_{yi-1,j}),\quad (6\text{-}88)$$

$$\bar{z}^{\mathrm{L}}_{bi+1/2,j}=\bar{\eta}^{\mathrm{L}}_{i+1/2,j}-\bar{h}^{\mathrm{L}}_{i+1/2,j}$$

单元格（$i+1/2$，j）界面右侧数值通量算法：

$$\bar{\eta}^{\mathrm{R}}_{i+1/2,j}=\eta_{i+1,j}-\frac{\psi}{2}(\eta_{i+1,j}-\eta_{i,j}),\quad \bar{h}^{\mathrm{R}}_{i+1/2,j}=h_{i+1,j}-\frac{\psi}{2}(h_{i+1,j}-h_{i,j}),$$

$$\bar{q}^{\mathrm{R}}_{xi+1/2,j}=q_{xi+1,j}-\frac{\psi}{2}(q_{xi+1,j}-q_{xi,j}),\quad \bar{q}^{\mathrm{R}}_{yi+1/2,j}=q_{yi+1,j}-\frac{\psi}{2}(q_{yi+1,j}-q_{yi,j}),\quad (6\text{-}89)$$

$$\bar{z}^{\mathrm{R}}_{bi+1/2,j}=\bar{\eta}^{\mathrm{R}}_{i+1/2,j}-\bar{h}^{\mathrm{R}}_{i+1/2,j}$$

式中，ψ 为斜率限制公式。其他变量可通过式（6-89）计算得到：

$$\bar{u}^{\mathrm{L}}_{i+1/2}=\bar{q}^{\mathrm{L}}_{xi+1/2,j}/\bar{h}^{\mathrm{L}}_{i+1/2,j},\quad \bar{v}^{\mathrm{L}}_{i+1/2}=\bar{q}^{\mathrm{L}}_{yi+1/2,j}/\bar{h}^{\mathrm{L}}_{i+1/2,j},$$

$$\bar{u}^{\mathrm{R}}_{i+1/2}=\bar{q}^{\mathrm{R}}_{xi+1/2,j}/\bar{h}^{\mathrm{R}}_{i+1/2,j},\quad \bar{v}^{\mathrm{R}}_{i+1/2}=\bar{q}^{\mathrm{R}}_{yi+1/2,j}/\bar{h}^{\mathrm{R}}_{i+1/2,j},\quad (6\text{-}90)$$

需要指出的是，上述方程仅适用于湿界面，如计算干界面或干湿界面，则第一步须计算（$i+1/2$，j）界面的 $z_{bi+1/2}$，

$$z_{bi+1/2,j}=\max(\bar{z}^{\mathrm{L}}_{bi+1/2,j},\bar{z}^{\mathrm{R}}_{bi+1/2,j})\quad h^{\mathrm{L}}_{i+1/2,j}=\max(0,\bar{\eta}^{\mathrm{L}}_{i+1/2,j}-z_{bi+1/2,j}),\quad (6\text{-}91)$$

$$h^{\mathrm{R}}_{i+1/2,j}=\max(0,\bar{\eta}^{\mathrm{R}}_{i+1/2,j}-z_{bi+1/2,j})$$

则其他变量为

$$\eta^{\mathrm{L}}_{i+1/2,j}=h^{\mathrm{L}}_{i+1/2,j}+z_{bi+1/2,j},\quad \eta^{\mathrm{R}}_{i+1/2,j}=h^{\mathrm{R}}_{i+1/2,j}+z_{bi+1/2,j},$$

$$q^{\mathrm{L}}_{xi+1/2,j}=\bar{u}^{\mathrm{L}}_{i+1/2,j}h^{\mathrm{L}}_{i+1/2,j},\quad q^{\mathrm{R}}_{xi+1/2,j}=\bar{u}^{\mathrm{R}}_{i+1/2,j}h^{\mathrm{R}}_{i+1/2,j},\quad q^{\mathrm{L}}_{yi+1/2,j}=\bar{v}^{\mathrm{L}}_{i+1/2,j}h^{\mathrm{L}}_{i+1/2,j},\quad (6\text{-}92)$$

$$q^{\mathrm{R}}_{yi+1/2,j}=\bar{v}^{\mathrm{R}}_{i+1/2,j}h^{\mathrm{R}}_{i+1/2,j}$$

图 6-103 中（a）和（b）两种情况可直接采用式（6-92）计算。图 6-103（c）展示了一种特殊情况，即水流被建筑物或地形阻挡。如图 6-104 所示，在界面（$i+1/2$，j）上，由式（6-91）和式（6-92）可得 $z_{bi+1/2,j}=\bar{z}^{\mathrm{R}}_{bi+1/2,j}$，$h^{\mathrm{L}}_{i+1/2,j}=h^{\mathrm{R}}_{i+1/2,j}=0$，$\eta^{\mathrm{L}}_{i+1/2,j}=\eta^{\mathrm{R}}_{i+1/2,j}=z_{bi+1/2,j}$。所得界面水位高程非真实的水位高程。假设将此模型应用于处于平静状态的湖泊，其湿底河床部分为 $u=0$、$v=0$ 且 $\eta\equiv\mathrm{constant}$（常数）。由式（6-91）和式（6-92）所得（$i+1/2$，$j$）界面的水位高程为 $\eta^{\mathrm{L}}_{i+1/2,j}=\eta^{\mathrm{R}}_{i+1/2,j}=z_{bi+1/2,j}$，取值大于真实的水位高程值 η。而（$i-1/2$，j）界面的水位高程为 $\eta\equiv\mathrm{constant}$，从而导致非物理虚假动量通量，引起平静的水面进入运动状态，即违反了模型的和谐性。

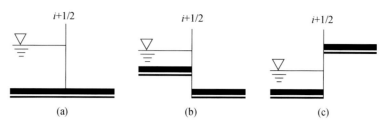

图 6-103　干湿界面的三种情况

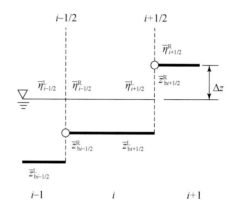

图 6-104　干湿界面床底高程局部修正方法示意

为了保持模型的和谐性，采用干湿界面床底高程的局部修正方法：

$$\Delta z = \max(0, z_{\mathrm{b}i+1/2,j} - \bar{\eta}^{\mathrm{L}}_{i+1/2,j}) \tag{6-93}$$

$$z_{\mathrm{b}i+1/2,j} \leftarrow z_{\mathrm{b}i+1/2,j} - \Delta z, \eta^{\mathrm{L}}_{i+1/2,j} \leftarrow \eta^{\mathrm{L}}_{i+1/2,j} - \Delta z, \eta^{\mathrm{R}}_{i+1/2,j} \leftarrow \eta^{\mathrm{R}}_{i+1/2,j} - \Delta z \tag{6-94}$$

由式（6-93）和式（6-94）可得 $\eta^{\mathrm{L}}_{i+1/2,j} = \eta^{\mathrm{R}}_{i+1/2,j} = z_{\mathrm{b}i+1/2,j} = \eta$，从而避免了非物理虚假动量通量，保证了模型的和谐性。

基于改进的预和谐浅水方程，建立的和谐模型不需要任何额外校正项，此处采用单元中心型近似方法处理底坡项：

$$-g\eta\frac{\partial z_{\mathrm{b}}}{\partial x} = -g\bar{\eta}\left(\frac{z_{\mathrm{b}i+1/2,j} - z_{\mathrm{b}i-1/2,j}}{\Delta x}\right) \tag{6-95}$$

式中，$\bar{\eta} = (\eta^{\mathrm{R}}_{i-1/2,j} + \eta^{\mathrm{L}}_{i+1/2,j})/2$。

复杂地形的陡峭坡面，使局部区域的水深较小、流速较大。由于水深变量位于摩阻项的分母，一般的隐式或半隐式计算格式仍面临一些问题，如产生错误的大流速、改变流速分量的方向等。此处采用隐式格式处理摩阻项，同时引入摩阻项近似的最大值条件限制，以保证摩阻项处理过程中流速分量的方向不被改变。所得常微分方程为

$$\frac{\mathrm{d}\boldsymbol{q}}{\mathrm{d}t} = \boldsymbol{S}_f, \quad \boldsymbol{S}_f = \begin{bmatrix} 0 & S_{fx} \end{bmatrix}^{\mathrm{T}} \tag{6-96}$$

式中，$S_{fx} = -\tau_{bx}/\rho$。在 x 方向上，使用泰勒级数离散摩阻项，可得

$$S_{fx}^{k+1} = S_{fx}^k + \left(\frac{\partial S_{fx}}{\partial q_x}\right)^k \Delta q_x + o(\Delta q_x^2) \tag{6-97}$$

式中，$\Delta q_x = q_x^{k+1} - q_x^k$ 忽略高阶项，代入式（6-97）可得

$$q_x^{k+1} = q_x^k + \Delta t \left(\frac{S_{fx}}{D_x}\right)^k = q_x^k + \Delta t F_x \tag{6-98}$$

式中，$D_x = 1 - \Delta t (\partial S_{fx}/\partial q_x)^k$。

当水头接近干湿界面时，水深接近于零，从而引起计算的不稳定。采用摩阻项近似的最大值条件限制，即 F_x 须满足如下条件：

$$F_x = \begin{cases} -q_x^k/\Delta t, & q_x^k \geq 0 \text{ 且 } F_x < -q_x^k/\Delta t \\ -q_x^k/\Delta t, & q_x^k \leq 0 \text{ 且 } F_x > -q_x^k/\Delta t \end{cases} \tag{6-99}$$

由于采用显式格式求解浅水方程，为保持格式的稳定，时间步长受 CFL 稳定条件的限制：

$$\Delta t = C \cdot \min\left[\frac{\Delta x_{i,j}}{|u_{i,j}| + \sqrt{gh_{i,j}}}, \quad \frac{\Delta y_{i,j}}{|v_{i,j}| + \sqrt{gh_{i,j}}}\right] \tag{6-100}$$

式中，Δt 为时间步长；$\Delta x_{i,j}$ 和 $\Delta y_{i,j}$ 为计算单元格（i, j）在 x 和 y 方向上的长度；$u_{i,j}$ 和 $v_{i,j}$ 为单元格（i, j）的速度在 x 和 y 方向上的分量；C 为柯朗数，$0 < C < 1$，一般情况下，取 $C = 0.5$。

一般情况下，数学模型的边界条件实现方式有两种：镜像单元法和直接计算数值通量法。其中，前者在基于结构网格的数学模型中应用较广，后者被广泛运用于基于非结构网格的数值模型。本研究采用镜像单元法实现边界条件，以 x 方向为例。

固壁边界条件：

$$h_B = h_I, \quad u_B = -u_I, \quad v_B = v_I \tag{6-101}$$

开边界条件：

$$h_B = h_I, \quad u_B = u_I, \quad v_B = v_I \tag{6-102}$$

式中，u 和 v 分别为边界处的法向和切向的流速分量；B 和 I 分别代表边界单元格和边界内单元格。

6.8.2 模型边界的处理及模型耦合

二维水动力-水质模型主要针对短历时、小时、日过程的水量水质过程模拟，二维水动力-水质模型的研究范围为淮南至蚌埠闸河段。上述河段中布设有行蓄洪区，区间自涡河口有支流入汇。淮南及涡河口断面为入流断面，蚌埠闸断面为出流

断面，污染物随流量进入河段，计算过程中满足水量平衡条件。根据实际情况，重点分析计算区间首末断面的处理及区间旁侧入流的耦合。

（1）淮南断面的处理

淮南断面作为模型的入流边界（即上游边界），其流量及污染物排放过程由一维水动力–水质模型提供，作为外边界条件驱动模型。

（2）蚌埠闸断面的处理

蚌埠闸断面作为模型的出流边界（即下游边界），该断面输入的水位流量过程由一维水动力–水质模型模拟得出。

（3）旁侧入流的处理

涡河口断面设为旁侧入流，作为模型的入流边界，该断面输入的流量及污染物浓度过程由一维水动力–水质模型模拟得出。

上述边界条件的获取均需要通过一维水动力–水质模型计算得出，为二维水动力–水质模型设计了相应的接口，以方便与其他模型的耦合及系统集成。

6.8.3 模型的模拟与验证

1. 与实测数据对比

基于二维水动力–水质模型，进行淮南至蚌埠闸河段的水量–水质模拟（图6-105）。河道面积为48.26km²，采用40万个网格进行模拟，河道糙率系数为0.026，模拟时

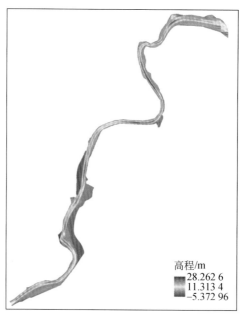

图6-105 田家庵至蚌埠闸河段河道高程

段分别为 2007 年 7 月 5 日 7 时至 14 日 15 时 50 分，污染物浓度变化情况见表 6-15。2007 年 7 月 14 日 15 时 50 分水深二维分布状况见图 6-106。如图 6-107 所示，模拟结果与实测记录吻合较好。2007 年 7 月 14 日 15 时 50 分时氨氮浓度和高锰酸盐浓度二维分布状况分别见图 6-108。

表 6-15　2007 年 7 月 5 日 7 时至 14 日 15 时 50 分污染物浓度　　（单位：mg/L）

断面编码	断面名称	时间	氨氮	高锰酸盐指数	备注
50185140	蚌埠闸上	2007-7-5 7:00:00	0.1	3.6	蚌埠闸上左
50185140	蚌埠闸上	2007-7-7 10:55:00	0.13	6.7	蚌埠闸上左
50185140	蚌埠闸上	2007-7-8 12:00:00	0.15	5.3	蚌埠闸上左
50185140	蚌埠闸上	2007-7-10 6:30:00	0.24	6.1	蚌埠闸上左
50185140	蚌埠闸上	2007-7-10 6:35:00	0.21	5.0	蚌埠闸上右
50185140	蚌埠闸上	2007-7-10 12:00:00	0.24	6.1	
50185140	蚌埠闸上	2007-7-14 14:50:00	0.14	5.7	蚌埠闸上左
50185140	蚌埠闸上	2007-7-14 15:50:00	0.13	4.9	蚌埠闸上右

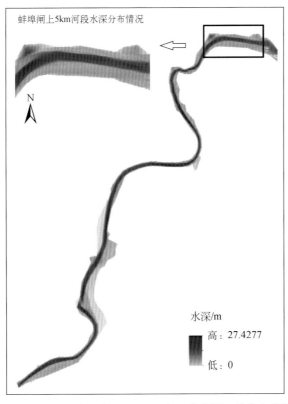

图 6-106　2007 年 7 月 14 日 15 时 50 分水深二维分布状况

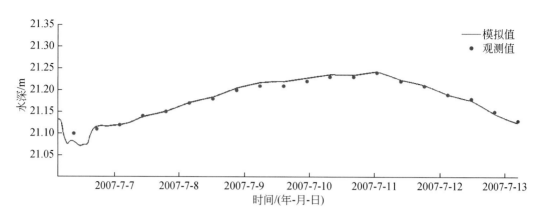

图 6-107　水位模拟结果对比图

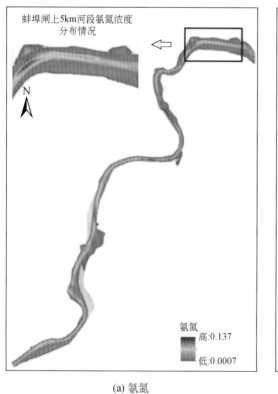

(a) 氨氮

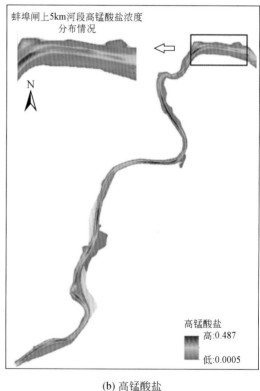

(b) 高锰酸盐

图 6-108　2007 年 7 月 14 日 15 时 50 分氨氮和高锰酸盐浓度分布情况

2. 室内二维污染物扩散试验

依托中国科学院地理科学与资源研究所陆地表层水土过程专业实验室，开展天然河流污染物横纵向扩散差异性试验，研究天然河流的地形和植被对污染物横纵向扩散差异性的影响，为研究扩散规律和二维水动力–水质模型扩散系数的确定提供支持。

3. 自主与商用两类模型对比

利用丹麦DHI公司开发的MIKE模型，建立与所开发模型同等条件的数学模型，通过自主与商用两类模型信息的互馈和比对，进一步提高所建模型的模拟精度。

二维河道水动力–水质模型（NewChan）与MIKE模型水质模拟空间演进结果比较（图6-109）。

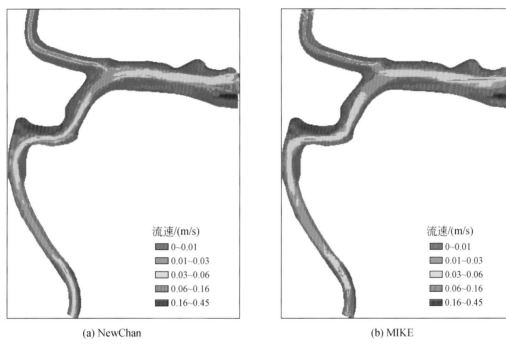

(a) NewChan　　　　　　　　　　　　　　(b) MIKE

图6-109　NewChan与MIKE模型结果对比

4. 与实测数据对比研究

模拟时段为2012年1月4日12时至12月26日14时30分，与蚌埠闸上站点的氨氮浓度变化和COD浓度变化进行对比，结果见图6-110和图6-111，其模拟结果与实测值的相对平均误差分别为13.7%和18.4%。

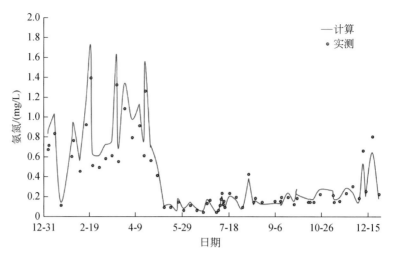

图 6-110　蚌埠闸上二维水动力模型氨氮模拟结果

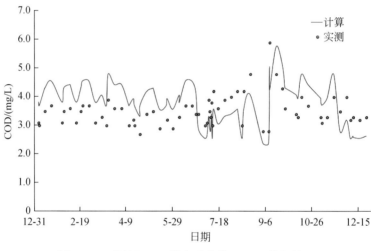

图 6-111　蚌埠闸上二维水动力模型 COD 模拟结果

6.9　本章小结

　　本章针对多闸坝运行环境下的流域水文及水质变化过程，基于多源信息的调查和分析，选择河流水污染问题严重的不同类型典型闸坝河段，分析实际闸坝运行环境下淮河流域水循环过程和污染物迁移过程的变化。综合考虑淮河流域的地形地貌、土地利用、土壤类型、高强度人类活动影响等特征，结合闸坝及重要河流断面的空间分布划分计算单元，按自然子流域的形式对大的流域进行空间上的离散，每个子流域包含唯一的一段主河道，子流域通过主河道连接成汇流网络，其中闸坝可以作为一个独立的单元添加在汇流网络中，形成"子流域–闸坝–水系"的空间耦合关系。

　　研发了基于分布式水系统理论的流域水质–水量–水生态耦合模拟技术。以流域水循环为基础，结合淮河流域闸坝及重要河流断面的空间分布划分计算单元，在每个单元上采用时变增益产汇流模型模拟水循环的陆面部分（即产流和坡面汇流部分）和水循环的水面部分（即河网汇流部分），并将闸坝群的运行过程嵌入单元汇流过程中，以生态需水过程为计算边界，构建基于分布式水系统理论的多闸坝河流水质–水量–水生态耦合模拟技术体系，实现了闸坝调控与产流过程、河网水动力学及其联系的水质、水生态过程的模拟预测。

第 7 章 | 生态需水保障关键指标及闸坝调控能力研究

7.1 闸坝功能与水资源时空分布

7.1.1 研究区闸坝工程情况

1. 闸坝基本情况

为有效控制淮河流域洪水过程，拦洪消峰，减低流域发生洪涝灾害的可能性，自中华人民共和国成立以来，淮河流域修建了大量的水利工程（张翔等，2014）。淮河流域已建成大中小型水库 5700 多座，总库容为 279 亿 m³，其中大型水库 38 座，总库容为 202.61 亿 m³，防洪库容为 58.55 亿 m³。蓄滞洪区和大型湖泊共 15 处，总容量为 349.12 亿 m³，蓄滞洪容量为 253.26 亿 m³。其中，蓄滞洪区 11 处，蓄滞洪容量为 116.46 亿 m³；大型湖泊 4 处，总容量为 232.66 亿 m³，蓄洪容量为 136.8 亿 m³。沿淮河干流中游建有 17 处行洪区，在设计条件下若充分运用，可分泄河道设计流量的 20%~40%。截至 2010 年，流域共建有各类水闸 6000 多座（其中大型水闸 600 多座），包括节制闸、排水闸、分洪闸、挡潮闸、进水闸和退水闸等。

本书选取淮河干流、沙颍河水系、洪汝河水系、涡河水系、淮河干流以南水系等为研究区，其中重点调度示范区为淮河干流、沙颍河水系和涡河水系。研究区重点水库和水闸的主要特征参数见表 7-1 和表 7-2。

表 7-1 研究区重点水库的主要特征参数

序号	水库名称	所在河流	死库容 /亿 m³	兴利水位 /m	年均蓄水量 /亿 m³	最大泄流量 /(m³/s)	建成年份	备注
1	白龟山水库	沙河	0.66	103.0	1.83	6 432	1966	1998 年除险加固
2	白沙水库	颍河	0.053	225.0	0.7	4 280	1953	
3	孤石滩水库	澧河	0.29	152.5	0.46	1 818	1971	1998 年除险加固
4	昭平台水库	沙河		174.0	1.78	3 570	1958	1998 年除险加固

序号	水库名称	所在河流	死库容/亿 m³	兴利水位/m	年均蓄水量/亿 m³	最大泄流量/(m³/s)	建成年份	备注
5	板桥水库	汝河		111.5	1.69	15 000	1951	1993 年复建
6	石漫滩水库	洪河		107.0	0.3	3 927	1951	1998 年复建
7	宿鸭湖水库	汝河		53.0	4.14	6 737	1958	至 2000 年进行过 5 次除险加固
8	薄山水库	臻头河		116.6	1.55	1 000	1954	1977 年加固
9	白莲崖水库	淠河		200.0	1.15	3 486	2009	
10	佛子岭水库	淠河		124.0	1.23	4 996	1954	2005 年完成除险加固
11	梅山水库	史河	4.02	128.0	5.84	6 140	1956	
12	磨子潭水库	淠河		187.0	0.87	2 800	1968	2005 年完成除险加固
13	南湾水库	浉河		103.5	4.08	1 452	1955	
14	鲇鱼山水库	史河	0.15	107.0	2.29	4 620	1976	
15	泼河水库	潢河		82.0	0.59	1 148	1972	
16	石山口水库	潢河		79.5	0.93	600	1969	
17	五岳水库	寨河		89.3	0.3	404	1972	
18	响洪甸水库	淠河	2.34	128.0	6.58	636	1958	2004 年开始对大坝进行除险加固

表 7-2 研究区重点水闸的主要特征参数

序号	水闸名称	所在河流	闸底高程/m	设计蓄水位/m	相应蓄水量/万 m³	设计泄流量/(m³/s)	主管单位	建成年份	备注
1	临淮岗水利枢纽	淮河	20.5			7 362	临淮岗洪水控制工程管理局	2006	
2	蚌埠闸	淮河	12	18.0	32 000	13 080	蚌埠闸工程管理处	1960	2003 年除险加固
3	大陈闸	北汝河	71.50	79.8	1 500	3 700	许昌市水利局	1975	
4	阜阳闸	沙颍河	25	28.5		3 500		1965	
5	化行闸	颍河	74.50	81.5	330	1 720	许昌市颍汝灌溉管理局	1975	
6	槐店闸	沙颍河	33.5	39	4 000	3 200	沈丘县水利局	1967	
7	耿楼闸	沙颍河	21.0	33.5	10 000	3 910		2009	
8	黄桥闸	颍河	44.00	49	1 280	1 540	西华县水利局	1981	
9	贾鲁河闸	贾鲁河	40.1	47	338	600	周口市水利局	1975	
10	马湾拦河闸	沙河	61.00	66	1 100	3 000	漯河市水利局	1966	
11	周口闸	沙河	40.98	47	3 060	3 200	周口市水利局	1975	
12	逍遥闸	颍河	46.90	52.5	550	1 105	西华县水利局	1971	

序号	水闸名称	所在河流	闸底高程/m	设计蓄水位/m	相应蓄水量/万m³	设计泄流量/(m³/s)	主管单位	建成年份	备注
13	颍上闸	沙颍河	19	23.5~24.5	6 400~7 700	4 200		1984	
14	河坞闸	汝河	27.76			2 300	新蔡县水利局	1975	
15	杨庄拦河闸	洪河	66.30			1 500		1998	
16	大寺闸	涡河		35.5	8 100	1 840		1978	
17	付桥闸	涡河	30.00	39.5	300	1 710	鹿邑县水利局	1981	
18	蒙城闸	涡河	21	24.5~25.0	—	2 500		1960	
19	涡阳闸	涡河		29	3 750	3 000		1971	
20	玄武闸	涡河	39.50	45	660	1 067	鹿邑县水利局	1972	
21	漯河沙河橡胶坝	沙河		54.5		3 000		1993	
22	禹州市北关橡胶坝	颍河			540	1 974		1974	
23	赵庄闸	颍河		50.40	380	1 985			
24	颍河闸	颍河		59.5		1 120		1991	
25	宋双阁闸	新运河		45.5	90			1958	
26	裴庄闸	涡河		65.24		282			
27	吴庄闸	涡河		53	200	650			
28	魏湾拦河闸	涡河		49.5	200	749			
29	黄口拦河闸	涡河		53	80	373			
30	王家坝闸	淮河	24.46	27.5	75 000	1 626		1953	2004年除险加固

2. 闸坝功能分析

（1）淮河干流

A. 主要闸坝

淮河干流的主要闸坝包括王家坝闸、临淮岗闸和蚌埠闸。

王家坝闸位于安徽省阜南县城东南约27km的王家坝镇，淮河、洪河、白露河汇合处下段，为濛洼蓄洪区进洪控制工程。王家坝闸建于1953年，2003年进行除险加固，为大（2）型工程，由于地理位置极其重要，被誉为"千里淮河第一闸"。王家坝闸全长118m，共13孔，每孔宽8m，底板高程24.46m，设计水位差4.5m。挡水期闸上水位29.3m，闸下无水；王家坝开闸蓄洪后，闸上水位29.3m，闸下水位27.80m。设计流量为1344~1626m²/s，相应蓄洪区蓄洪量为7.5亿m³，最大泄流量为2100m³/s。闸上公路桥高程29.66m，桥宽9.5m。设计的新闸为全电脑自动化封闭式机房，最高处达28m。王家坝闸自1953年建成后，历史上已经16次开闸泄洪（1982 年、1991 年、2003 年两次开闸）。

临淮岗水利枢纽位于安徽省六安市霍邱县与颍上县交界的姜家湖乡临淮岗，距霍邱、颍上县城分别 14km 和 20km，是淮河干流中游的大（1）型枢纽工程。临淮岗水利枢纽始建于 1958 年，1962 年建成 49 孔浅孔闸及 10 孔深孔闸，2001 年扩建完善至 12 孔深孔闸。临淮岗水利枢纽是淮河干流重要的防洪枢纽工程之一，使淮河中游正阳关以下河道防洪标准由之前的 50 年一遇上升至 100 年一遇。临淮岗水利枢纽主体工程由主坝、南北副坝、引河、船闸、进泄洪闸等建筑物组成。工程全长 78km，总投资 22.67 亿元，将长 14.39km 的上下游引河（其中上游引河长 3.71km，下游引河长 10.68km），由底宽 45m 扩挖至 160m；加固改建已有 10 孔深孔闸、49 孔浅孔闸、船闸；新建 12 孔深孔闸和 15 孔姜唐湖进洪闸；加高加固长 7.34km 的主坝和加高加固并延伸南北副坝（其中南副坝 8.4km，北副坝 60.6km）。临淮岗水利枢纽 100 年一遇坝前设计洪水位为 28.41m，滞洪 85.6 亿 m^3，1000 年一遇坝前校核洪水位为 29.49m，滞洪 121.3 亿 m^3。

蚌埠闸位于安徽省蚌埠市西郊，是淮河干流中游的大（1）型枢纽工程，具有灌溉、航运、发电等功能。蚌埠老闸建成于 1960 年，蚌埠新闸建成于 2003 年，其中新闸位于老闸北段与淮北大堤之间的滩地内，轴线一致，中心线相距 396.8m，闸上流域面积 12.1 万 km^2。蚌埠新闸设计洪水位上游为 23.22m，下游为 23.10m，近期蓄水位为 17.50m，远期蓄水位为 18.50m。蚌埠闸由节制闸（包括蚌埠老闸、蚌埠新闸）、船闸、水力发电站、分洪道和扩建工程组成。蚌埠老闸有闸孔 28 个，闸门规格是 10m×7.5m；新闸有闸孔 12 个，闸门规格是 10m×9.7m。1991～2001 年将老闸 28 扇弧形门更换为弧形钢结构闸门。蚌埠闸距上游的涡河口 5.5km，距下游的吴家渡水文站 9.2km，其过水能力为 13 080m^3/s，其中老闸 8610m^3/s，新闸 3410m^3/s，分洪道 1060m^3/s。

B. 水功能区划及水质目标

研究区域淮河干流水功能区划及水质目标见表 7-3。

表 7-3　淮河干流水功能区划及水质目标　　　　　（单位：mg/L）

河段		功能区名称	水质目标			
上断面	下断面		类别	氨氮	高锰酸盐指数	COD
南湾水库	息县	浉河信阳景观娱乐用水区	IV	1.00	6.00	20.0
		浉河信阳排污控制区				
		浉河平桥农业用水区				
		淮河河南信阳湖北随州保留区				
		淮河息县农业用水区	III			
		淮河息县排污控制区				
息县	淮滨	淮河息县淮滨农业用水区	III	1.00	6.00	20.0

河段		功能区名称	水质目标			
上断面	下断面		类别	氨氮	高锰酸盐指数	COD
淮滨	王家坝	淮河淮滨排污控制区	Ⅲ	1.00	6.00	20.0
		淮河豫皖缓冲区				
王家坝	临淮岗	淮河豫皖缓冲区	Ⅲ	1.00	6.00	20.0
		淮河阜阳六安农业用水区				
临淮岗	鲁台子	淮河阜阳六安农业用水区	Ⅲ	1.00	6.00	20.0
鲁台子	蚌埠闸	淮河阜阳六安农业用水区	Ⅲ	1.00	6.00	20.0
		淮河凤台工业用水区				
		淮河凤台八公山过渡区				
		淮河淮南饮用水源区				
		淮河淮南排污控制区				
		淮河淮南蚌埠过渡区				
		淮河蚌埠饮用水源区				

C. 现状调度规则

蚌埠闸调度运行规则按照《蚌埠闸调度运用办法（暂行）》执行，枯水期闸上水位基本按照 18.30m 进行控制，汛期根据上游来水量，闸上水位按照上级调度执行。枯水期当闸上水位低于 17.50m 时，水电站停机，汛期来水量较少时，按照上级调度指令，适当抬高闸上水位。

临淮岗水利枢纽的控制运用泄总流量是根据颍、涡河来水量而定，以满足鲁台子下泄流量不超过 10 000m³/s，设计控泄总流量 77 362m³/s。控泄过程中，各时段实际控泄总流量是变化的，随颍河、涡河来水量加大而减小，随颍河、涡河来水量减小而加大。各时段实际控泄总流量由安徽省防汛抗旱指挥部根据有关部门实时测报结果分析确定，并及时下达工程管理单位执行。

（2）沙颍河水系

A. 主要闸坝

沙颍河流域闸坝众多，主要闸坝包括孤石滩、昭平台、白龟山、白沙等水库和大陈、周口、槐店、耿楼、颍上等水闸。

孤石滩水库位于河南省平顶山市叶县常村乡境内，是澧河上游的大（2）型水库。水库于 1971 年建成，经 1998 年修缮加固，是以灌溉为主，结合防洪、养鱼、发电等综合利用的山区水库。孤石滩水库控制流域面积为 285km²，总库容为 1.85亿 m³，兴利库容为 0.70 亿 m³。水库设计洪水标准为 100 年一遇，设计水位为157.07m；校核洪水标准为 2000 年一遇，校核水位为 160.69m；汛期限制水位为151.50m，历史最高水位为 158.72m。水库由主坝、泄洪闸、非常溢洪道等组成，主坝坝顶高程为160.30m，防浪墙高为1.2m；泄洪闸三孔；非常溢洪道底宽为40m，底部高程为153.00m。

昭平台水库位于淮河流域沙颍河水系沙河干流上，坝址位于河南省平顶山市鲁山县城以西12km，和下游相距51km的白龟山水库组成梯级水库，以防洪为主，兼顾工业、灌溉、养殖、发电等综合利用。1998年7月进行除险加固，加固按100年一遇洪水设计，5000年一遇洪水校核。

白龟山水库大坝位于河南省平顶山市西南郊沙河干流上，距源头石人山116km。水库以防洪为主，兼顾工业、城市生活供水、灌溉养殖等。由于原设计防洪标准低，1998年10月开始进行除险加固，加固按100年一遇洪水设计，2000年一遇洪水校核。

白沙水库建成于1953年，位于颍河上游的禹州市和登封市交界处的白沙镇以北约300m，距下游禹州城35km，距京广铁路75km，控制流域面积为985km²，是集防洪、灌溉、城市供水、水产等功能于一体的大型水利工程。据统计，建库以来，累计入库水量约60亿m³，累计供水35亿m³，入库洪峰流量大于1000m³/s的有9次，经水库调节，最大下泄流量为169m³/s。建库以来，确保了下游城镇和约40万亩农田的安全，并供设计灌溉面积30.3万亩的农业灌溉用水，为下游的禹州市、许昌市和龙岗电厂提供了生活、工业和环境用水。

大陈闸于1975年7月建成并投入使用，位于沙颍河水系北汝河下游，河南省襄城县大陈村，控制流域面积5960.0km²。设计标准为20年一遇，设计洪水位为81.55m，流量为3700.0m³/s，设计蓄水位为79.8m，相应蓄水量为1500万m³，设计灌溉面积为20.0万亩。经河南省政府批准，闸上水域为许昌市供水饮用水源，通过颍河总干渠向许昌市区调水，缓解了许昌市缺水矛盾，确保了市区居民生活用水、工业用水、补源用水、灌溉用水，通过向颍河调水改善了颍河生态环境。

耿楼闸位于安徽省太和县税镇镇耿楼村，整个枢纽由节制闸和船闸组成。枢纽工程建筑物设计等级为2级，节制闸共12孔，每孔净宽7.5m，按20年一遇洪水设计，设计过闸流量为3910m³/s，50年一遇洪水校核，校核流量为4770m³/s。

化行闸位于颍河的上游，河南省襄城县双庙乡化行村。流域面积为1920.0km²，设计标准为20年一遇，设计洪水位为81.8m，设计过闸流量为1720m³/s，设计蓄水位为81.5m，相应蓄水量为330万m³，设计灌溉面积为2.0万亩。水闸主要用于调蓄颍河径流，与北汝河大陈闸联合运用，通过引汝总干渠为许昌市供水。

周口闸位于沙河中游，周口市西郊，颍河、贾鲁河入沙河口之间。周口闸建成于1975年7月，控制流域面积为19 948.0km²，按流量3000m³/s，水位50.39m设计，按流量3200m³/s，水位50.68m校核。设计蓄水位为47m，相应蓄水量为3060万m³，设计灌溉面积为35.0万亩。

　　槐店闸位于沙颍河中游沈丘县槐店镇，控制流域面积为 28 150.0km²，是沙河干流的重要节制工程。工程包括浅孔闸、深孔闸、船闸，浅孔闸于 1967 年 6 月建成，深孔闸于 1971 年 8 月建成，深孔、浅孔两闸的设计流量为 3200m³/s，水位为40.88m；校核流量为 3500m³/s，水位为 41.37m，设计蓄水位为 39m，相应蓄水量为 4000 万 m³，设计灌溉面积为 47.0 万亩，实际灌溉面积为 20.7 万亩。

　　黄桥闸位于西华县黄桥村，控制流域面积为 6997km²，于 1981 年 4 月竣工投入运用，是颍河干流的重要节制工程。上距逍遥闸 22km，其间有清潩河、清流河汇入，下游 25km 与沙河交汇。设计蓄水位为 49m，相应蓄水量为 1280 万 m³，设计灌溉面积为 20.0 万亩。

　　贾鲁河闸位于周口市川汇区北郊，于 1975 年 7 月竣工，控制流域面积为5895km²，是贾鲁河下游主要控制工程。该闸设计泄洪量为 600m³/s，设计蓄水位为47m，相应蓄水量为 310 万 m³，设计灌溉面积为 20.0 万亩。

　　马湾拦河闸位于河南省漯河市舞阳县莲花镇马湾村，控制流域面积为 9448km²，于 1966 年 5 月建成，设计洪水标准为 50 年一遇，相应水位为 69.10m，相应流量为2850m³/s。马湾拦河闸具有防洪、灌溉、发电三大功能，非汛期通过拦蓄调节，抬高沙河水位，满足五虎庙灌区的自流灌溉和马湾电站发电，年均灌溉水量约为 4000万 m³。

　　逍遥闸位于西华县逍遥镇西关，以灌溉为主，兼顾蓄水补源，是颍河上主要节制工程，控制流域面积为 3368km²，设计蓄水位为 52.5m，相应蓄水量为 550 万 m³，设计灌溉面积为 10.0 万亩，闸上有东西干渠，实际灌溉面积为 1.2 万亩，地下水补源面积为 5 万亩。

　　颍上闸于 1984 年修建完成，位于安徽省阜阳市颍上县，是沙颍河汇入淮河干流最下游的大型水闸，正常蓄水位为 23.5～24.5m，相应蓄水量为 6400 万～7700 万 m³，最大泄流量为 4200m³/s，具有防洪、灌溉、排涝、防污、通航等功能，设计灌溉面积为 35 万亩。

　　漯河沙河橡胶坝建成于 1993 年，位于漯河市金山路大桥下游 500m 处，控制流域面积为 12 580km²，正常蓄水位为 54.5m（坝底板高程为 51m，设计坝袋充水高度为3.5m），设计洪水位为 61.70m，相应泄流量为 3000m³/s，最大泄流量为 3200m³/s（2000 年洪水最大过流量）。该坝的主要功能是提高漯河市区生活、工业供水和农业灌溉的保证率，正常年份落坝天数约为 120 天。

　　禹州市北关橡胶坝位于禹州市北关颍河干流，建成于 1974 年，干流上游有白沙水库，支流涌泉河上建有纸坊水库，下游有化行闸，主要由浆砌块石溢流坝和氯丁橡胶坝组成，总拦水高度为 8m，总蓄水量为 540 万 m³，设计灌溉面积为 2.5 万亩，实际灌溉面积为 1.29 万亩。

赵庄闸位于河南省鄢陵县赵庄村，颍河支流清潩河上，控制流域面积为2172km²。该闸原为7孔翻板闸门，因受西华县黄土桥闸回水顶托，不能自动翻倒，经河南省水利厅批准改建；改建后，共7孔，孔宽为9.1m、闸身总宽为71.56m，安装钢筋混凝土平板闸门。设计标准为5年一遇，水位为51.9m，流量为744m³/s；校核标准20年一遇、水位为54.29m，流量为1169m³/s；设计蓄水位为50.40m，相应蓄水量为380万m³，设计灌溉面积为3.8万亩。

颍河闸位于河南省郾城县，建成于1991年，控制流域面积为3059km²，为开敞式结构。设计标准为20年一遇，设计蓄水位为59.5m，最大泄流量为1120m³/s。该闸的主要功能为灌溉，灌溉期视丰枯年份和沿岸农田的干旱程度而拦蓄水量，灌溉面积约为10万亩。

宋双阁闸位于河南省淮阳县许湾乡宋双阁村西北1km处，始建于1958年，并于1975年扩建，是新运河下游上主要节制工程，设计蓄水位为45.5m，相应蓄水量为90m³，设计灌溉面积为3万亩，实际灌溉面积为2.5万亩。

B. 水功能区划及水质目标

沙颍河水系河道的水质目标为Ⅱ～Ⅳ类，其中以Ⅲ、Ⅳ类为主，水功能区划及水质目标见表7-4。水环境功能主要是渔业用水、农业用水及排污控制等，枯水期水质较差，部分河段会达到Ⅴ类或劣Ⅴ类。

表7-4 沙颍河水功能区划及水质目标 （单位：mg/L）

河段		功能区名称	水质目标			
上断面	下断面		类别	氨氮	高锰酸盐指数	COD
昭平台水库	白龟山水库	沙河鲁山源头水保护区	Ⅱ	0.5	4	15
		沙河鲁山农业用水区				
		沙河鲁山排污控制区				
		沙河白龟山水库平顶山饮用水水源区				
白龟山水库坝下	马湾拦河闸	沙河叶县农业用水区	Ⅲ	1.0	6	20
		沙河舞阳郾城渔业用水区				
马湾拦河闸	漯河沙河橡胶坝	沙河舞阳郾城渔业用水区	Ⅲ	1.0	6	20
		沙河漯河市区景观娱乐用水区				
		沙河郾城农业用水区				
漯河沙河橡胶坝	周口闸	沙河郾城商水西华农业用水区	Ⅲ	1.0	6	20
周口闸	槐店闸	颍河商水淮阳农业用水区	Ⅲ	1.0	6	20
		颍河豫皖缓冲区				
槐店闸	阜阳闸	颍河界首太和阜阳农业用水区	Ⅳ	1.0	6	20
阜阳闸	颍上闸	颍河颍东、颍上农业用水区	Ⅳ	1.0	6	20

河段		功能区名称	水质目标			
上断面	下断面		类别	氨氮	高锰酸盐指数	COD
颍上闸	范台子	淮河颍东、颍上农业用水区	Ⅲ	1.0	6	20

C. 现状调度规则

沙颍河水系重点评估闸坝的功能以灌溉为主，部分兼有防洪、补源、工业供水等作用，所以在无防汛需求的情况下都会利用闸坝进行蓄水，以满足各项用水需求。水库一般按照正常蓄水位和汛限水位控制运行，具体调度规则见表7-5。

表7-5 沙颍河闸坝调度规则

闸坝名称	调度规则
大陈闸、逍遥闸、黄桥闸、贾鲁河闸、槐店闸	汛期闸门吊起（橡胶坝抽空），非汛期则蓄水灌溉； 各闸坝均由当地水利局下设的闸坝管理所管理和调度
马湾拦河闸	防汛调度：由河南省防汛抗旱指挥部根据流域水情，按照省制订的防汛方案，直接调度。 兴利调度：由漯河市泥河洼管理所根据用水单位的要求和上游来水情况，自行安排调度。 当沙河马湾站水位达 69.10m 或澧河、北汝河和白龟山水库下泄量组合洪水，预报漯河站流量将超过 3000m³/s 时启用马湾进洪闸联合调度
漯河沙河橡胶坝	汛期（5 月 15 日~9 月 30 日）原则上不升坝，如汛期降水较少导致河水干枯、断流，且短期内无明显降水时，经漯河市水利局批准升坝；当漯河站流量大于 12m³/s 时，坝高落至 2.5m 以下运行；当漯河站流量大于 120m³/s 时，完全落坝。 非汛期除上游下泄水量较大外基本上都升坝运行。在升坝蓄水期间，坝顶发生溢流口，其溢流水深不得超过 0.5m，若有可能超过 0.5m，应根据上游来水及坝前水位，采取涵洞泄流、调整坝高措施进行调节，若以上两种办法不能解决，则落坝放水
化行闸	由颍河化行闸管理所负责管理运用，汛期限制水位运用，非汛期蓄水
颍河闸	汛期由郾城区水利局调度，一般为闸门全开；灌溉期由修防段调度，视丰枯年份和沿岸农田的干旱程度而拦蓄；无严格的标准和正规的观测设施
周口闸	汛期控制水位在汛限水位以下，非汛期蓄水兴利
阜阳闸	非汛期限制蓄水位为 28.5m，汛期根据汛期调度
颍上闸	限制蓄水位为 24.0m；实施小流量分段放流，并视闸上水质和淮河干流径流情况实行强制性泄流

（3）洪汝河水系

洪汝河流域位于淮河上游区，控制流域面积为 1.24 万 km²，流域受季风影响明显，是暴雨多发地带，加之地除山前平原，区域坡降偏陡，稍遇大雨，极易成灾。为解决洪汝河流域的防洪除涝矛盾，流域内修建了板桥、薄山、石漫滩、宿鸭湖 4 座大型水库以及大量的拦河闸坝调蓄洪水。

A. 主要闸坝

板桥水库位于汝河上游，驻马店市以西 45km 处，是一座以防洪为主，兼顾灌溉、发电、水产、供水等综合利用的丘陵区水库，控制流域面积为 768km²。水库始建于 1951 年，1975 年 8 月遇特大暴雨，大坝漫决。1993 年复建，防洪标准按 100 年一遇设计。水库总库容为 6.75 亿 m³，兴利库容为 2.56 亿 m³，下游河道的防洪标准为 20 年一遇，河道最大安全泄流量为 2800m³/s。

石漫滩水库位于河南省舞钢市，小洪河上游支流滚河上，始建于 1951 年，1993 年复建开工，复建工程于 1998 年竣工，以防洪、除涝、工业供水为主，是结合灌溉、养殖、旅游等综合利用的大型水库。水库设计标准为 100 年一遇，校核标准为 1000 年一遇，设计水位为 110.65m，校核水位为 112.05m，兴利水位为 107.0m，死水位为 95.0m，总库容为 1.2 亿 m³，兴利库容为 0.626 亿 m³。水库设计每年提供工业及城市生活用水量为 3300 万 m³，保证率为 95%；设计灌溉面积为 5.5 万亩，保证率为 65%。

宿鸭湖水库位于河南省驻马店市境内，是一座以防洪为主，结合灌溉、水产养殖、发电、旅游等综合利用的大（1）型水利工程。水库上游距驻马店市 24km，下游距汝南县城 8km。水库兴建于 1958 年，至 2000 年水库经历 5 次大的除险加固。水库控制流域面积为 4498km²，总库容为 16.56 亿 m³，水库设计洪水标准为 100 年一遇，设计洪水位为 57.05m，校核洪水标准为 1000 年一遇，校核洪水位为 58.87m。

薄山水库位于淮河流域汝河支流臻头河宿鸭湖水库上游，地处河南省驻马店市确山县境内，控制流域面积为 580km²，防洪保护面积为 560km²，保护耕地面积为 50 万亩。水库于 1952 年兴建，1954 年建成，于 1956 年和 1977 年进行扩建加固，是以防洪、灌溉为主，结合发电、养殖、旅游、供水等综合利用的大（2）型山谷水库。水库按 100 年一遇洪水设计，设计洪水位为 122.10m，相应库容为 4.15 亿 m³；校核洪水位为 125.30m，相应库容为 6.2 亿 m³；兴利水位为 116.6m，相应库容为 2.8 亿 m³；设计防洪起调水位为 113.8m，相应库容为 2.22 亿 m³。

河坞闸位于河南省驻马店市新蔡县河坞乡汝河干流上，距班台闸上游 15km 处，以防洪功能为主，结合发电、灌溉，控制流域面积为 7333km²。该闸 1975 年建成并投入使用，闸顶高程 38.96m，闸底部高程 27.76m，闸门为开敞式，共 8 孔，每孔宽 10m。设计标准为 20 年一遇，设计防洪水位为 37.76m，兴利水位为 34.76m，防洪库容为 6280 万 m³，兴利库容为 965 万 m³，设计下泄流量为 1800m³/s，校核流量为2300m³/s。该闸水资源利用率占兴利库容的35%，即每年平均有338万m³水用来发电和灌溉。

杨庄拦河闸建于1998年，建在小洪河主河道上，位于河南省驻马店市西平县杨庄乡，距西平县城25km，控制流域面积为1026km²，设计水位为71.54m，校核水位为72.15m，设计流量为650m³/s，校核流量为1500m³/s。该闸与老王坡滞洪区联合调度，可使小洪河五沟营以上防洪标准达到50年一遇。

B. 水功能区划及水质目标

洪汝河水系河道的水质目标为Ⅱ～Ⅳ类，其中以Ⅲ、Ⅳ类为主，水功能区划及水质目标见表7-6。水环境功能主要是渔业用水、农业用水及排污控制，汛期河流水质较好，枯水期水质较差，部分河段达到Ⅴ类或劣Ⅴ类。

表7-6 洪汝河水功能区划及水质目标 （单位：mg/L）

河段		功能区名称	水质目标			
上断面	下断面		类别	氨氮	COD_{Mn}	COD_{Cr}
板桥水库	遂平汝河橡胶坝	汝河泌阳汝河水源地保护区	Ⅱ	1.0	6.0	20.0
		遂平渔业用水区	Ⅲ			
		汝河遂平县城工业用水区				
		汝河遂平县城排污控制区				
遂平汝河橡胶坝	宿鸭湖水库	汝河遂平过渡区	Ⅳ	1.0	6.0	20.0
		宿鸭湖水库湿地自然保护区	Ⅲ			
宿鸭湖水库	班台闸	汝河汝南饮用水源区	Ⅲ	1.5	10.0	30.0
		汝河汝南县城排污控制区				
		汝河新蔡渔业用水区	Ⅳ			
石漫滩水库	杨庄泄洪闸	滚河舞钢市排污控制区	Ⅲ	1.00	6.00	20.0
		洪河西平农业用水区	Ⅳ			
杨庄泄洪闸	班台闸	洪河西平农业用水区	Ⅳ	1.50	10.00	30.0
		洪河西平饮用水源区				
		洪河驻马店农业用水区				
		洪河新蔡县城景观娱乐用水区	Ⅲ			
		洪河新蔡过渡区	Ⅳ			
		洪河新蔡排污控制区				
班台闸	王家坝	洪河豫皖缓冲区	Ⅲ	1.00	6.00	20.0

C. 现状调度规则

洪汝河水系有大型水库4座，水库调度均为防洪与兴利相结合，根据水库的汛限水位和正常蓄水位来调度。闸坝以防洪、分洪功能为主，如杨庄泄洪闸与杨庄滞洪区联合调度，桂李分洪闸、桂李节制闸、丁桥老闸、丁桥新闸均与老王坡滞洪区联合调度。其中，节制闸控制分洪流量，丁桥老闸与丁桥新闸均为老王坡滞洪区的退水闸。闸坝调度规则主要是根据河道发生洪水的来水情况制定的，具体调度规则见表7-7。

表7-7　洪汝河闸坝调度规则

闸坝名称	调度规则
杨庄泄洪闸	正常年份闸门全年敞开，当小洪河遭遇3年一遇以下洪水，杨庄滞洪区最大入库流量为710m³/s时，控制下泄流量不超过100m³/s；当遭遇3~20年一遇洪水时，控制下泄流量为400~450m³/s；当遭遇20~50年一遇洪水时，控制下泄流量为650m³/s；当遭遇50年一遇以上洪水时，闸门全开
桂李分洪闸	正常年份闸门全年关闭，当遭遇3年一遇以下洪水，小洪河水位达到分洪水位63m时，根据下游河道情况，随时开闸分洪；当遭遇3年一遇以上洪水，杨庄下泄流量为650m³/s时，节制闸控制下泄流量为350m³/s，分洪闸分洪流量为300m³/s；非洪水期，分洪闸全关
桂李节制闸	正常年份闸门全年敞开，当遭遇3年一遇以下洪水，杨庄下泄流量为350~650m³/s时，节制闸控制下泄流量为100m³/s，为下游河道让路；当遭遇3年一遇以上洪水，杨庄下泄流量为650m³/s时，节制闸控制下泄流量为350m³/s；非洪水期，节制闸全开
丁桥老闸、丁桥新闸	正常年份两闸门全年敞开；洪水期老王坡滞洪区蓄水，当小洪河水位低于退水闸闸上水位时，开闸退水
班台闸	班台闸在汛期和麦收期，当班台水位低于35.49m时，不分洪；汛期，当班台以上来水小于1400m³/s，闸上水位低于33.39m时，不分洪
遂平汝河橡胶坝	无具体调度方式
河坞闸	河坞闸根据上游来水情况，适时开启闸门泄洪。汛限34.76m，超过此水位立即开闸泄洪。为避免小流量泄水冲刷，泄水流量控制在200m³/s。若水位达到35.76m，泄水流量加大至1300m³/s，水位达到37.76m时，闸门全开

（4）涡河水系

A. 主要闸坝

涡河流域无大型水库，闸坝以灌溉功能为主，包括裴庄闸、魏湾拦河闸、玄武闸、大寺闸和蒙城闸等。

裴庄闸地处河南省通许县境内，属黄淮平原，是河南省的重要粮食基地，主要功能为灌溉。该闸控制流域面积为448km²，共有9孔闸，过水设计标准为20年一遇，设计洪水位为65.24m，相应流量为282m³/s。

吴庄闸是涡河中上游主要控制工程，距下游魏湾拦河闸18km。该闸设计泄洪流量为650m³/s，除涝流量为195m³/s，设计蓄水位为53m，相应蓄水量为200万m³。

魏湾拦河闸位于河南省太康县城郊乡魏湾村，以防洪、灌溉、除涝为主，设计泄洪流量为 749m³/s,除涝流量为 237m³/s。设计蓄水位为 49.5m,相应蓄水量为 200 万 m³。每年平均灌溉面积为 15 万亩,蓄水补源面积为 100 万亩,养殖水面面积为 650 亩,排涝面积为 212 万亩,可利用水量为 500 万 m³。

黄口拦河闸位于河南省太康县清集乡黄口村,主要用途是灌溉兼防洪和除涝,设计洪水位为 53m,设计泄洪流量为 373m³/s,除涝流量为 184m³/s,灌溉水位为 53m,相应蓄水量为 80 万 m³。

玄武闸位于河南省鹿邑县境内,地处涡河干流上游地区,1972 年建成,是以灌溉为主的大(2)型水利工程。玄武闸设计闸上水位为 46.45m,设计流量为 942m³/s,校核水位为 46.67m,校核流量为 1067m³/s,防洪水位为 40.71m,最大泄流量为 1067m³/s,设计灌溉面积为 25 万亩。

付桥闸位于河南省鹿邑县境内,地处惠济河汇入涡河干流入口处上游断面,1981 年建成,是以灌溉为主的大(2)型水利工程。设计灌溉面积为 40 万亩,设计水位为 40.71m,设计流量为 1350m³/s,校核水位为 41.93m,校核流量为 1710m³/s,防洪水位为 40.71m,最大泄流量为 1710m³/s,具有闸孔 12 孔,其宽×高为 8.0m×11.5m。

大寺闸枢纽是涡河入安徽省境内第一座拦河大型水利枢纽工程,位于亳州市谯城区大寺镇的耿庄,是以灌溉为主的大(2)型水利工程,同时对亳州市的防洪排涝有重要影响,其控制流域面积为 10 575km²。1958 年开工,1961 年停建,1976 年续建,1978 年建成蓄水,具有闸孔 20 孔,其宽×高为 4.7m×9.0m,底板高程为 28.84m,设计水位为 37.06m,设计流量为 1510m³/s,最大泄流量为 1840m³/s。

蔡桥闸、涡阳闸与蒙城闸都位于安徽省境内。其中,蔡桥闸与涡阳闸都位于涡阳县,涡阳闸最大过闸流量为 3000m³/s;蒙城分洪闸与蒙城节制闸都在蒙城县境内,功能为分洪和灌溉,设计最大过闸流量分别为 1000m³/s 和 2500m³/s。

B. 水功能区划及水质目标

涡河水系的闸坝水质目标为Ⅲ~Ⅳ,水环境功能主要是农业用水、排污控制及缓冲、过渡区等,见表 7-8。涡河水系的水质较差,污染水体下泄对淮河干流水质,尤其是对蚌埠闸上水质构成严重威胁,影响淮河干流居住人群的饮用水安全。

C. 现状调度规则

涡河水系闸坝功能主要为灌溉,所以一般在汛期限制水位运行,非汛期则蓄水解决灌溉及其他用水需求。据了解,裴庄闸由许通县水利局直接调度,干旱时关闸蓄水,供农业灌溉;当地下水位下降时,引黄河水补源,引黄时由开封市水利局调度;吴庄闸由太康县政府统一调度;玄武闸由鹿邑县水利局玄武闸管理所负责管理,汛期限制水位 48.60m。

表 7-8 涡河水功能区划及目标水质　　　　　　　　（单位：mg/L）

河段		功能区名称	水质目标			
上断面	下断面		类别	氨氮	高锰酸盐指数	COD
裴庄闸	付桥闸	涡河开封通许农业用水区	IV	1.5	10	30
		涡河开封周口过渡区				
		涡河太康农业用水区				
		涡河太康排污控制区				
		涡河太康鹿邑农业用水区				
付桥闸	大寺闸	涡河豫皖缓冲区	III ~ IV	1	6	20
		涡河亳州农业用水区				
		涡河亳州景观娱乐用水区				
大寺闸	蒙城闸	涡河谯城怀远农业用水区	III	1	6	20
		涡河怀远过渡区				

（5）其他水系

河南省信阳市有五座大型水库，包括南湾水库、石山口水库、五岳水库、泼河水库和鲇鱼山水库。南湾水库设计灌溉面积为 112.4 万亩，实际灌溉面积为 74 万亩，历年最大实际灌溉面积为 103 万亩。石山口水库设计灌溉面积为 31 万亩，实际灌溉面积为 20 万亩，历史最大实际灌溉面积为 26 万亩，实际年工业和生活用水为800 万 m³。五岳水库设计灌溉面积为 13 万亩，实际灌溉面积为 10.84 万亩，历年最大实际灌溉面积为 10.84 万亩。泼河水库设计灌溉面积为 31.12 万亩，实际灌溉面积为 24.6 万亩，历年最大实际灌溉面积为 24.6 万亩，设计年工业和生活用水为 730万 m³。鲇鱼山水库灌溉信阳市东南部的潢川、固始、商城三县境内 30 个乡镇共 143万亩农田，多年平均用水量为 2.4 亿 m³，是河南省第三大自流灌区。

安徽省境内有五座大型水库，其中梅山水库、响洪甸水库位于金寨县，佛子岭水库、磨子潭水库、白莲崖水库位于霍山县。

梅山水库位于史河上游，距史河入淮口 130km，控制流域面积为 1970km²，是一座以防洪、灌溉为主，结合发电等综合利用的大（1）型多年调节水库。梅山水库除汛期防洪为淮河干流错峰外，还担负安徽省金寨县和河南省固始县约 400 万亩农田灌溉任务，同时还要向其下游的小型水库提供水源，处于十分重要的地位。

响洪甸水库位于淠河西源上游，控制流域面积为 1431km²，是以防洪、灌溉为主，结合发电、养殖等综合利用的大（1）型水利水电工程，属多年调节水库。在电力供应系统中作为佛子岭、磨子潭水库的电力补偿调节。在灌溉方面与佛子岭水库共同担负下游淠河灌区约 660 万亩的灌溉任务。近年来，随着合肥市发展规模的不断扩大，响洪甸水库开始向合肥市提供生活用水。

佛子岭水库位于淠河东源上游，下游经六安至正阳关汇入淮河，控制流域面积为 1840km²，是以防洪、灌溉为主，结合发电、养殖等综合利用的大（2）型水利水电工程，属年调节水库。防洪标准为 100 年一遇设计，1000 年一遇洪水校核。水库建成后，已累计为淠河灌区提供农业、工业和生活用水 549.41 亿 m³，灌溉农田 7140 万亩，提供水产养殖面积 0.94 万亩。水库为防洪、灌溉、发电，减轻淠河及淮河洪水灾害做出了较大贡献。近年来，随着合肥市发展规模的不断扩大，佛子岭水库也开始向合肥市提供生活用水。

磨子潭水库位于东淠河的东支流上，属大（2）型年调节水库，为佛子岭水库上游的梯级水库。磨子潭水库于 1958 年建成，距佛子岭大坝 25km，坝址以上控制流域面积为 570km²。磨子潭水库是为了提高佛子岭水库的防洪能力，并充分利用东淠河水资源而兴建的。磨子潭水库与佛子岭水库联合运用，为淠河两岸和淠河灌区提供农业、工业和生活用水。

白莲崖水库位于东淠河佛子岭水库上游西支漫水河上，距下游已建的佛子岭水库 26km，距霍山县城约 30km，是一座以防洪为主，兼顾灌溉、供水和发电等综合利用的大（2）型工程。控制流域面积为 745km²，总库容为 4.60 亿 m³，主要防洪任务是提高下游佛子岭水库的防洪标准，水库年有效供水量为 2.7 亿 m³。

7.1.2 闸坝可调控水资源时空分布

1. 地表水资源量

根据流域多年水资源量分割，研究区多年平均地表水资源量约为 318 亿 m³。按照区域 DEM 栅格数据，将研究区域划分为 397 个子流域，利用 1956～2000 年多年平均径流深等值线图，计算各子流域的地表水资源量。各子流域多年平均地表水资源量空间分布见图 7-1。

2. 供用水量

2015 年，研究区各子流域总用水量为 181.1 亿 m³，包括农业灌溉供水 111.8 亿 m³，工业生产用水 38.2 亿 m³，生活用水 26.8 亿 m³，河道外生态用水 4.7 亿 m³。供水水源分为地表水、地下水和其他，其中地表水供水量为 108.4 亿 m³（包括外调水量 20.8 亿 m³），地下水和其他来源供水量为 73.2 亿 m³。

研究区用水量空间分布见图 7-2～图 7-6。

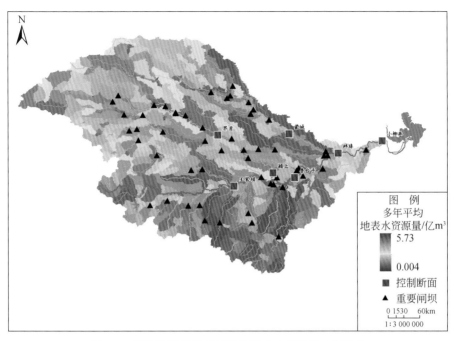

图 7-1　研究区子流域多年平均地表水资源量空间分布

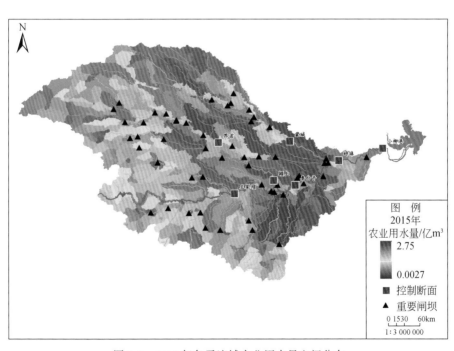

图 7-2　2015 年各子流域农业用水量空间分布

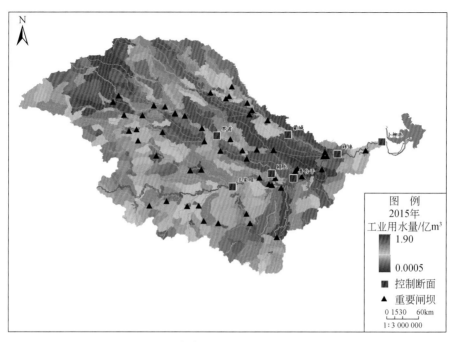

图7-3　2015年各子流域工业用水量空间分布

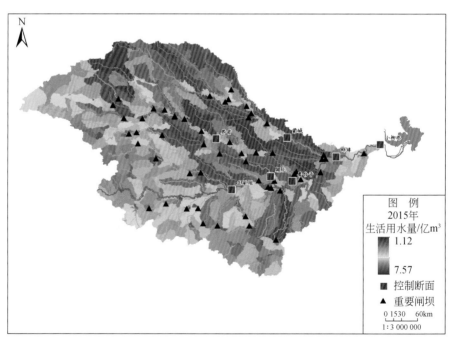

图7-4　2015年各子流域生活用水量空间分布

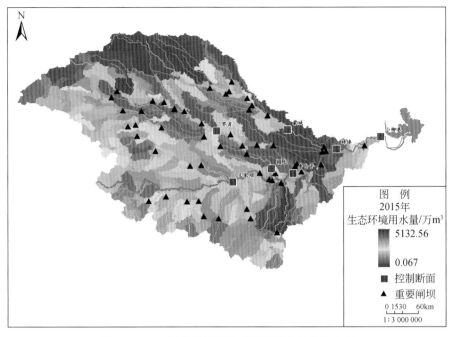

图 7-5　2015 年各子流域生态环境用水量空间分布

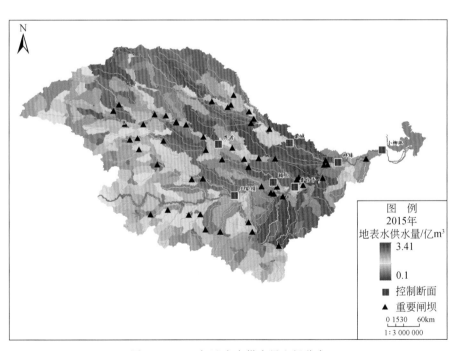

图 7-6　2015 年地表水供水量空间分布

3. 可调控水资源量分布

按照各子流域多年平均地表水资源量，扣除 2015 年用水量，分析得到各子流域可调控水资源量，各子流域可调控水资源量空间分布见图 7-7。

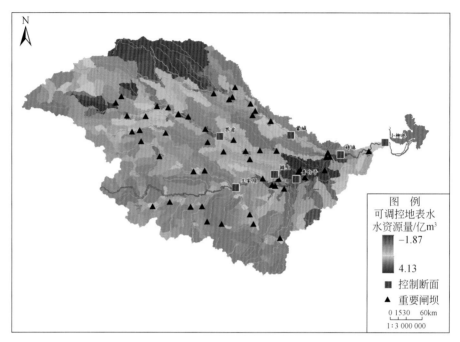

图 7-7 可调控地表水资源量空间分布

研究区内，可调控水资源量主要分布在淮河上游、沙河、颍河上游，其中沙颍河上游的贾鲁河流域、涡河上游基本无可调控水资源量，现状供水部分依靠外调引黄水、南水北调中线供水。

4. 水库可调控水量

淮河流域大中型水库主要集中在淮河以南山区以及洪汝河、沙颍河流域上游。其中，年均蓄水量超过 1 亿 m³ 的大型水库主要包括出山店水库（在建）、前坪水库（在建）、南湾水库、板桥水库、薄山水库、宿鸭湖水库、昭平台水库、白龟山水库、燕山水库、梅山水库、鲇鱼山水库、佛子岭水库、响洪甸水库等，但实际年均蓄水量与水库的兴利库容相比，明显较少，一般占水库兴利库容的 40%～70%。

对淮河以北支流水资源分布情况进行分析，具备全局和长期调度功能的是大型调蓄工程。其中，生态需水可供长期调度对象是淮河中上游的大型水库及部分中型水库，在现行水利工程条件下，建议设置水库生态库容为兴利库容的 10% 用于生态用水调度，各水库的生态库容建议值见表 7-9。

表 7-9　各水库生态库容建议值

水库名称	兴利库容/亿 m³	建议年生态调水/亿 m³	生态放水占兴利库容比例/%
薄山水库	2.77	0.10	3.61
板桥水库	2.36	0.19	8.05
石漫滩水库	0.68	0.01	1.47
南湾水库	6.70	0.51	7.61
五岳水库	1.00	0	0
泼河水库	1.24	0	0
石山口水库	1.59	0.17	10.69
白沙水库	0.76	0	0
孤石滩水库	0.63	0.21	33.30
昭平台水库	2.08	0.92	44.23
鲇鱼山水库	5.10	0	0
佛子岭水库	2.71	0.39	14.39
磨子潭水库	1.37	0.23	16.79
响洪甸水库	7.70	0	0
梅山水库	7.96	1.35	16.96
合计/平均	44.65	4.08	9.14

5. 水闸可调控水量

经调查,确定可参与水质-水量-水生态联合调度的水闸为淮河干流的临淮岗闸、蚌埠闸;沙颍河水系的大陈闸、耿楼闸、阜阳闸、化行闸、周口闸、槐店闸、黄桥闸、贾鲁河闸、马湾拦河闸、逍遥闸、颍上闸;洪汝河水系的河坞闸、杨庄拦河闸;涡河水系的玄武闸、付桥闸、大寺闸、涡阳闸、蒙城闸。根据闸坝的水位库容曲线和实时水位确定闸坝实际蓄水量,同时结合闸上下水位差,取一定比例作为水闸可调度水量。

6. 调度示范区宏观水资源配置

(1) 淮河干流分水方案

淮河干流设定王家坝、小柳巷为省际水量核定断面,蚌埠为淮河干流重要工程控制断面。主要控制断面下泄水量控制指标包括最小生态下泄流量和多年平均、50%、75%、95%来水频率下泄水量,见表 7-10。

表 7-10　淮河主要控制断面下泄水量控制指标

控制断面	不同来水频率天然径流量/亿 m³				不同来水频率下泄水量/亿 m³				最小生态下泄流量
	多年平均	50%	75%	95%	多年平均	50%	75%	95%	/(m³/s)
王家坝	101.8	99.0	58.3	27.0	70.5	66.9	27.6	10.1	16.14
蚌埠	304.9	286.6	192.4	109.4	197.6	182.9	97.8	46.9	48.35
小柳巷	327.8	306.0	204.4	115.0	205.8	189.0	101.8	48.8	48.35

（2）沙颍河流域分水方案

沙颍河流域主要控制断面（有界首、沈丘、颍上三个控制断面）下泄水量控制指标见表 7-11。

表 7-11　沙颍河流域主要控制断面下泄水量控制指标　　（单位：亿 m³）

控制断面	不同来水频率天然径流量			不同来水频率下泄水量		
	多年平均	75%	95%	多年平均	75%	95%
界首	42.62	22.11	12.14	32.12	14.10	6.51
沈丘	4.34	1.93	0.64	3.33	1.14	0.48
颍上	54.93	29.86	13.08	39.23	16.73	8.47

（3）涡河流域分水方案

涡河流域主要控制断面（有黄庄、安溜、蒙城三个控制断面）下泄水量控制指标见表 7-12。

表 7-12　涡河流域主要控制断面下泄水量控制指标　　（单位：亿 m³）

控制断面	不同来水频率天然径流量			不同来水频率下泄水量		
	多年平均	75%	95%	多年平均	75%	95%
黄庄	2.41	1.35	0.61	1.36	0.59	0.25
安溜	2.61	1.50	0.71	1.56	0.73	0.34
蒙城	13.23	7.30	3.26	7.46	3.18	1.33

7. 示范区可调水资源时空分布分析

（1）淮河干流

结合前述可调控水资源空间分布，淮河上游可调水资源量相对集中在淮河中上游南部山区，且该区域的地表水水质相对淮北各支流水质好，在淮河干流生态需水保障调度时，建议优先调用淮河南部水库水量。

（2）沙颍河流域

依据水功能区水质监测成果，沙颍河流域 2015 年优于Ⅲ类水、Ⅳ类水、Ⅴ类水和劣Ⅴ类水的河长占比分别为25.03%、52.26%、5.27%和17.44%。河道主要控制断面界首和颍上年均为Ⅳ类水，优于Ⅲ类水的频率为33%；泉河沈丘年均为Ⅴ类水，好于Ⅲ类水的频率也为33%。沙颍河流域颍河干流白沙水库以上、沙河上游山区白龟山水库、昭平台水库以上水质较好，沙颍河中下游河段水质稍差。结合可调控水资源空间分布可知，由于该流域有大型水库调蓄，沙颍河流域可调度水资源量主要集中在沙颍河上游的澧河、沙河上游。贾鲁河流域的水资源量尚不能满足该区域的"三生"用水量。但调查显示，近年来，郑州市为了解决供水需求和贾鲁河生态环境问题，从黄河引水入贾鲁河。根据历史引水量与近年来引水量分析，引黄水量有增加趋势，生态环境引水明显增加，根据扶沟站实测流量资料，扶沟站2016年径流量为5.05亿m³，年平均流量为16.24m³/s；2017年径流量为6.38亿m³，年平均流量为21.30m³/s。贾鲁河引黄水量后续可考虑纳入沙颍河中下游的生态用水调度。

（3）涡河流域

涡河在历史上是黄河南堤决口的分洪道，水系水资源蓄泄条件较差，水资源短缺严重，水资源及质量状况较差。依据水功能区水质监测成果，2015年涡河流域好于Ⅲ类水、Ⅳ类水、Ⅴ类水和劣Ⅴ类水河长占比分别为11.42%、41.33%、13.05%和34.2%。河道重要断面黄庄、安溜和蒙城年平均水质分别为Ⅳ类水、Ⅳ类水和Ⅲ类水，优于Ⅲ类水的频率分别为33.3%、25%和100%。

涡河流域无大型水库可供调用，流域水质状况较差。由可调控水资源空间分布可知，涡河上游区域水资源量不能满足当地的取用水量，仅涡河支流河道有少量可调控水资源量。根据调查，2015年商丘市共引黄河水量2.48亿m³左右，一定程度上缓解了涡河水资源的严重短缺，后续可考虑纳入涡河中下游的生态用水调度。

7.2 基于闸坝调度的生态需水调控目标研究

7.2.1 水生态调控区段划分

1. 流域水功能区划分

研究区域内淮河流域重要江河湖泊水功能区（二级水功能区）共181个，其中沙颍河流域60个，见表7-13和图7-8。

表 7-13　水功能区划分情况　　　　　　　　　　　　（单位：个）

区域	保护区	保留区	缓冲区	开发利用区	合计
研究区	16	5	14	146	181
淮河干流（洪泽湖以上）	1	1	2	19	23
沙颍河流域	4	1	4	51	60
涡河	3	0	4	21	28

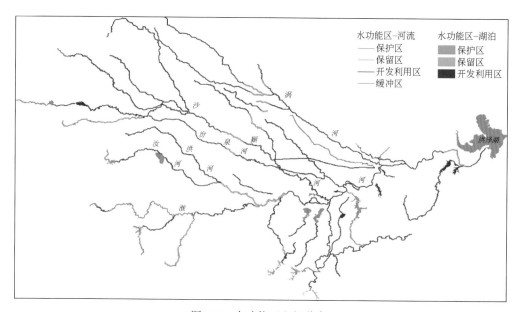

图 7-8　水功能区空间分布

2. 研究区水质状况

采用 2009～2013 年淮河流域水质监测资料，分析研究区各重点闸坝所在断面以上的水质情况。

（1）淮河干流

根据淮河干流水质监测情况，选取王家坝、鲁台子、蚌埠闸、小柳巷 4 个主要控制闸坝及站点的监测资料对控制断面的水质情况进行分析。

王家坝的水功能区水质目标为Ⅲ类，2009～2013 年高锰酸盐指数的监测次数达标率为 96.3%，氨氮的达标率为 89.0%。超标情况大部分出现在非汛期 1～4 月及 11～12 月，极少数超标情况出现在汛期。

鲁台子的水功能区水质目标为Ⅲ类，2009～2013 年高锰酸盐指数的监测次数达标率为 84.9%，氨氮的达标率为 84.2%，以高锰酸盐指数、氨氮两项指标计，综合达标率为 82.1%。超标情况多出现在 3～5 月及 12 月、1 月。

蚌埠闸的水功能区水质目标为Ⅲ类，2009～2013 年高锰酸盐指数的监测次数达标率为 99.3%，氨氮的达标率为 96.7%，以高锰酸盐指数、氨氮两项指标计，综合达标率为 96.0%。高锰酸盐指数的超标情况出现在 2010 年 6 月和 7 月，以及 2011 年 4 月，氨氮的超标情况均出现在每年的非汛期。

小柳巷的水功能区水质目标为Ⅲ类，2009～2013 年高锰酸盐指数的监测次数达标率为 99.8%，氨氮的达标率为 92.3%，以高锰酸盐指数、氨氮两项指标计，综合达标率为 92.1%。高锰酸盐指数的超标情况仅出现在 2013 年 3 月，氨氮的超标情况均出现在每年的非汛期。

（2）沙颍河水系

根据沙颍河水系水质监测情况，选取黄桥、周口、槐店、界首、耿楼、李坟、阜阳、颍上 8 个主要控制闸坝及站点的监测资料对控制断面的水质情况进行分析。

黄桥的水功能区水质目标为Ⅲ类，2009～2013 年高锰酸盐指数的监测次数达标率为 25.4%，氨氮的达标率为 65.5%，以高锰酸盐指数、氨氮两项指标计，综合达标率为 13.7%。高锰酸盐指数的超标情况较为普遍，氨氮 2012～2013 年超标情况有所好转。

周口的水功能区水质目标为Ⅲ类，2009～2013 年高锰酸盐指数的监测次数达标率为 39.6%，氨氮的达标率为 50.5%，以高锰酸盐指数、氨氮两项指标计，综合达标率为 25.3%。高锰酸盐指数的超标情况较为普遍，氨氮在非汛期超标较显著。

槐店的水功能区水质目标为Ⅲ类，2009～2013 年高锰酸盐指数的监测次数达标率为 29.9%，氨氮的达标率为 61.9%，以高锰酸盐指数、氨氮两项指标计，综合达标率为 20.3%。高锰酸盐指数的超标情况较为普遍，氨氮在非汛期超标较显著。

界首的水功能区水质目标为Ⅲ类，2009～2013 年高锰酸盐指数的监测次数达标率为 66.3%，氨氮的达标率为 53.0%，以高锰酸盐指数、氨氮两项指标计，综合达标率为 43.8%。高锰酸盐指数与氨氮在非汛期超标较显著。

耿楼的水功能区水质目标为Ⅲ类，2009～2013 年高锰酸盐指数的监测次数达标率为 64.3%，氨氮的达标率为 55.4%，以高锰酸盐指数、氨氮两项指标计，综合达标率为 46.4%。高锰酸盐指数与氨氮在非汛期超标较显著。

李坟的水功能区水质目标为Ⅳ类，2009～2013 年高锰酸盐指数的监测次数达标率为 68.6%，氨氮的达标率为 59.0%，以高锰酸盐指数、氨氮两项指标计，综合达标率为 50%。高锰酸盐指数与氨氮在非汛期超标较显著。

阜阳上的水功能区水质目标为Ⅳ类，2009～2013 年高锰酸盐指数的监测次数达标率为 95.9%，氨氮的达标率为 71.9%，以高锰酸盐指数、氨氮两项指标计，综合达标率为 68.9%。由于水质目标较低，高锰酸盐指数的达标情况较好，氨氮主要在非汛期超标。

颖上的水功能区水质目标为Ⅲ类，2009～2013年高锰酸盐指数的监测次数达标率为86%，氨氮的达标率为72%，以高锰酸盐指数、氨氮两项指标计，综合达标率为66.1%。高锰酸盐指数的超标情况主要集中在2009年和2011年洪水期前，氨氮在非汛期超标较显著。

沙颖河水系的白沙水库、白龟山水库、孤石滩水库水功能区水质目标均为Ⅱ类，近年来的水质监测资料表明，水库的高锰酸盐指数与氨氮两项指标的综合达标率均为100%，水质较好。

（3）涡河水系

根据涡河水系水质监测情况，选取玄武、东孙营、付桥、大寺、涡阳、蒙城6个主要控制闸坝及站点的监测资料对控制断面的水质情况进行分析。

玄武的水功能区水质目标为Ⅳ类，2009～2013年高锰酸盐指数的监测次数达标率为93.1%，氨氮的达标率为89.7%，以高锰酸盐指数、氨氮两项指标计，综合达标率为82.8%。高锰酸盐指数的超标情况出现在2012年9月和2013年5月，氨氮的超标情况出现在2009年的3月、8月及2013年2月。

东孙营的水功能区水质目标为Ⅳ类，2009～2013年高锰酸盐指数的监测次数达标率为86.3%，氨氮的达标率为19.8%，以高锰酸盐指数、氨氮两项指标计，综合达标率为19.0%。高锰酸盐指数的超标情况主要出现在非汛期，氨氮的超标情况较普遍。

付桥的水功能区水质目标为Ⅲ类，2009～2013年高锰酸盐指数的监测次数达标率为71.4%，氨氮的达标率为85.3%，以高锰酸盐指数、氨氮两项指标计，综合达标率为65.7%。高锰酸盐指数与氨氮的超标情况主要集中非汛期和汛期之前。

大寺的水功能区水质目标为Ⅳ类，2012～2013年高锰酸盐指数的监测次数达标率为93.6%，氨氮的达标率为55%，以高锰酸盐指数、氨氮两项指标计，综合达标率为52.9%。高锰酸盐指数和氨氮的超标情况主要出现在非汛期。

涡阳的水功能区水质目标为Ⅳ类，2009～2013年高锰酸盐指数的监测次数达标率为96.8%，氨氮的达标率为81.7%，以高锰酸盐指数、氨氮两项指标计，综合达标率为78.5%。高锰酸盐指数的超标情况主要集中在2012年的非汛期和汛期之前，氨氮的超标情况主要出现在非汛期。

蒙城的水功能区水质目标为Ⅲ类，2009～2013年高锰酸盐指数的监测次数达标率为68.5%，氨氮的达标率为57.7%，以高锰酸盐指数、氨氮两项指标计，综合达标率为40.3%。高锰酸盐指数和氨氮的超标情况主要出现在非汛期。

3. 重要水域水生态状况

（1）淮河干流

根据生态调查，淮河干流有浮游植物8门61属；浮游动物84属，其中原生动物 28 属，轮虫 35 属，枝角类 13 属，桡足类 8 属。底栖动物共调查到 4 门 20 目 41 科 86 属 94 种，其中环节动物 5 目 7 科 13 属 13 种，节肢动物 10 目 24 科 52 属 54 种，软体动物 4 目 9 科 20 属 26 种，线形动物 1 目 1 科 1 属 1 种。淮河流域浮游动植物、底栖生物的物种组成及数量分布受水质的影响较大。

淮河流域水生植物十分匮乏，零星分布，共计 18 种，隶属于 12 科，包括芦苇、鸭舌草、菹草、马来眼子菜、金鱼藻、轮叶黑藻等；共有 10 科 21 种鱼类，多为鲤科种类，鲢鱼、鳙鱼、鳊鱼、青鱼、草鱼、鳜鱼、红鲅等为淮河鱼类的主体。

淮河干流有安徽省二级保护动物长吻鮠（又称淮王鱼），长吻鮠在淮河中的产卵场和越冬场主要分布在淮河淮南段的峡山口、绵羊石和黑龙潭水域，生长水域主要分布在淮河淮南段。每年的 4~6 月是长吻鮠的繁殖季节和幼鱼生长时期。淮河干流有长吻鮠水产种质资源保护区两个：淮河淮南段长吻鮠国家级水产种质资源保护区和荆涂峡鲤长吻鮠国家级水产种质资源保护区（图 7-9）。

图 7-9　淮河干流长吻鮠水产种质资源保护区位置图

淮河淮南段长吻鮠国家级水产种质资源保护区总面积为 1000hm²，其中核心区面积 300hm²，实验区面积 700hm²。核心区特别保护期为每年 4 月 1 日~6 月 30 日。保护区位于安徽省淮南市凤台县李冲回族乡茅仙洞下至淮南市潘集区平圩镇淮河大桥段的淮河水域，全长 30km。核心区水域长度为 10km，面积为 300hm²，范围包括淮河西岸李冲回族乡石湾村耕地下、峡山口西岸、西淝河入淮口、谢郢村下淮河北岸、凤台淮河大桥西端、凤台淮河大桥东端、魏台孜淮河南岸、峡山口东岸半个山、茅仙洞下淮河东岸 9 个拐点顺序连线所围的水域。实验区水域总长度为 20km，水域面积为 700hm²，范围由凤台淮河大桥西端、三里湾、曹岗村下、下六坊东北角对岸、平圩淮河大桥北端、平圩淮河大桥南端、石头埠耿皇村淮河南岸、八公山孔集下皮叉路、凤台大山镇下淮河分叉口、凤台淮河大桥东端 10 个点范围内的水域（不包括上六坊、下六坊行蓄洪区土地）。主要保护对象是长吻鮠、江黄颡，其他保护物种包括细尾鮠、黄颡鱼、鲤、长春鳊等。

荆涂峡鲤长吻鮠国家级水产种质资源保护区总面积为 1671hm²，其中核心区面积为 753hm²，实验区面积为 918hm²。核心区特别保护期为每年 4 月 1 日～6 月 30 日。保护区位于安徽省怀远县淮河荆涂峡山口上下游及其两条支流（涡河、茨淮新河），全长为 32.9km。核心区全长为 10.7km，面积为 401hm²；实验区一位于涡河，从涡河倒八里至涡河入淮河口，全长为 10.7km，面积为 401hm²；实验区二位于淮河合徐高速公路淮河大桥至怀远县与蚌埠交界处，全长为 1km，面积为 74hm²；实验区三位于茨淮新河，从茨淮新河上桥闸至茨淮新河入淮河口，全长为 4.8km，面积为 244hm²；实验区四位于淮河，从淮河马城镇黄疃窑渡口至淮河荆山湖行洪区下口门，全长为 5.4km，面积为 199hm²。保护区主要保护对象是鲤、长吻鮠，其他保护物种包括四大家鱼、鲚、黄颡鱼、鲶、鳜、赤眼鳟、鲴、银鱼、翘嘴鲌、鳗鲡、虾类等。

根据历史调查资料，采用生态需水满足状况（综合规划确定的最小生态流量）、水功能区水质达标率、湖库富营养化指数、纵向连通性、重要湿地保留率、重要水生生境状况 6 项目指标综合衡量淮河干流生态状况的评价，淮河干流王家坝以上河段水生态类型表现为水量不足型，王家坝至小柳巷段表现为生态良好型。

（2）沙颍河水系

根据生态调查，沙颍河流域有浮游植物 8 门 109 属 345 种；浮游动物 128 属；底栖动物 4 门 14 目 54 科 89 种；鱼类 4 目 10 科 36 种。沙颍河生物多样性不高，水生态总体处于亚健康状态，底栖动物密度和生物量情况表明，沙颍河干流上游水生态状态要好于下游。

根据历史资料评价情况，沙颍河流域周口以上区域，水生态类型以复合失衡型为主，周口至入淮口河段水生态类型表现为污染破坏型。

（3）涡河水系

根据生态调查，涡河流域共有水生植物 27 种，隶属于 20 科 23 属；底栖动物主要包括 19 种；鱼类种类数为 53 种，隶属于 7 目 15 科 36 属。涡河水生植物种类并不丰富，最常见的物种为金鱼藻、喜旱莲子草和蘑草等。蒙城闸的修建对水生植物的组成、多样性影响显著，涡阳至蒙城段的多样性水平要显著高于蒙城至怀远段。由于闸坝的阻隔、水质影响、渔政管理工作跟不上、滥捕现象严重等，涡河部分鱼类（包括鳗鱼、银鱼、甲鱼等）已经绝迹。

根据历史资料评价情况，涡河上游河道水生态类型表现为污染破坏型，惠济河、大沙河以及涡河中下游河段水生态类型表现为复合失衡型。

4. 调控区段划分

本书选取淮河干流（洪泽湖以上）、沙颍河和涡河为淮河流域水质–水量–水生态联合调度示范区域。示范区域的闸坝调控目标为通过准确量化生态流量和优化闸坝调度，淮河流域洪泽湖以上研究河段关键断面的生态用水保证率从50%提高到75%。

关键断面确定为生态需水保障控制目标断面，根据流域河道水文条件、水质状况、水生态保护需求分析确定，淮河干流的主要调控区段为王家坝至蚌埠段，沙颍河为周口至颍上段，涡河为亳州至蒙城段。关键控制断面均为省界断面或流域代表性控制断面，区段上下边界均有对应水文站，包括淮河干流的王家坝、鲁台子、蚌埠、小柳巷以及沙颍河的界首、颍上共6个关键控制断面。

7.2.2 水生态需水保障关键指标与生态用水调控目标

1. 生态需水保障关键指标

（1）水质指标

在《地表水环境质量标准》中，依据地表水水域环境功能和保护目标，按水质标准的高低依次划分为五类：Ⅰ类主要适用于源头水、国家自然保护区；Ⅱ类主要适用于集中式生活饮用水地表水源地一级保护区、珍稀水生生物栖息地、鱼虾类产卵场、仔稚幼鱼的索饵场等；Ⅲ类主要适用于集中式生活饮用水地表水源地二级保护区、鱼虾类越冬场、洄游通道、水产养殖区等渔业水域及游泳区；Ⅳ类主要适用于一般工业用水区及人体非直接接触的娱乐用水区；Ⅴ类主要适用于农业用水区及一般景观要求水域。

对应地表水上述五类水域功能，将《地表水环境质量标准》基本项目标准值分为五类，不同功能类别分别执行相应类别的标准值。水域功能类别高的标准值严于水域功能类别低的标准值。同一水域兼有多类使用功能的，执行最高功能类别对应的标准值。实现水域功能与达标功能类别标准。

现阶段实行的最严格水资源管理制度考核办法中，水功能区达标考核的评价标准也是按照高锰酸盐指数和氨氮双指标对应的水功能区类别的水质标准进行达标评价的。

在确定生态需水保障的水质指标时，应参照水域使用功能所对应的水质类别要求执行。调度示范区的主要水域——淮河干流、沙颍河、涡河的调控区段以地表水功能区中的开发利用区为主，水域使用功能包括供水、水产养殖、农业灌溉、景观娱乐等，除排污控制区段未针对水功能区提出水质目标要求外，大多数河段的水功能区达标目标为Ⅲ～Ⅳ类。

因此，在选取生态需水的水质保障指标时，建议优先采用Ⅲ类水质要求的高锰酸盐指数和氨氮标准限值，现阶段达到Ⅲ类水质指标难度较大的河段，至少应采用Ⅳ类水质要求的高锰酸盐指数和氨氮标准限值。

（2）水量指标

生态需水具有阈值性，即针对不同的目标应设定不同的需水量下限，包括最小生态需水量和适宜生态需水量。河流最小生态需水量是指为维持现有河道生态系统不再恶化、保障河道天然生态系统关键物种不消亡，从而保证河道生态系统基本功能不严重退化，必须在河道中常年流动着的最小临界水量。河流最小生态环境需水量可以随河流特性、河段位置和时段范围变化，具有动态变化的特征，所以必须同时考虑其总水量和流量过程。

河流最小生态需水量最基本的功能是要维持河流水体的基本形态，保证其成为一个连续体。为保证现状水系生态至少维持现状而不再恶化，必须保证河段不断流，防止河道生态系统发生毁灭性的破坏。这就需要在河道内保留足够流量以维持低级生物链（如底栖动物和浮游动植物）的正常生长、繁殖，并为关键物种（如鱼类）提供最小的生存和活动空间。河道的航运要求不允许水生植物过度生长，因此在最小生态需水中不考虑植物的生态需水。同样地，在这种极端情况下也不考虑河道地貌塑造以及滨岸植被或湿地的维护。综上，最小生态需水量设定目标为：①不断流；②维持底栖动物和浮游动植物生长、繁殖的最小空间；③为鱼类提供最小生存空间。

不同的河流，其生态保护目标有不同的优先顺序。对淮河流域来说，一些小河由于径流较小，生态系统对河道水量的变化将更加敏感，但这类河段的规模较小，对整个流域的生态环境质量和沿岸群众的生产生活影响较小，且这类河段的最突出问题是经常断流，所以其生态保护目标是满足不断流的要求，维护河流连续性；对于中等支流来说，其对人类生产生活的重要性显著增加，除了保证不断流外，还需要满足目标②的控制要求；对于淮河水系的干流和主要支流来说，沿河两岸经济发达，其生态环境的质量将直接影响群众的生产生活及流域社会经济的和谐发展，因此宜给予较高的生态保护标准，在维持底栖动植物生长繁殖的同时还应为鱼类提供最小生存空间，即满足目标③的控制要求。

适宜生态需水量是指水生态系统衰退临界状态的水分条件，是为维持水体生物完整性的需水量。淮河流域生态系统的完整性可以体现在两类目标：①维持底栖动物和浮游动植物的正常生长、繁殖；②满足鱼类产卵、繁殖的最低要求。

与最小生态需水量同样，适宜生态需水量对于不同河流其保护目标也有不同优先顺序。小河需要满足其目标①的要求；大中河流则还需要结合其生态现状，因地制宜地提出各河段的适宜生态需水量保护标准。

2. 生态用水调控目标

根据前述淮河干流、沙颍河流域、涡河水质现状和生态流量现状调查分析成果，淮河干流大部分时段内都能保持一定的生态流量，因此具有足够的河宽、水深和流速维持水生生态的良好发展，淮河干流水质现状相对较好，对于淮河干流联合调度应以考虑保障生态流量为主；对于沙颍河、涡河应考虑保障水量、改善水质和促进水生态恢复的联合调度目标。

（1）水质调控目标

按照流域水功能区管理需求，根据流域规划实施情况，确定各目标断面的水质调控指标，各断面调控目标见表7-14。

表 7-14   重要控制断面水质指标限制　　　　　　　　（单位：mg/L）

河流	目标断面	所属水功能区	目标限值	高锰酸盐指数	氨氮浓度
淮河干流	王家坝	淮河豫皖缓冲区	Ⅲ	6	1.0
	鲁台子	淮河阜阳六安农业用水区			
	蚌埠	淮河蚌埠景观娱乐用水区	Ⅳ		
		淮河蚌埠滁州农业用水区	Ⅲ		
	小柳巷	淮河皖苏缓冲区			
沙颍河	界首	颍河豫皖缓冲区	Ⅲ		
	颍上	颍河阜阳六安农业用水区			

（2）水量调控目标

《河湖生态环境需水计算规范》（SL/Z 712—2014）中对河流控制断面年内不同时段值的计算推荐了以下几种方法：Tennant法、频率曲线法、河床形态分析法、湿周法、生物空间法、生物需求法等。根据方法的适用性分析，这几种方法均能在淮河流域应用。

在淮河流域的各项规划中已采用Tennant法、栖息地模拟法（类似于生物需求法）以及在Tennant法基础上衍生的"淮河法"确定了部分重要河流断面的生态流量。

《淮河流域综合规划（2012—2030年）》采用以Tennant法为基础的"淮河法"计算了部分河流断面的最小生态流量；《淮河流域水资源保护规划》（2016年）采用Tennant法计算了部分河流断面的生态流量；本书采用栖息地模拟法计算了生态调控断面的生态流量过程。各计算方法针对不同的生态环境功能保护要求，具体见表7-15。

表 7-15　已有的生态流量成果针对的生态环境功能保护要求

已有成果	保护要求
《淮河流域综合规划（2012—2030年）》采用以 Tennant 法为基础的"淮河法"计算了部分河流断面的最小生态流量	维持大多数水生生物短时间生存和鱼类的最小需水空间
《淮河流域水资源保护规划》（2016年）采用 Tennant 法计算了部分河流断面的生态流量	维持河流基本形态和基本生态功能
采用栖息地模拟法计算了生态调控断面的生态流量过程	保护特定指示物种的生境，淮河干流保护长吻鮠的生境

　　沙颍河、涡河的生态保护目标为基本生态功能，因此结合"淮河法"最小生态流量过程、Tennant 法、湿周法、栖息地模拟法四种方法的成果，采用各方法流量过程的外包值确定生态流量，详细计算结果见表 7-16 ~ 表 7-22。

表 7-16　示范区域调控关键断面生态流量调控目标　　（单位：m³/s）

河流	控制断面	生态流量		
		10月至次年3月	4~5月	6~9月
淮河干流	王家坝	16.14	4月：62.97 5月：59.44	35.00
	鲁台子	22.8	33.8	82.1
	蚌埠	48.35	4月：172.78 5月：188.81	96.20
	小柳巷	48.35	54.60	111.00
沙颍河	界首	5.50	5.80	20.40
	颍上	7.40	7.60	22.60

表 7-17　淮河干流王家坝断面生态流量成果　　（单位：m³/s）

控制断面	成果	1月	2月	3月	4月	5月	6月	7月	8月	9月	10月	11月	12月
王家坝	综合规划	10.90	10.90	10.90	18.50	18.50	35.00	35.00	35.00	35.00	10.90	10.90	10.90
	保护规划	16.14	16.14	16.14	18.50	18.50	35.00	35.00	35.00	35.00	16.14	16.14	16.14
	栖息地模拟法	3.20	5.99	7.92	62.97	59.44	21.54	17.44	18.72	7.45	6.51	1.69	3.81
	湿周法	4.82	4.82	4.82	4.82	4.82	4.82	4.82	4.82	4.82	4.82	4.82	4.82
外包值成果		16.14	16.14	16.14	62.97	59.44	35.00	35.00	35.00	35.00	16.14	16.14	16.14

表 7-18　淮河干流鲁台子断面生态流量成果　　（单位：m³/s）

控制断面	成果	1月	2月	3月	4月	5月	6月	7月	8月	9月	10月	11月	12月
鲁台子	综合规划	22.80	22.80	22.80	33.80	33.80	82.10	82.10	82.10	82.10	22.80	22.80	22.80
外包值成果		22.80	22.80	22.80	33.80	33.80	82.10	82.10	82.10	82.10	22.80	22.80	22.80

表 7-19　淮河干流蚌埠断面生态流量成果　　　　（单位：m³/s）

控制断面	成果	1月	2月	3月	4月	5月	6月	7月	8月	9月	10月	11月	12月
蚌埠	综合规划	24.80	24.80	24.80	47.50	47.50	96.20	96.20	96.20	96.20	24.80	24.80	24.80
	保护规划	48.35	48.35	48.35	48.35	48.35	96.20	96.20	96.20	96.20	48.35	48.35	48.35
	栖息地模拟法	17.92	22.22	28.22	172.78	188.81	70.62	64.22	66.55	51.70	45.31	8.87	23.69
	湿周法	4.19	4.19	4.19	4.19	4.19	4.19	4.19	4.19	4.19	4.19	4.19	4.19
外包值成果		48.35	48.35	48.35	172.78	188.81	96.20	96.20	96.20	96.20	48.35	48.35	48.35

表 7-20　淮河干流小柳巷断面生态流量成果　　　　（单位：m³/s）

控制断面	成果	1月	2月	3月	4月	5月	6月	7月	8月	9月	10月	11月	12月
小柳巷	综合规划	28.50	28.50	28.50	54.60	54.60	111.00	111.00	111.00	111.00	28.50	28.50	28.50
	保护规划	48.35	48.35	48.35	54.60	54.60	111.00	111.00	111.00	111.00	48.35	48.35	48.35
	湿周法	9.10	9.10	9.10	9.10	9.10	9.10	9.10	9.10	9.10	9.10	9.10	9.10
外包值成果		48.35	48.35	48.35	54.60	54.60	111.00	111.00	111.00	111.00	48.35	48.35	48.35

表 7-21　沙颍河界首断面生态流量成果　　　　（单位：m³/s）

控制断面	成果	1月	2月	3月	4月	5月	6月	7月	8月	9月	10月	11月	12月
界首	综合规划	5.50	5.50	5.50	5.80	5.80	16.70	16.70	16.70	16.70	5.50	5.50	5.50
	保护规划	5.50	5.50	5.50	5.80	5.80	20.40	20.40	20.40	20.40	5.50	5.50	5.50
	湿周法	2.49	2.49	2.49	2.49	2.49	2.49	2.49	2.49	2.49	2.49	2.49	2.49
外包值成果		5.50	5.50	5.50	5.80	5.80	20.40	20.40	20.40	20.40	5.50	5.50	5.50

表 7-22　沙颍河颍上断面生态流量成果　　　　（单位：m³/s）

控制断面	成果	1月	2月	3月	4月	5月	6月	7月	8月	9月	10月	11月	12月
颍上	综合规划	7.40	7.40	7.40	7.60	7.60	22.60	22.60	22.60	22.60	7.40	7.40	7.40
外包值成果		7.40	7.40	7.40	7.60	7.60	22.60	22.60	22.60	22.60	7.40	7.40	7.40

7.3　闸坝水质–水量–水生态多目标调控能力识别研究

7.3.1　闸坝调控能力评价指标体系

1. 指标选取的原则

闸坝对河流水质–水量–水生态的影响涉及面较广，因此考虑的因素较多，选取指标时应遵循一定的原则。

1）科学合理性：在科学系统分析闸坝对河流水质水量作用机理的基础上选取评价指标，每个评价指标都应有明确的科学内涵。

2）系统完整性：选取的指标应能构成完整的评价指标体系，并能充分反映评价区域闸坝对河流水质水量的影响。

3）可获取性：选取的评价指标不能过于复杂、烦琐而难以量化计算，应充分考虑通过统计资料和监测资料获取评价指标数据的可能性。

4）时效性：评价指标不仅要包含能反映闸坝对河流水质水量影响状况的动态过程评价量，其本身的指标属性还要具有因时间变化而导致状态变化的应对能力。

2. 指标体系构建的原则

在建立评价指标体系时应遵循以下原则。

1）保序性原则：从定性角度分析，删除对评价指标序位不敏感或基本不产生影响的指标，这是对已建立的预选评价指标集进行筛选的根本原则。

2）客观性原则：对指标体系进行相关性分析，删除具有明显相关性的次要指标，避免数据所反映的信息重叠。

3）协调性原则：主要针对评价指标体系中相互矛盾的指标。要求所建立的指标集中各指标之间的矛盾不是绝对排斥的，要具有相容或并存的可能性。

3. 指标的选取及计算说明

评估目标是闸坝调控对河流水质–水量–水生态的影响情况，在这个评估目标下，分成了四个准则层指标，包括水量、水质、管理情况、传播因素。

四个准则层指标下又细分成七个一级指标，包括闸坝可调水量、水闸可调水环境余量、闸坝管理情况、闸坝建筑物现状工况、闸坝应急处置能力、调水传播时间、闸坝上下游取用水情况。

具体指标体系的建立见图 7-10。

根据构建的闸坝调控能力评价指标体系，所选指标的定义、选取依据及相关计算如下。

（1）闸坝可调水量

在某一时刻，闸坝前蓄水量一定，根据闸坝用于调度的水位下限和闸坝的库容曲线，结合闸坝前蓄水量可求得此时闸坝前可用于调度的水量；闸坝调度需要一定的时间，而期间的上游来水量同样可作为闸坝的可调度水量。因此，用于表征闸坝的调水能力主要包括闸坝前蓄水量 W_1、可调度水位下限 H 和调度期间上游来水流量 q 三个具体指标值。

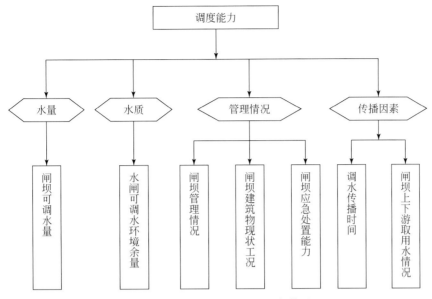

图 7-10　闸坝调控能力评价指标体系

可调度水位下限表示闸坝可控制的水位下限，一般为水库的死水位或者闸门的底板高程，与闸坝前蓄水量相结合即可算出当前闸坝所蓄积的可用于调度的水量；上游来水流量表示在一定时间内闸坝所接受的入库流量，上游来水流量 q 与调度时间相乘可得到调度期间新入库的上游来水量，与闸坝所蓄积的可调度水量一起作为闸坝可调度水量 W，可采用式（7-1）计算：

$$W = W_1 - W_2 + 8.64 \times q \times \Delta t \tag{7-1}$$

式中，W 为闸坝可调度水量（万 m^3）；W_1 为闸坝前蓄水量（万 m^3）；W_2 为闸坝前不可调度蓄水量（万 m^3），可通过闸坝的库容曲线由可调度水位下限 H 求得；q 为上游来水流量（m^3/s）；Δt 为闸坝调度时间（天）；8.64 为单位换算系数。

（2）水闸可调水环境余量

闸坝前可调水能够容纳污染物的能力主要受闸坝蓄水量和水质的影响。调度过程中，闸坝前可调水的水质越好，闸坝可调度能力越强，反之则越弱。可调水环境余量由目标水质对应的污染物浓度与当前污染物浓度的差值确定，可采用式（7-2）计算：

$$R = 100W(C_0 - C_1) \tag{7-2}$$

式中，R 为闸坝水环境余量（t）；W 为闸坝前可调水量（万 m^3）；C_0 为目标水质（所要达到的水质）（mg/L）；C_1 为闸坝前蓄水水质（mg/L）；100 为单位换算系数。

（3）闸坝管理情况

在闸坝调度时，考虑闸坝主管部门及管理单位内部情况，不同级别、不同行业的主管部门对调令的执行能力不同。根据闸坝主管部门及管理单位内部情况对调令下达到执行经过的部门节点数对闸坝管理情况进行评分，满分为 5 分。评分细则：

①参与淮河流域联合调度的闸坝对调令的响应最快,评5分;②从调令下达到执行需要经过一级部门,如主管单位为省级水利部门/水库管理局的闸坝等,评4分;③从调令下达到执行需要经过两级部门,如主管单位为市级水利局/水库管理局的闸坝等,评3分;④从调令下达到执行需要经过三级部门,如主管单位为县级水利局/水库管理局的闸坝等,评2分;⑤对调令的响应缓慢的,如主管单位为非水利系统所辖机构的闸坝等,评1分。

（4）闸坝建筑物现状工况

闸坝建设时间,维修情况及现状运行状态等均对闸坝的调度运行能力产生影响。根据闸坝建筑物实际情况进行计分,满分为5分。计分细则:①闸坝表面无磨损、冲刷、老化、剥蚀或裂纹等现象,闸门门体、主梁、支臂、纵梁等构件无明显变形、位置偏差,计1分;②基础、伸缩缝及建筑物本身无明显渗漏或绕坝渗流,计1分;③拦污栅、清污设备工作可靠,拦污栅无堵塞,栅条完整,无变形,计1分;④闸门门槽混凝土无明显剥蚀,对闸门安全运行无影响,计1分;⑤启闭设备有可靠的电源,其受力结构、动力机构、传动机构、启闭机构、锁定机构及安全控制装置的功能完整可靠,操作电气柜整洁,开关、闸刀及继电器动作可靠,信号灯、表计指示正确,电线电缆、启闭电机绝缘良好,计1分。

（5）闸坝应急处置能力

根据事故应急响应时效、有无应急预案等进行计分,满分为5分。计分细则:①应急预案完整,责任落实到人,计1分;②预警系统、通信手段等设备完善,计1分;③具备健全的事故、突发事件抢修机制和应急机制,突发事件能够及时处理,计1分;④应对突发事件的抢修工具、照明设施齐全并有专人保管,定期进行检查和试验,处于完好可用状态,能保证突发事件出现时快速组织抢修与处理,计1分;⑤定期举办应急预案培训和演习,计1分。

（6）调水传播时间

闸门开启后,调水到达控制断面所需时长。

（7）闸坝上下游取用水情况

沿河道取用水直接决定所调水量能否有效到达需水河段。根据调水沿程生活、城镇、工业取用水分布情况综合进行评分,满分5分。根据取水量占单位时间目标调水量的浮动比值,等比例从高到低赋分,取用水量占调水量最高的赋1分,取用水量占调水量最低的赋5分,其他分按照比例逆序分别等差赋分。

7.3.2　指标权重的确定

采用专家调查法,确定各评价指标的权重,受邀专家为闸坝调度专家、学者及闸坝运行管理专业人员，进行统计分析得出闸坝调控能力评价指标权重，见表 7-23。

表 7-23　闸坝调控能力评价指标权重

指标	权重
闸坝可调水量	0.20
水闸可调水环境余量	0.15
闸坝管理情况	0.11
闸坝建筑物现状工况	0.13
闸坝应急处置能力	0.12
调水传播时间	0.16
闸坝上下游取用水情况	0.13

7.3.3　闸坝调控能力评价方法

综合评价是对一个复杂系统的多个指标信息，采用定量方法，对数据进行加工和提炼，以求得其优劣等级的一种评价方法。综合评价系统主要包含两个要素：首先是指标体系（属性集），指描述评价对象功能的量；其次是评价方法，对多指标系统中的不同对象，无法直接比较其优劣，必须借助某种评价方法，将多指标系统转化成单指标系统，再进行对比。

常用的综合评价方法有很多，如模糊综合评价法、人工神经网络法、主成分分析法、数据包络分析法、距离综合评价（technique for order performance by similarity to ideal solution，TOPSIS）法、层次分析法、秩和比法、灰色关联度法、专家系统评价法等（解阳阳，2017；樊贤璐和徐国宾，2018；Zhang et al.，2018）。每一种评价方法都包含两方面内容：一方面提供解决属性之间不可公度问题的方法；另一方面是构建一个纯量实多元函数，用以权衡评价对象的综合效用或综合水平，称为价值函数或评价函数。这一函数集既可反映每个属性的价值取向，又可区别各个属性的重要程度。

由于决定闸坝调控能力的因素有很多，有水质、水量以及管理情况等，管理情况本质上是模糊的，无法精确描述。模糊综合评价法可以针对模糊情况进行处理，从而对闸坝做出模糊性评价；层次分析法能够将定量和定性化操作结合，从项目整体和系统的角度，评价闸坝和水库的调度能力；TOPSIS 法能够将计算简化，使用简单的方法快速计算出结果。因此，本研究选用层次分析法、TOPSIS 法、模糊综合评价法同时对闸坝调控能力进行评估，并将三种方法的评价结果对比分析，得出闸坝调控能力的综合评价结果。

1. 层次分析法

层次分析法是美国匹兹堡大学教授 A. L. Saaty 于 20 世纪 70 年代提出的一种系统分析方法（金菊良等，2004）。层次分析法综合定性与定量分析，模拟人的决策思维过程，来对多因素复杂系统，特别是难以定量描述的社会系统进行分析，具有思路清晰、方法简便、适用面广、系统性强等特点，便于普及推广。将层次分析法引入决策，是决策科学化的一大进步，它最适宜于解决那些难以完全用定量方法进行分析的公共决策问题，是分析多目标、多准则的复杂公共管理问题的有力工具。层次分析法将人们的思维过程和主观判断数学化，不仅简化了系统分析与计算工作，而且有助于决策者保持其思维过程和决策原则的一致性，对于那些难以全部量化处理的复杂问题，能得到比较满意的决策结果。

层次分析法能够将影响总目标的主观因素和客观因素有效地结合起来，评价出最终的结果。其特点是把复杂问题中的各种因素通过划分为相互联系的有序层次，使之条理化，根据对一定客观现实的主观判断结构（主要是两两比较）把专家意见和分析者的客观判断结果直接而有效地结合起来，首先将一层次元素两两比较的重要性进行定量描述，然后利用数学方法计算反映每一层次元素的相对重要性次序的权值，通过所有层次之间的总排序计算所有元素的相对权重并进行排序。对闸坝调控能力的评价是由多级指标构成的，且在指标中涉及主观评估和客观因素，因而适合使用层次分析法。

具体来说，层次分析法计算步骤如下。

1）通过对系统的深刻认识，确定该系统的总目标，弄清规划决策所涉及的范围，所要采取的措施方案和政策，实现目标的准则、策略和各种约束条件等，广泛地收集信息。

2）建立一个多层次的递阶结构，按目标的不同、实现功能的差异，将系统分为几个等级层次。

3）确定以上递阶结构中相邻层次元素间相关程度。通过构造两两比较判断矩阵及矩阵运算的数学方法，确定对于上一层次的某个元素而言，本层次中与其相关元素的重要性排序。

4）计算各层元素对系统目标的合成权重，进行总排序，以确定递阶结构图中最底层各个元素在总目标中的重要程度。

5）根据分析计算结果，考虑相应的决策。

层次分析法权重计算步骤如下。

1）构造比较判断矩阵。判断矩阵的构造是在同一个指标的各下级指标之间构造。构造出的判断矩阵主要用来计算获得各个指标相对于上一级指标的权重，判断矩阵内的数据表示各个指标的相对重要性。设某层次有 n 个指标 B_1，B_2，B_j，$\cdots$，B_n，同属于上一级指标 A，见图 7-11。

图 7-11　层次分析结构

对于矩阵中的数据，主要表示各个指标，即 B_1，B_2，B_j，$\cdots$，B_n，两两之间的相对重要性。这些重要性主要通过专家比较或者决策者采用调查法获得。运用"两两比较法"比较 n 个指标中两个指标对上一级 A 指标的相对重要程度，做出如图 7-12 所示的比较判断矩阵。其中 a_{ij} 表示指标 B_i 比 B_j 对 A 指标相对重要程度的数值。

A	B_1	B_2	$\cdots$	B_j	$\cdots$	B_n
B_1	a_{11}	a_{12}	$\cdots$	a_{1j}	$\cdots$	a_{1n}
B_2	a_{21}	a_{22}	$\cdots$	a_{2j}	$\cdots$	a_{2n}
$\vdots$	$\vdots$	$\vdots$	$\vdots$	$\vdots$	$\vdots$	$\vdots$
B_j	a_{j1}	a_{j2}	$\cdots$	a_{jj}	$\cdots$	a_{jn}
$\vdots$	$\vdots$	$\vdots$	$\vdots$	$\vdots$	$\vdots$	$\vdots$
B_n	a_{n1}	a_{n2}	$\cdots$	a_{nj}	$\cdots$	a_{nn}

图 7-12　判断矩阵

得到比较矩阵 A，A 矩阵具有如下性质：

$$\begin{cases} A = \left[a_{ij} \right]_{n \times n} \\ a_{ij} = 1 & (i=j) \\ a_{ij} = \dfrac{1}{a_{ij}} & (i \neq j) \end{cases} \tag{7-3}$$

通常 a_{ij} 取 1，3，5，7，9 或 2，4，6，8 及其倒数，称为标度值，其含义见表 7-24。

表 7-24　比较判断矩阵元素的含义

标度值	含义
9	一个比另一个极为重要
7	一个比另一个重要得多
5	一个比另一个重要

标度值	含义
3	一个比另一个稍重要
1	两个指标同样重要
1/3	一个比另一个稍次要
1/5	一个比另一个次要
1/7	一个比另一个次要得多
1/9	一个比另一个极为次要
2，4，6，8，1/2，1/4，1/6，1/8	表示一个指标相对另一个指标的重要程度处于相邻奇数之间或相邻倒数之间

2）计算判断矩阵的最大特征值。层次分析法中各指标的权重，实际上是一种重要性的定量对比，即采用判断矩阵最大特征值，对应的特征向量所占的比重作为各指标的权重，因而必须计算判断矩阵最大的特征值和对应的特征向量。为此，求解方程式可以得到判断矩阵的特征值：

$$|A-\lambda I|=0 \tag{7-4}$$

经过求解，得到参数 λ 的 n 个解 λ_1，λ_2，$\cdots$，λ_n，称为矩阵 A 的 n 个特征根。式中，A 为比较判断矩阵；I 为单位矩阵。从 n 个特征根中挑出最大解 λ_{max}，再计算如下特征方程：

$$AX=\lambda_{max}X \tag{7-5}$$

解得特征向量 $X=(x_1,x_2,x_3,\cdots,x_n)$。

3）计算各指标相对于上一级指标的权重。经过第二步的计算，得到判断矩阵最大特征值所对应的特征向量。各级指标相对于上一级指标的重要性，即是该最大特征向量对应的各个分量所占的比重。指标 B_1，B_2，B_j，$\cdots$，B_n 的权重向量计算如下：

$$w=\left(x_1\bigg/\sum_{i=1}^{n}x_i,x_2\bigg/\sum_{i=1}^{n}x_i,\cdots,x_n\bigg/\sum_{i=1}^{n}x_i\right)=(w_1,w_2,\cdots,w_n) \tag{7-6}$$

上述即计算各指标的相对权重系数的方法，虽然比较精确，但计算复杂。有学者提出其他近似算法，可以简便地计算权重系数。下面介绍两种常用的方法。

和积法，顾名思义是对"积"的求和。该方法的计算步骤如下：

对判断矩阵 A 进行列规范化

$$\bar{a}_{ij}=\frac{a_{ij}}{\sum_{i=1}^{n}a_{ij}} \quad (i,j=1,2,\cdots,n) \tag{7-7}$$

对规范化之后判断矩阵，按行相加得和数

$$\overline{w}_i = \sum_{j=1}^{n} \overline{a}_{ij} \quad (i = 1, 2, 3, \cdots, n) \tag{7-8}$$

再规范化，即得权重系数。

方根法，顾名思义是对"积"的求根。该方法的计算步骤如下：

对判断矩阵按行元素求积，再求 $1/n$ 次幂

$$\overline{w}_i = n\sqrt{\prod_{j=1}^{n} a_{ij}} \quad (i, j = 1, 2, \cdots, n) \tag{7-9}$$

对求解之后的 $\overline{w}_i$ 进行规范化，即得权重系数

$$\overline{w}_i = \frac{\overline{w}_i}{\sum_{j=1}^{n} \overline{w}_i} \tag{7-10}$$

4) 一致性检验。一致性检验是用来计算并检查评价者对多属性的评价是否一致。由于客观事物的复杂性及评价者认识的局限性，可能会发生判断不一致，需要进行一致性检验。如果评价最终的结果是完全一致时，应该存在如下关系：

$$a_{ik} = a_{ij} a_{jk} \tag{7-11}$$

反之，就是不一致。在现实生活中，不一致现象是很常见的，因而必须确定一个能被接受的不一致范围。当判断完全一致时，应该有 $\lambda_{max} = n$。根据以往资料，可以定义一致性指标 CI 为

$$\mathrm{CI} = \frac{\lambda_{max} - n}{n - 1} \tag{7-12}$$

当判断对象一致时，CI = 0；不一致时，一般 $\lambda_{max} > n$。因此，一般情况下 CI>0。为衡量 CI 值可否被接受，Saaty 引入随机一致性指标 RI。随机一致性指标 RI 和判断矩阵的阶数有关，一般情况下，矩阵阶数越大，出现一致性随机偏离的可能性也越大，其对应关系见表 7-25。

表 7-25 随机一致性指标 RI 标准值

N	3	4	5	6	7	8	9	10	11
RI	0.58	0.9	1.12	1.24	1.32	1.41	1.45	1.49	1.51

如表 7-25 所示，定义满足如下条件：

$$\frac{\mathrm{CI}}{\mathrm{RI}} < 0.1 \tag{7-13}$$

就认为所得比较矩阵的判断可以接受。

为了降低专家主观因素对所得结果的影响，可以请多位专家作比较判断矩阵，再分别计算每一位评价者对指标所给权重，最后取所有评价者对同一指标所给权重的算术平均值或几何平均值，并进行归一化处理，得到各指标权重。

2. TOPSIS 法

TOPSIS 法是系统工程中有限方案多目标决策分析的一种常用方法（卢方元，2003）。该方法基于归一化后的原始数据矩阵，找出有限方案中的最优方案和最劣方案（分别用最优向量和最劣向量表示），然后分别计算评价对象与最优方案和最劣方案的距离，获得各评价对象与最优方案的相对接近程度，以此作为评价优劣的依据。TOPSIS 法对原始数据的信息利用最为充分，其结果能精确地反映各评价方案之间的差距，同时对数据分布及样本含量，指标多少没有严格的限制，数据计算简单易行。不仅适合小样本资料，也适合多评价对象、多指标的大样本资料。

使用 TOPSIS 法评价闸坝调控能力，从闸坝调控能力评价指标中（闸坝的属性），找出最优的各属性和最劣的各属性，分别组合形成两个虚拟的最优闸坝和最劣闸坝。

TOPSIS 法计算过程如下：

假设一多属性决策问题有 m 个备选方案 A_1，A_2，$\cdots$，A_m，同时有 n 个决策属性（指标）R_1，R_2，$\cdots$，R_n，其评价值构成决策矩阵，见表 7-26。

表 7-26 决策矩阵

指标	R_1	R_2	$\cdots$	R_n
A_1	x_{11}	x_{12}	$\cdots$	x_{1n}
A_2	x_{21}	x_{22}	$\cdots$	x_{2n}
$\vdots$	$\vdots$	$\vdots$	$\vdots$	$\vdots$
A_m	x_{m1}	x_{m2}	$\cdots$	x_{mn}

1）计算规范决策矩阵。规范值为

$$n_{ij} = \frac{x_{ij}}{\sqrt{\sum_{i=1}^{m} x_{ij}^2}} \quad (i = 1, 2, \cdots, m; \, j = 1, 2, \cdots, n) \tag{7-14}$$

2）计算加权规范决策矩阵。其加权值为

$$v_{ij} = \omega_j \cdot n_{ij} \quad (\omega_j \text{ 为 } R_j \text{ 的权重}, \sum_{j=1}^{n} \omega_j = 1) \tag{7-15}$$

3）确定正理想解和负理想解：

$$A^+ = \{v_1^+, v_2^+, \cdots, v_n^+\} = \{(\max v_{ij} \mid j \in I), (\min v_{ij} \mid j \in I)\} \tag{7-16}$$

$$A^- = \{v_1^-, v_2^-, \cdots, v_n^-\} = \{(\min v_{ij} \mid j \in I), (\max v_{ij} \mid j \in I)\} \tag{7-17}$$

式中，I 为效益型属性；j 为成本型属性。

4）计算某个方案与正理想解和负理想解的分离度：

$$d_i^+ = \sqrt{\sum_{j=1}^n \left(v_{ij} - v_j^+ \right)^2} \tag{7-18}$$

$$d_i^- = \sqrt{\sum_{j=1}^n \left(v_{ij} - v_j^- \right)^2} \tag{7-19}$$

5）计算备选方案与正理想解的相对接近度：

$$r_i^* = \frac{d_i^-}{d_i^+ + d_i^-} \quad (i = 1, 2, \cdots, m) \tag{7-20}$$

6）根据 r_i^*，由大到小对备选方案排序。

在应用 TOPSIS 法对闸坝调度能力评价时，可以将 r_i^* 作为闸坝最终的调度能力值，取值为 $0 \sim 1$。

3. 模糊综合评价法

自 1965 年美国控制论专家 L. A. Zadeh 在 *Information and Control* 发表开创性论文 *Fuzzy Sets* 后，模糊综合评价法逐步开始推广应用（熊德国和鲜学福，2003）。该方法主要是应用模糊关系合成原理，将现实存在的各种模糊问题中的一些边界不清、不易定量的因素定量化，然后进行综合评价。在模糊综合评价法中指标权重是由专家根据自己的经验和对实际的判断主观确定的。选取的专家不同，得出的权重也不同，从而得到的评价结果也各异。因此经常把模糊综合评价法与其他方法结合起来使用，如与层次分析法结合，利用层次分析法来获取各指标权重，或与熵权法、灰色关联度法结合起来，从而提高模糊综合评价法的效果。

模糊综合评价是考虑多种因素的影响，运用模糊数学工具对某事物进行综合评价。设 $U = \{u_1, u_2, \cdots, u_m\}$ 为被评价对象的 m 种因素，$V = \{v_1, v_2, \cdots, v_n\}$ 为每一因素所处状态（如取值、评级打分）的 n 种评判。这里存在两类模糊集，一类是标志因子集 U 中各因子在评价目标闸坝调控能力时在人们心目中的重要程度的量，表现为因素集 U 上的模糊权重向量 $\boldsymbol{W} = (w_1, w_2, \cdots, w_m)$；另一类是 $U \times V$ 上的模糊关系，表现为 $m \times n$ 阶模糊矩阵 $\boldsymbol{R}$，这两类模糊集都是人们价值观念或偏好结构的反映。对这两类模糊集加以特定的模糊运算，便得到 V 上的一个模糊子集 $S = \{s_1, s_2, \cdots, s_n\}$。

因此，模糊综合评价就是寻找模糊权重向量 $\boldsymbol{W} = [w_1, w_2, \cdots, w_m]$，以及一个从 U 到 V 的模糊变换 f，即对每一因素 u_i，单独做出一个模糊判断 $f(u_i) = (r_{i1}, r_{i2}, \cdots, r_{im})$。据此构建模糊矩阵 $\boldsymbol{R}$。

模糊综合评价的具体流程见图 7-13。

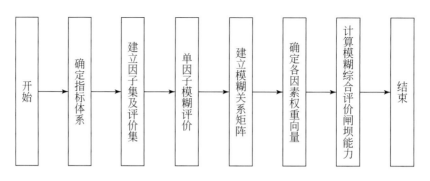

图 7-13　模糊综合评价的具体流程

7.4　闸坝水质－水量－水生态多目标调控能力评估

7.4.1　重点闸坝选取

根据实际调度可操作性、后期工作可续性，本书选定调度研究区 18 座大型水库、20 座大型水闸作为重点调控闸坝。

所选取水库包括沙颍河水系的白沙水库、白龟山水库、孤石滩水库、昭平台水库；洪汝河水系的板桥水库、石漫滩水库、宿鸭湖水库、薄山水库；淮河以南水系的白莲崖水库、佛子岭水库、磨子潭水库、响洪甸水库、鲇鱼山水库、梅山水库、南湾水库、泼河水库、石山口水库、五岳水库。

所选取水闸包括淮河干流的临淮岗闸、蚌埠闸；沙颍河水系的大陈闸、耿楼闸、阜阳闸、化行闸、周口闸、槐店闸、黄桥闸、贾鲁河闸、马湾拦河闸、逍遥闸、颍上闸；洪汝河水系的河坞闸、杨庄拦河闸；涡河水系的玄武闸、付桥闸、大寺闸、涡阳闸、蒙城闸。

7.4.2　评估河段

根据确定的生态控制断面，按流域及生态控制断面对闸坝进行划分，总共得到 5 个评估河段，并对 5 个评估河段的调度能力进行分析。评估河段划分见表 7-27。

表 7-27 评估河段划分

范围编号	控制断面	所含闸坝	所在河流
L1	界首以上	昭平台水库、白龟山水库、大陈闸、马湾拦河闸、孤石滩水库、周口闸	沙河
		白沙水库、化行闸、逍遥闸、黄桥闸	颖河
		周口闸、槐店闸	沙颖河
L2	颖上以上	昭平台水库、白龟山水库、大陈闸、马湾拦河闸、孤石滩水库、周口闸	沙河
		白沙水库、化行闸、逍遥闸、黄桥闸	颖河
		周口闸、槐店闸、耿楼闸、阜阳闸、颖上闸	沙颖河
L3	鲁台子以上	临淮岗	淮河干流
		南湾水库、石山口水库、五岳水库、泼河水库、梅山水库、鲇鱼山水库、磨子潭水库、白莲崖水库、佛子岭水库、响洪甸水库	淮干以南河流
		板桥水库、薄山水库、宿鸭湖水库、河坞闸、石漫滩水库、杨庄拦河闸	洪汝河
		昭平台水库、白龟山水库、大陈闸、马湾拦河闸、孤石滩水库、周口闸、白沙水库、化行闸、逍遥闸、黄桥闸、周口闸、槐店闸、阜阳闸、颖上闸	沙颖河
L4	蒙城以上	玄武闸、付桥闸、大寺闸、涡阳闸、蒙城闸	涡河
L5	蚌埠以上	临淮岗、蚌埠闸	淮河干流
		南湾水库、石山口水库、五岳水库、泼河水库、梅山水库、鲇鱼山水库、磨子潭水库、白莲崖水库、佛子岭水库、响洪甸水库	淮干以南河流
		板桥水库、薄山水库、宿鸭湖水库、河坞闸、石漫滩水库、杨庄拦河闸	洪汝河
		昭平台水库、白龟山水库、大陈闸、马湾拦河闸、孤石滩水库、周口闸、白沙水库、化行闸、逍遥闸、黄桥闸、周口闸、槐店闸、阜阳闸、颖上闸	沙颖河
		玄武闸、付桥闸、大寺闸、涡阳闸、蒙城闸	涡河

7.4.3 闸坝调控能力评估

通过对各生态控制断面生态需水不能满足时段的分析，选取典型时段及典型河段，运用三种方法对闸坝的调控能力进行评估。评价时段为 2016 年 4 月 6 日，评价区域可分为界首以上闸坝，包括周口闸、槐店闸、昭平台水库、孤石滩水库、白龟山水库和白沙水库；颖上以上闸坝，包括周口闸、槐店闸、耿楼闸、阜阳闸、颖上闸、昭平台水库、孤石滩水库、白龟山水库和白沙水库。

（1）层次分析法评估应用

由闸坝可调水量、水闸可调水环境余量、闸坝管理情况、闸坝建筑物现状工况、闸坝应急处置能力、调水传播时间、闸坝上下游取用水情况七个指标评价构成层次分析法的指标层，方案层则为所有重点闸坝的调控能力。层次分析法的目标层次是最优调控能力闸坝，最终的结果可以评价出各个闸坝的具体调控能力。具体的层次分析评估结构见图 7-14。

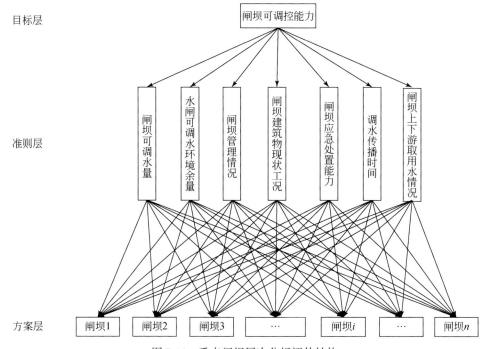

图 7-14　重点闸坝层次分析评估结构

首先使用专家经验法获得准则层的各个指标的相对重要性，进而获得各指标在总目标中所占的比例，然后采用和积法计算准则层各个指标相对于总目标的权重。最后对方案层各闸坝的具体指标进行归一化处理。

指标归一化处理公式为

$$x_i = \frac{x_i - \min}{\max - \min} \quad (i = 1,2,4,5,6,7) \tag{7-21}$$

式中，x_1，x_2，$\cdots$，x_7 为各指标；min 和 max 分别为该项指标在所有重点闸坝中的最小值和最大值。

经过计算可得到各个闸坝的调控能力，归一化到 0～1 的数值，数值越接近 1，表示闸坝的调控能力越好。

（2）TOPSIS 法评估应用

使用 TOPSIS 法评价闸坝调控能力，从闸坝所有评价指标中，构建一个最理想的和最不理想的闸坝，作为该方法的标准。对于其他闸坝的调度能力评价，根据闸坝的评价指标与最理想、最不理想闸坝之间的距离，来评价闸坝的调控能力。使用TOPSIS 法得到的评价结果为分布在 0～1 的数值，数值越接近 1，表示闸坝的调控能力越好。

根据 TOPSIS 法计算出每个闸坝离正负理想值之间的距离，并据此计算各个闸坝与正理想解的相对接近度，最终将这个相对近似度作为闸坝的调控能力评价。

（3）模糊综合评价法评估应用

A. 建立因子集及评价集

根据对闸坝调控能力影响的重要程度，选取若干重要指标作为评价因子。前文已经建好闸坝调控能力的指标识别体系，所选中的评价因子记为 u_j，评价因子集中共设置 m 个评价因子，所以最终建立的评价因子集 U 满足：$U=\{u_1, u_2, \cdots, u_m\}$。

根据淮河流域闸坝的实际情况，在此将闸坝调控能力分为 n 个档次，所以可以确定评价集 $V=\{v_1, v_2, \cdots, v_n\}$。在此，将 n 取值为 3，其中 v_1 对应差等、v_2 对应中等、v_3 对应优等，即评价集 $V=\{v_1, v_2, v_3\}=\{差等,中等,优等\}$。

B. 模糊集及隶属度函数

假定 X 是论域，$x \in X$ 是论域 X 的一个特定元素，则模糊集 A 由一个隶属度映射函数来刻画：$\mu_A : X \to [0, 1]$。对于所有的 $x \in X$，$\mu_A(x)$ 表示 x 属于模糊集的确定性。模糊集与其隶属度函数具有一一对应的关系。当给出一个模糊集合时，必须有一个与之对应的独一无二的隶属度函数；反过来，当给出一个隶属度函数时，也仅能表达一个模糊集合。在此意义上，模糊集合与其隶属度函数是等价的。

隶属度函数可以是任意形状和类型，隶属度函数有两个约束条件：一个隶属度函数的范围必须在 $[0, 1]$，对于每一个 $x \in X$，$\mu_A(x)$ 必须是唯一的，即对同一个模糊集而言，同一个元素不能同时映射到不同的隶属度。

要对每个单因子进行模糊评价，模糊评价结果分三等级：差等、中等和优等。首先就要确定其隶属度函数。评价体系中涉及 7 个指标因子（$m=7$）。以因子 $u_1=$ 闸坝可调度水量为例，建立隶属度函数。在淮河流域中选取 n 个闸坝进行计算，可得到 a_1，a_2，a_3，$\cdots$，a_n 个可调度水量的数值，从中选出最大值 $a_{\max}$ 以及最小值 $a_{\min}$，然后计算出两者的平均值。

先计算因子 u_1 属于 $v_3=$ 优等的隶属度函数，根据闸坝调控的实际情况，采用梯形类模糊分布，认为在 $a_{\min}$ 和 $a_{\max}$ 之间，隶属度值是线性变化的。结果如下：

$$\begin{cases} y_{优}=0, x \in [0, a_{\mathrm{mid}}) \\ y_{优}=\dfrac{x-a_{\mathrm{mid}}}{a_{\max}-a_{\mathrm{mid}}}, x \in [a_{\mathrm{mid}}, a_{\max}] \\ y_{优}=1, x \in (a_{\max}, +\infty) \end{cases} \quad (7\text{-}22)$$

再计算因子 u_1 属于 $v_2=$ 中等的隶属度函数，结果如下：

$$\begin{cases} y_{\text{中}} = 0, & x \in [0, a_{\min}) \\[2mm] y_{\text{中}} = \dfrac{x - a_{\min}}{a_{\text{mid}} - a_{\min}}, & x \in [a_{\min}, a_{\text{mid}}] \\[2mm] y_{\text{中}} = \dfrac{a_{\text{mid}} - x}{a_{\max} - a_{\text{mid}}}, & x \in [a_{\text{mid}}, a_{\max}] \\[2mm] y_{\text{中}} = 0, & x \in (a_{\max}, +\infty) \end{cases} \qquad (7\text{-}23)$$

最后计算因子 u_1 属于 $v_1 = $ 差等的隶属度函数，结果如下：

$$\begin{cases} y_{\text{差}} = 1, & x \in [0, a_{\min}) \\[2mm] y_{\text{差}} = \dfrac{a_{\text{mid}} - x}{a_{\max} - a_{\text{mid}}}, & x \in [a_{\min}, a_{\text{mid}}] \\[2mm] y_{\text{差}} = 0, & x \in (a_{\text{mid}}, +\infty) \end{cases} \qquad (7\text{-}24)$$

现在画出这三个隶属度函数的图形，因子 u_1 每取一个值，在三个函数 $y_{\text{优}}$、$y_{\text{中}}$、$y_{\text{差}}$ 中都分别有一个值 y 对应，见图 7-15。

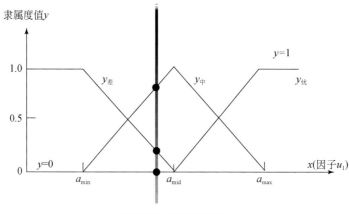

图 7-15　隶属度函数

同理，其他六个指标因子可建立对应三个评价等级的隶属度函数，亦可用以上分段式函数来刻画。

C. 建立模糊关系矩阵 **R**

参与闸坝调控能力评价的因子集 $U = \{u_1, u_2, \cdots, u_m\}$ 中，有 m 个因子，闸坝调控能力等级的评价集 $V = \{v_1, v_2, \cdots, v_n\}$，由 n 个等级组成。由于各个评价因子，如闸坝可调水量指标，虽然是一个可以量化的数值，但是多少可调水量对闸坝评价而言是优等的，多少可调水量对闸坝评价而言是差等的，这些就都是模糊的，无法精确表示，故采用对各个指标建立模糊集的方式来刻画分级界限比较符合实际情况。

根据描述的实际情况，我们在此建立一个二元模糊关系，该二元模糊关系是一个定义在两个清晰集 U、V 的笛卡儿积上的模糊集。

设 r_{ij} 为第 i 个因子的数值，可以被评为第 j 类等级的可能性，这样就构成了闸坝评价因子与闸坝评价等级之间的模糊关系矩阵 $\boldsymbol{R}$。

$$
\boldsymbol{R} = \begin{bmatrix} R_1 \\ R_2 \\ \cdots \\ R_n \end{bmatrix} = \begin{bmatrix} r_{11} & r_{12} & \cdots & r_{1m} \\ r_{21} & r_{22} & \cdots & r_{2m} \\ \cdots & \cdots & \cdots & \cdots \\ r_{n1} & r_{n2} & \cdots & r_{nm} \end{bmatrix} \tag{7-25}
$$

式中，n 为评价因子数；m 为评价级别数；$R_i = (r_{i1}, r_{i2}, \cdots, r_{im})$ 为第 i 个因子 u_i 的单因子评价，该矩阵中的元素 r_{ij} 为相应"有序对"，属于该模糊关系的隶属度值。换言之，r_{ij} 表示的是第 i（$1 \leqslant i \leqslant m$）个因子 u_i，可以被评为第 j 类等级 v_j 的可能性。r_{ij} 的值在模糊集建立之后就可计算出来。

D. 确定各因素的模糊权重向量

闸坝调控能力指标识别体系中，选中的 m 个指标因子集中的每个因子在闸坝能力评估中占有不同的比重，这个比重成为权值，在此设置模糊权向量 $W = (w_1, w_2, \cdots, w_m)$，其中 w_i 为第 i 个指标因子的权值。

E. 模糊综合评价闸坝能力

进行模糊关系的合成运算，得到闸坝综合评价的结果：

$$
S = W \cdot R \tag{7-26}
$$

一种较简便地计算 $W \cdot R$ 的方法是，将权向量 W 和模糊关系矩阵 R 相乘。具体地讲，用 W 和 R 分别表示权向量 $[w_1, w_2, \cdots, w_m]$ 和模糊关系矩阵 $R(U, V)$，则 $W \cdot R$ 的结果可由以下计算方法得到。

最大最小合成法：计算矩阵乘积 $W \cdot R$ 时，将每个乘积运算看作一个 min 运算，每个求和运算看作一个 max 运算。

最大代数积合成法：计算矩阵乘积 $W \cdot R$ 时，将每个乘积运算看作一般乘法运算，每个求和运算看作一个 max 运算。

加权平均合成法：计算矩阵乘积 $W \cdot R$ 时，将每个乘积运算看作一般乘法运算，每个求和运算看作一般加法运算。

根据闸坝的实际情况，从上面三种算法中选择一个合适的算法进行计算。加权平均合成法兼顾了所有因子的综合评价；最大最小合成法和最大代数积合成法则比较粗糙，适用于主要因素的综合评价。所以为了突出重点因素，如水质和水量，此处采用最大代数积合成法来计算。

（4）综合分析

根据三种方法计算分析，按照历史情况进行评价，结果见表 7-28。

表 7-28 闸坝调控能力结果

生态控制断面	闸坝名称	可调度水量/万 m³	调控能力	水库名称	可调度水量/万 m³	调控能力
界首	周口闸	82	0.36	昭平台水库	3680	0.54
	槐店闸	5	0.44	孤石滩水库	1010	0.46
				白龟山水库	5385	0.71
				白沙水库	445	0.42
生态控制断面	闸坝名称	可调度水量/万 m³	调控能力	水库名称	可调度水量/万 m³	调控能力
颍上	周口闸	82	0.43	昭平台水库	3680	0.39
	槐店闸	5	0.47	孤石滩水库	1010	0.44
	耿楼闸	3971	0.31	白龟山水库	5385	0.52
	阜阳闸	2875	0.25	白沙水库	445	0.4
	颍上闸	5431	0.52			

第8章 淮河流域水质–水量–水生态多维调控研究

8.1 淮河流域水质–水量–水生态联合调度

8.1.1 模型与分区概化

1. 模型原理

水利枢纽是连接水资源与人类社会的一个重要环节，其传统的功能包括防污、防洪、发电、供水、航运等。随着水利发展对河流开发利用程度的提高，河流生态系统受到越来越多的影响，甚至恶化与破坏，河流健康与生态保护成为开发利用过程中不容忽视的问题。为减少水利工程对上下游水生态环境的胁迫，水利工程需要增加保护河流生态系统的功能。

1982 年，Schlueter 首次提出生态调度的概念，指出水利工程在满足人类对河流利用要求的同时，要维护或创造河流的多样性（董哲仁，2007）。随后，国内外学者对生态调度开展了相关研究，生态调度逐渐得到重视。国外的生态调度研究起步较早，成果相对较多。Junk（1982）首次提出了生态洪水脉冲的概念，运用闸坝调水能力，为鱼类产卵繁殖提供了脉冲流量。Hughes 和 Ziervogel（1998）以水生态系统的生态需水量为基础，首次建立了满足生态需水的水库调度模型。至今，北美、澳洲、非洲等都已经开展了生态调度的实践研究。例如，美国哥伦比亚河的大古力水库与哥伦比亚流域的其他水库以充分满足维持或增强溯河产卵的鱼类种群的寻址需求为调度目标；美国萨凡纳河流域为修复泛洪区河口栖息地，以最小生态需水量为基础进行生态调度；澳大利亚库珀河为保护水生生物产卵和生长，以尽量维持天然流量的水文特征为目标，对水量进行生态调度。国内的相关研究起步较晚，大量研究主要集中在河道内生态需水的确定与河流健康的评价方面，将水利工程的功能性与河流生态保护相结合的研究较少。目前，国内生态调度还处于理论研究和探索的阶段，大多数的研究为探讨生态调度目标、构建调度模型以及模型求解与分析等，鲜有实例将生态调度运用到实际中。目前，也只有长江流域的三峡水库为保证四大家鱼的产卵繁殖与幼鱼生长，首次尝试实施生态调度来制造"人造洪峰"（杨文慧，2007）。水库、闸坝为保护河流生态系统实行生态调度是一个国际趋势，现有的调度方式都会逐渐转变为通过改变水库的调度方式，补偿水库对河流生态系统的不利影响，以实现水库社会经济效益与生态效益的最大化。

科学定义河道内生态用水保证率是联合调度考核与评估的基础。河道内生态用水保证率涉及两大概念：河道内生态用水量及保证率（孟钰等，2018）。河道内生态用水以河道内生态需水为出发点。河道内生态需水是从河流生态系统的自身需求出发，为维护河流系统正常的生态结构和功能所必须保持的水量。河道内生态用水的目的是尽可能大地满足河道内生态需水，并根据实际情况而发生变化，其应该被定义为在现状和未来特定目标下，维系河流生态系统的实际发生的用水量；或者被定义为维持某种河流生态需求所使用的水量，是生态系统被动接受的水量。传统意义上的保证率是指某要素值小于或大于某一标准数值的可靠程度，通常以某要素在长时期内小于或大于某一标准数值的累积频率来表示（侯保灯等，2015）。结合以上基本概念，河道内生态用水保证率可以定义为在一定时间范围内，河道内的生态用水量在时间上或数量上大于河流生态系统的生态需水量所发生的概率。在定义生态用水保证率的同时需考虑生态需水的时间尺度，因此生态用水保证率的计算方法并不是单一的。生态用水保证率与生态调度结合应用，在中长期水库闸坝的规划调度中，生态用水保证率可作为一个规划指标。以规划的生态用水保证率值来选取典型年，对典型年内的水量进行调度，尽可能满足河道外"三生"用水与河道内生态用水；如果经过多种调度方案仍不能满足，表明该流域在多年平均水平中无法达到规划的生态用水保证率，需对流域情况重新估计，制定新的生态用水保证率标准。在短期闸坝群的联合调度中，生态用水保证率可作为一个评估的阈值指标，定义为能够保障鱼类或其他生物群落在特定时期内的水流条件的满足率。

河道内生态用水保证率的提高，需要通过水质－水量－水生态联合调度模型来实现。本书提出了以"计划调度－应急调度"耦合为基础、长短期调度相结合的水质－水量－水生态联合调度模型，分别为流域生态用水长期调度模型（单位为年/月等）和闸坝群短期联合调度模型（单位为日/时等）。流域生态用水计划调度主要通过水库、闸坝等水利设施进行水量调控，协调河道外生产、生活、生态用水与河道内生态用水的需求，并且尽可能地保障河道内生态用水保证率；闸坝群短期联合调度主要为应急调度，以规划调度的决策结果为边界条件，以防污、防洪为目标，同时兼具处理突发水污染事故的预警与防治功能。联合调度还要考虑水质、水量和水生态三个要素，也是水库、闸坝等水利设施蓄泄与调控流量的三个调度目标。调度的对象是水量，制订多种调度方案，并进行优选，通过对水量的控制来满足水质、水量与水生态的多方面需求。同时，水质、水量和水生态也是计划调度与短期调度之间的结合点。水量作为调度的基本要素，在实际操作中是直接可控的。在中长期规划调度中，水量需尽可能地满足河道外"三生"用水，并尽可能地达到设计的河道内生态用水保证率，通过中长期调度后得到的最优水量配置总量，作为短期调度的水量总量约束条件。水生态要素同时作为中长期与短期调度的目标，但其在不同调度模型中的意义不同。中长期调度建立在长系列多年水平的基础上，通过调度能够保障枯水年或偏枯年的河道内生态用水保证率达到规划水平。短期调度将水生态目标细化，并与水量、水质目标相结合，通过闸坝调控，能够达到流域规定的水质浓度、流量控制要求，并满足水生生物的具体水流条件（吴比等，2016）。"计划调度-应急调度"模型嵌套使用，中长期规划调度为短期调度提供边界条件，而短期调度的调度方案优选后将实时信息反馈到中长期调度中，及时调整中长期调度方案，确保水质-水量-水生态目标能够得到最大程度的保障。"计划调度-应急调度"耦合理论研究致力于协调人类社会经济发展与河流生态系统健康之间的矛盾，将水利工程对河流生态系统的胁迫作用逐渐转变为保障措施，实现流域内水资源综合利用效益最大化与河流生态系统健康化的可持续发展。

2. 调度分区概化

淮河流域是一个多支流、多水库闸坝、多功能区和多生态分区组成的复杂系统，为实现流域生态用水保证率的提高，建立包含主要工程节点（水库和闸坝）及控制断面的生态用水调度模拟模型。概化淮河流域的水力关系，确定用水单元（工农业、生活、生态等）及供水单元（河流、水库等），并建立各单元之间的拓扑关系。根据六个主要的河道生态需水控制断面，将淮河流域分为六大区间，分别为王家坝以上区间、王家坝至鲁台子区间、鲁台子至蚌埠区间、蚌埠至小柳巷区间、界首以上区间和界首至颍上区间。在流域概化图的基础上，模拟淮河流域水资源利用关系，建立淮河流域生态用水调度模拟优化模型。根据淮河流域水文-水生态需水变化情势，防洪、供水、生态等目标不同时期的协同竞争关系优化生态用水调度方案。具体的调度分区概化图见图 8-1。

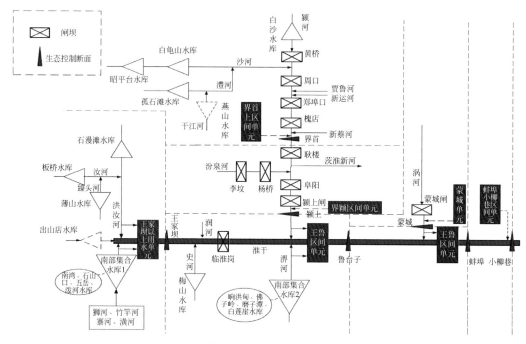

图 8-1　调度分区概化图

8.1.2　模型构建

1. 模型框架

基于"计划调度－应急调度"耦合的水质－水量－水生态联合调度模型中，计划调度模型是指流域生态用水调度优化模型，在综合考虑水量（水资源合理配置）、水质（污染物负荷）和水生态（河道内生态需水量）的基础上分析流域水量供需平衡，通过河道生态用水计划调度模型，确定满足生态用水保证率和社会经济用水需求的调度方案。应急调度模型是指闸坝群短期联合调度模型，以计划调度的决策结果和水文预报作为边界条件，在考虑改善水质的情况下，进行闸坝调度实时模拟，进一步细化中长期调度方案的短期实时调度方案。水质－水量－水生态联合调度中，水量是载体，通过控制水库闸坝不同时期不同方式的下泄流量使控制断面水质、流速、脉冲流量等满足要求，改善局部的水生态环境。其模型框架见图 8-2。

河道生态用水计划调度模型是在水资源合理配置和综合规划的基础上分析流域水量供需平衡，通过闸坝群联合调度提高河道生态用水保证率的中长期调度模型。模型根据流域水资源利用相关历史资料提供的生活、生产用水量和水文资料提供的地表径流量，参考流域水资源优化配置及水资源综合规划，结合各生态控制断面的

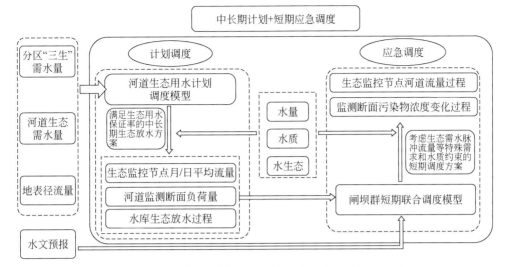

图 8-2　基于"计划调度–应急调度"耦合的联合调度框架

河道内生态流量，进行闸坝群联合调度模拟优化分析，制订满足生态用水保证率和流域社会经济用水需求的水库调度方案。

闸坝群短期联合调度模型是在给定的中长期调度方案的基础上进一步细化调度决策的短期实时调度模型。模型以生态用水模拟优化模型的决策结果作为边界条件，在考虑改善水质、降低水污染事件发生概率的情况下，进行闸坝实时调度的模拟，进一步细化中长期调度方案，在短期层面实现生态用水调度效果。

河道生态用水计划调度模型和闸坝群短期联合调度模型相互嵌套耦合，河道生态用水调度优化模型的结果为闸坝群短期联合调度模型提供边界条件，使闸坝群短期联合调度模型在限定的范围内进行优化求解，计算结果反馈到河道生态用水计划调度模型，影响着后期的生态用水计划，这两层的调度模型共同构成水质–水量–水生态联合调度模型。综合考虑生活、生产、生态需水，对流域闸坝群系统进行模拟调度，并比较分析各情景下的模拟结果，选出合适的水质–水量–水生态联合调度方案。其模型关系见图8-3。

（1）生态用水计划调度模型

生态用水计划调度模型综合考虑社会经济需水和生态用水，确定水库调度的经济效益和生态改善目标，通过设置不同的权重体现用水的价值和决策者的偏好，在满足河道水质标准的条件下，结合预设的水库调度规则优化水量调度并进行水库群调度方案的比选。

A. 水库生态调度规则

在不影响现有利益格局的前提下，通过改善水库调度方式、发挥水库的调控作用，协调防洪、兴利与生态环境用水之间的矛盾，是维持河流健康的重要途径和现

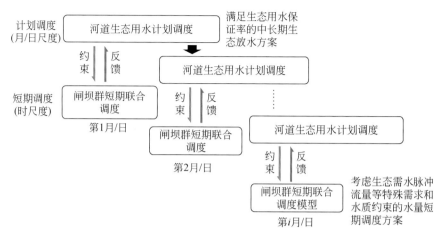

图 8-3 "计划调度－应急调度"的耦合关系

实选择。为缓解淮河流域经济社会用水长期挤占生态环境用水的现状，提高生态用水保证率，把河流生态系统同生活、工农业生产用水一样，作为一个独立用水户，根据各供水目标的不同保证率拟定用水户的优先级别，建立基于水库分区运用的水库群供水规则。据此调度规则建立流域生态用水调度模型，进行水库闸坝群调度的模拟，在评价调度方案对防洪、供水影响和河道生态需水的改善效果的基础上，优选调度方案。

基于水库分区运用的水库群供水规则，通过设置限制供水线指导水库供水。具体描述如下：根据工业生活、农业、生态三个用水户及其优先级别关系在水库调度图上设置工业生活供水目标的限制供水线、农业供水目标的限制供水线、生态供水目标的限制供水线共三条调度线（图 8-4）。当水库蓄水量位于调度图 Ⅰ 区时，即位于三条限制供水线之上，水库按照正常的工业生活需水量、农业需水量、适宜生态流量供水；当水库蓄水量位于调度图 Ⅱ 区时，即位于工业生活供水目标的限制供水线和农业供水目标的限制供水线之上，生态供水目标的限制供水线之下，水库按照正常的工业生活需水量、农业需水量、最小生态流量供水；当水库蓄水量位于调度图 Ⅲ 区时，即位于工业生活供水目标的限制供水线之上，农业供水目标的限制供水线和生态供水目标的限制供水线之下，水库按照正常的工业生活需水量，预设限制系数的农业供水量和最小生态流量供水；当水库蓄水量位于调度图 Ⅳ 区时，即位于三条限制供水线之下，水库按照预设限制系数的工业生活、农业供水量、最小生态流量供水。

B. 生态用水计划调度模型目标函数

水资源的多目标性决定了生态用水目标的满足不能独立于其他用水需求，只有综合考虑生活、生产、生态需水的水资源调度，才是合理的生态用水调度。因此生

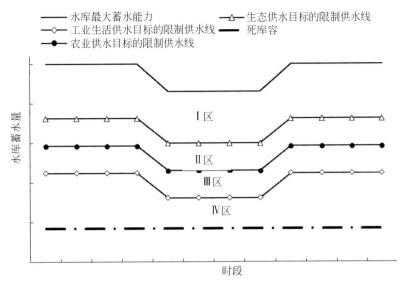

图例:
—— 水库最大蓄水能力　　—△— 生态供水目标的限制供水线
—◇— 工业生活供水目标的限制供水线　—— 死库容
—●— 农业供水目标的限制供水线

Ⅰ区　Ⅱ区　Ⅲ区　Ⅳ区

纵轴:水库蓄水量　横轴:时段

图 8-4　水库生态用水计划调度规则示意

态用水计划调度模型需遵循流域统一调度、上下游兼顾、断面控制的原则,权衡生态需水与社会经济用水的关系,设定以下目标函数:

$$\underset{R_{\mathrm{I}i,t},R_{\mathrm{A}i,t},R_{\mathrm{E}i,t}}{\mathrm{Min}}\ Z = \sum_{i=1}^{m}\sum_{t=1}^{T}\left[\alpha_1(D_{\mathrm{I}i,t}-R_{\mathrm{I}i,t})+\alpha_2(D_{\mathrm{A}i,t}-R_{\mathrm{A}i,t})+\alpha_3(D_{\mathrm{Esui}i,t}-R_{\mathrm{E}i,t})\right]$$

(8-1)

式中,$D_{\mathrm{I}i,t}$ 为第 i 个断面第 t 时段的区间工业生活需水量（m³/s）;$R_{\mathrm{I}i,t}$ 为第 i 个断面第 t 时段的区间工业生活供水量（m³/s）;$D_{\mathrm{A}i,t}$ 为第 i 个断面第 t 时段的区间农业需水量（m³/s）;$R_{\mathrm{A}i,t}$ 为第 i 个断面第 t 时段的区间农业供水量（m³/s）;$D_{\mathrm{Esui}i,t}$ 为第 i 个断面第 t 时段的区间适宜生态流量（m³/s）;$R_{\mathrm{E}i,t}$ 为第 i 个断面第 t 时段的区间生态供水量（m³/s）;α_1、α_2、α_3 为权重系数;m 为控制断面总数;T 为调度时段总数。

目标函数 Z 表示工业生活、农业缺水量及生态缺水量之和最小,而生态缺水量越小,相应的生态用水保证率也会越高。三个目标通过权重系数体现决策者在生态调度中对这三个用水的偏好。淮河流域水库闸坝群的防洪控制目标通过设置汛限库容作为汛期蓄水上限约束的方式实现,水质目标则主要通过短期闸坝联合调度控制,在中长期的生态用水调度模拟中作为约束条件进行调度模拟。

C. 生态用水计划调度模型约束条件

1）水库水量平衡约束:

$$S_{j,t+1}=S_{j,t}+(I_{j,t}-R_{j,t}-\mathrm{SU}_{j,t}-E_{j,t})\Delta t \tag{8-2}$$

式中,$S_{j,t+1}$ 为第 j 个水库或闸坝第 t 时段末的水库蓄水量（m³）;$S_{j,t}$ 为第 j 个水库或

闸坝第 t 时段初的水库蓄水量（m^3）；$I_{j,t}$ 为第 j 个水库或闸坝第 t 时段的入库流量（m^3/s）；$R_{j,t}$ 为第 j 个水库或闸坝第 t 时段的供水量（m^3/s）；$SU_{j,t}$ 为第 j 个水库或闸坝第 t 时段的弃水量（m^3/s）；$E_{j,t}$ 为第 j 个水库或闸坝第 t 时段的蒸发渗漏损失量（m^3/s）；Δt 为时段时间步长。

2）水库调度规则：

$$R_{j,t}=\begin{cases} D_{Ij,t}+D_{Aj,t}+D_{Esuij,t}, & S_{j,t} \geqslant S_{Ej,t} \\ D_{Ij,t}+D_{Aj,t}+D_{Eminj,t}, & S_{Aj,t} \leqslant S_{j,t} < S_{Ej,t} \\ D_{Ij,t}+\mu_A D_{Aj,t}+D_{Eminj,t}, & S_{Ij,t} \leqslant S_{j,t} < S_{Aj,t} \\ \mu_I D_{Ij,t}+\mu_A D_{Aj,t}+D_{Eminj,t}, & S_{j,t} < S_{Ij,t} \end{cases} \tag{8-3}$$

式中，$S_{Ej,t}$ 为第 j 个水库或闸坝第 t 时段的生态供水目标的限制供水线（m^3）；$S_{Aj,t}$ 为第 j 个水库或闸坝第 t 时段的农业供水目标的限制供水线（m^3）；$S_{Ij,t}$ 为第 j 个水库或闸坝第 t 时段的工业生活供水目标的限制供水线（m^3）；$D_{Eminj,t}$ 为第 j 个水库或闸坝第 t 时段的最小生态流量（m^3/s）；μ_I、μ_A 为工业生活供水、农业供水的限制供水系数。

3）库容约束：

$$S_{min,j} \leqslant S_{j,t} \leqslant S_{max,j} \tag{8-4}$$

式中，$S_{min,j}$ 为第 j 个水库或闸坝的死库容（m^3）；$S_{max,j}$ 为第 j 个水库或闸坝的库容上限（m^3），汛期时为汛期限制库容，非汛期时为水库兴利库容。

4）泄流特性约束：

$$0 \leqslant SU_{j,t} \leqslant f_{j,ZQ}(Z_{j,t}) \tag{8-5}$$

式中，$f_{j,ZQ}(Z_{j,t})$ 为第 j 个水库或闸坝的泄流能力函数（m^3/s）。

5）引水能力约束：

$$0 \leqslant R_{j,t} \leqslant R_{max,j} \tag{8-6}$$

式中，$R_{max,j}$ 为第 j 个水库或闸坝的引水能力（m^3/s）。

6）汇流节点水量平衡：

$$R_{Ei,t}=I_{i,t}+F_{i,t}-R_{Ii,t}-R_{Ai,t} \tag{8-7}$$

式中，$R_{Ei,t}$ 为第 i 个节点第 t 时段的出流（m^3/s）；$I_{i,t}$ 为第 i 个节点第 t 时段的上游汇流（m^3/s）；$F_{i,t}$ 为第 i 个节点第 t 时段的区间入流（m^3/s）。

7）供水约束：

$$\begin{cases} 0 \leqslant R_{Ii,t} \leqslant D_{Ii,t} \\ 0 \leqslant R_{Ai,t} \leqslant D_{Ai,t} \\ D_{Emini,t} \leqslant R_{Ei,t} \leqslant R_{Emaxi,t} \end{cases} \tag{8-8}$$

式中，$D_{\mathrm{Emini},t}$ 为第 i 个节点第 t 时段的最小生态流量（m³/s）；$R_{\mathrm{Emaxi},t}$ 为第 i 个节点第 t 时段的最大生态流量（m³/s）。

8）水库水质平衡约束：

$$S_{j,t+1} \cdot C_{j,t+1} = S_{j,t} \cdot C_{j,t} + I_{j,t} \cdot \mathrm{CI}_{j,t} \cdot \Delta t - (R_{j,t} + \mathrm{SU}_{j,t}) \cdot C_{j,t} \cdot \Delta t - K(S_{j,t+1} + S_{j,t}) C_{j,t}/2$$

$$(8\text{-}9)$$

式中，$C_{j,t+1}$ 为第 j 个水库或闸坝第 t 时段末的污染物浓度（mg/m³）；$C_{j,t}$ 为第 j 个水库或闸坝第 t 时段初的污染物浓度（mg/m³）；$\mathrm{CI}_{j,t}$ 为第 j 个水库或闸坝第 t 时段入流的污染物浓度（mg/m³）；K 为污染物在水库中 Δt 内的降解系数。

9）节点水质平衡约束：

$$Q_{i,t} \cdot \mathrm{CQ}_{i,t} = I_{i,t} \cdot \mathrm{CI}_{i,t} + F_{i,t} \cdot \mathrm{CF}_{i,t} - R_{i,t} \cdot \mathrm{CI}_{i,t} \qquad (8\text{-}10)$$

式中，$\mathrm{CQ}_{i,t}$ 为第 i 个节点第 t 时段出流的污染物浓度（mg/m³）；$\mathrm{CI}_{i,t}$ 为第 i 个节点第 t 时段入流的污染物浓度（mg/m³）；$\mathrm{CF}_{i,t}$ 为第 i 个节点第 t 时段区间入流的污染物浓度（mg/m³）。

10）供水的水质约束：

$$0 \leqslant \mathrm{CI}_{i,t} \leqslant \mathrm{CI}_{\mathrm{maxi},t} \qquad (8\text{-}11)$$

式中，$\mathrm{CI}_{\mathrm{maxi},t}$ 为第 i 个节点第 t 时段取水的污染物浓度上限（mg/m³）。

（2）闸坝群短期联合调度模型

A. 闸坝群短期联合调度模型目标函数

闸坝群短期联合调度方案涉及经济效益、防洪安全、生态与环境保护等多目标，其中经济效益目标重点考虑供水用水对社会经济的影响，防洪安全目标重点考虑闸坝防洪安全和下游河道行洪安全，生态与环境保护目标重点考虑河道生态基流和敏感点、敏感区（取水口、水生态保护区）的水质目标。在调度过程中，为确保闸坝自身安全和防洪控制点的安全行洪，主要控制断面水质达标，不同用户对水质水量的要求，将防污、防洪、供水作为三个主要的目标函数。如何协调不同目标之间的重要性，形成多目标协调分析方法体系，是进行闸坝群短期联合调度方案优选的关键。

1）防污目标函数。

若以河流污染物的 NH₃-N、COD_Mn 指标表达，对河流某监测断面水质目标而言，要求 NH₃-N、COD_Mn 指标尽可能小。不过，对有清水冲污能力的河流系统，当水质标准确认后，实际应用中要求其监测的 X 断面，污染物的指标必须不超过目标值。因此可以采用以下目标函数。

目标一：　　　　　$\min(\max\{C_{X,t}, t=1, T\})_i, X=1, \cdots, 5$

目标二：　　　　　$\min(\max\{C_{X,t} - C_{\mathrm{b}}, t=1, T\})_i, X=1, \cdots, 5 \qquad (8\text{-}12)$

式中，$C_{X,t}$ 为 X 断面 t 时段的污染物浓度；T 为计算期；C_b 为某水质标准下某污染物指标的浓度。

2）防洪目标函数。

在满足下游防洪控制断面安全泄量的条件下，尽可能使防洪库容最大，以调蓄后续可能发生的大洪水，降低防洪风险。其等价目标函数为

$$\min(\max\{Z_{i,t}, t=1, T\}) \tag{8-13}$$

式中，$Z_{i,t}$ 为第 i 个闸坝第 t 个时刻的水位。

3）供水目标函数。

以经济效益最大，闸坝内所蓄水量满足工农业生产的要求为目标。其等价目标函数为

$$\max\{Z_{i,t}, t=1, T\} \tag{8-14}$$

式中，$Z_{i,t}$ 为第 i 个闸坝第 t 个时刻的水位。

B. 闸坝群短期调度模型约束条件

1）闸坝水量平衡约束：

$$V_{i,t+1} = V_{i,t} + (R_{i,t} - I_{i,t})\Delta t - W_{i,t} \tag{8-15}$$

式中，$V_{i,t}$、$V_{i,t+1}$ 分别为第 i 闸坝第 t 时段初末闸坝蓄水量（m^3）；$R_{i,t}$、$I_{i,t}$ 分别为第 i 闸坝第 t 时段平均入闸流量（m^3/s）和下游出闸流量（m^3/s）；$W_{i,t}$ 为第 i 闸坝第 t 时段上游引水量（m^3）。

2）闸坝水质平衡约束：

$$V_{i,t+1} \cdot C_{i,t+1} = V_{i,t} \cdot C_{i,t} + R_{i,t} \cdot \Delta t \cdot CR_{i,t} - (W_{i,t} + I_{i,t} \cdot \Delta t) \cdot C_{i,t} - K(V_{i,t+1} + V_{i,t}) \cdot C_{i,t}/2 \tag{8-16}$$

式中，$C_{i,t}$、$C_{i,t+1}$ 分别为第 i 闸坝第 t 时段初末污染物浓度（mg/L）；$CR_{i,t}$ 为第 i 闸坝第 t 时段平均来水的污染物浓度；K 为第 i 闸坝污染物的综合降解速率系数。

3）汇流节点水量平衡条件：

$$R_{Ei,t} = I_{i,t} + F_{i,t} \tag{8-17}$$

式中，$R_{Ei,t}$、$I_{i,t}$、$F_{i,t}$ 分别为第 i 节点第 t 时段的平均流量、上游河段平均出流量、支流汇入平均流量。

4）汇流节点水质平衡条件：

$$CR_{Ei,t} = (I_{i,t} \cdot C_{i,t} + F_{i,t} \cdot CF_{i,t})/R_{Ei,t} \tag{8-18}$$

式中，$CR_{Ei,t}$ 为第 i 节点第 t 时段的污染物浓度；$CF_{i,t}$ 为第 i 节点第 t 时段的支流汇入的污染物浓度。

5）闸坝库容约束：

$$V_{i,\min} \leqslant V_{i,t} \leqslant V_{i,\max} \tag{8-19}$$

式中，$V_{i,\min}$、$V_{i,\max}$ 分别为第 i 闸坝最小与最大蓄水量（m^3）。

6）闸坝泄流特性约束：

$$I_{i,t} \leqslant f_{i,ZI}(Z_{i,t}) \tag{8-20}$$

式中，$Z_{i,t}$ 为第 i 闸坝第 t 时刻水位（m）；$f_{i,ZI}(Z_{i,t})$ 为第 i 闸坝泄流函数。

7）闸坝综合利用约束：

$$I_{i,\min} \leqslant I_{i,t} \leqslant I_{i,\max} \tag{8-21}$$

式中，$I_{i,\min}$、$I_{i,\max}$ 分别为第 i 闸坝最小与最大下泄流量，其中最小下泄流量由下游水资源综合利用要求提出。

8）闸坝引水约束：

$$\sum_{t=1}^{T} W_{i,t} \leqslant W_{i,\max} \tag{8-22}$$

式中，$W_{i,t}$ 为第 i 闸坝 T 计算期的允许用水量；$W_{i,\max}$ 为第 i 个闸坝 T 计算期的最大允许用水量。

9）洪水演进方程。在没有河道水量水质模块支持时，洪水演进使用马斯京根法描述：

$$I_{i,t+\tau} = C_0 R_{Ei,t} + C_1 R_{Ei,t+\tau} + C_2 I_{i,t} \tag{8-23}$$

式中，τ 为河道洪水传递时段；$R_{Ei,t}$、$R_{Ei,t+\tau}$ 为 i 河段 t 时段初、$t+\tau$ 时段末上断面的入流量；$I_{i,t}$、$I_{i,t+\tau}$ 为 i 河段 t 时段初、$t+\tau$ 时段末下断面的出流量；C_0、C_1、C_2 为根据河段水力特性推算出的权重系数。

10）水质演进方程。一维均匀河段的水质迁移转化基本方程：

$$\frac{\partial C}{\partial t} + u \frac{\partial C}{\partial x} = E \frac{\partial^2 C}{\partial x^2} - K_1 C \tag{8-24}$$

式中，C 为水体中 t 时段的污染物浓度（mg/L）；u 为河段平均流速（m/s）；K_1 为污染物的一级降解系数（s^{-1}）；E 为纵向离散系数（m^2/s）；x 为沿流程的距离（m）。

2. 解算方法

（1）多目标转换

闸坝群水质-水量-水生态联合调度的多目标包括防污目标、防洪目标和水生态保护目标，以主要考虑鲁台子和蚌埠两个断面的水质标准为例，多目标之间关系见图8-5。在调度过程中，为确保闸坝自身安全和防洪控制点的安全行洪，主要控制断面水质达标，不同用户对水质水量的要求，将防洪、防污、供水作为三个主要的目标函数。如何协调不同目标之间的重要性，形成多目标协调分析方法体系，是进行闸坝群水质-水量-水生态联合调度方案优选的关键。

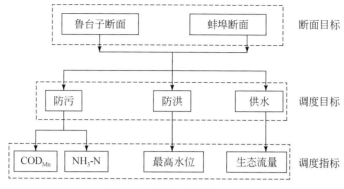

图 8-5　多目标层分析示意

分析三个主要的目标函数。

1）防洪调度目标大体可分为确保闸坝自身安全，尽量少占用防洪库容及其持续时间，保证防洪控制点安全行洪，当出现威胁防洪控制点行洪安全的大洪水时，应在确保水库安全的前提下，合理调节洪水，尽量避免或减轻下游的洪灾损失。为防洪安全考虑，要求闸内最高水位最低，为汛期洪水的到来腾出库容，降低防洪风险。

2）供水目标根据用水用户的不同可分为生活、生产、生态三大类，为满足这三大用户用水量的供水需要，要求闸坝内水位在允许范围内尽可能高。

3）防污目标对控制断面水质目标而言，以污染物的 COD_{Mn}、$NH_3\text{-}N$ 指标表达，要求 COD_{Mn}、$NH_3\text{-}N$ 指标越小越好，在实际调度过程中，力求使主要监测断面的水质达标。

多目标问题可以分为直接法和间接法。直接法针对问题本身直接求出有效解，包括单变量多目标方法、线性多目标方法和可行域有限时的优序法等。间接法则从实际问题背景出发，在一定意义下将多目标问题转化为单目标问题求解。间接法主要包括以下方法。

1）转化为一个单目标问题求解。按照一定的方法将多目标问题转化为单目标问题，然后采用相应的方法求解单目标问题。主要有目标法、评价函数法等。

2）转化为多个单目标问题求解。按照一定的方法将多目标问题转化为多个有序的单目标问题，然后依次求解，最后得出最优解。主要有分层序列法、重点目标法、分组序列法、可行方向法等。

3）目标规划法。对每一个目标给定了一个目标值，要求在约束条件下目标函数尽可能逼近目标值。主要有目标点法、最小偏差法、分层目标规划法等。

根据分期调度的主要矛盾和水质–水量–水生态联合调度的主要目标，拟采用间接法，将防洪目标、供水目标作为约束条件，将防污目标作为主要目标，将多目标问题转化为单目标问题进行求解。

（2）单闸坝求解

从生态用水计划调度模型和闸坝群短期联合调度模型可以看出，许多约束方程是非线性函数，也是非线性模型。针对系统要素特性及空间分布的特点和基于闸坝对河流水质–水量–水生态调控能力的识别，采用大系统分析方法，概化闸坝群调度时空控制系统网络图，将复杂大系统划分为相互联系的子系统，建立闸坝群联合调度数学模型，并根据模型的实际结构，采用大系统分解协调方法进行整体优化。大系统分解思想可由空间分解实现，各子系统之间存在耦合，同时子系统的外部还存在不同层次的联系与耦合。

另外，闸坝众多且相互联系与影响，通过闸坝群之间的配合协调，对汇入淮河干流的水质水量进行联合调控，从而影响进入淮河干流的水量和水质输入，因此闸坝群的优化调度属于多阶段决策问题。动态规划是寻求多阶段决策过程的一种最优化方法，它能处理各种目标函数和约束条件的最优化问题，对于非线性、非凸性、不连续、多变量、随机性、多阶段等许多复杂问题均可求解，它通过最优化原理将庞大的 $m \cdot n$ 维问题变成 n 个 m 维问题求解，大大降低了问题的难度，计算简便。此外，动态规划对目标函数和约束条件的限制较少，且可求得计算全周期的最优解。而调度过程正是一个多阶段的决策过程，目标函数和约束条件同样具有非线性、非凸性、不连续、多变量和随机性的特点。因此，适合动态规划算法。

综上所述，拟采用大系统分解协调与多维动态规划相结合的算法。分解后的子系统内部解算，子系统之间相互耦合，合理地进行总体协调，改善防污系统的联合调度效果。

1）一维水质迁移转化模型的求解。一维均匀河段的水质迁移转化基本方程，如式（8-24）所示。

一般情况下，河流中污染物的移流作用远大于扩散、离散作用，可采用下面的隐式差分方程：

$$\begin{cases} \dfrac{C_i^{j+1}-C_i^j}{\Delta t}+u\dfrac{C_i^j-C_{i-1}^j}{\Delta t}=E\dfrac{C_{i+1}^{j+1}-2C_i^{j+1}+C_{i-1}^{j+1}}{\Delta x^2} \\ \dfrac{1}{2}K_1\left(C_i^{j+1}+C_{i-1}^j\right) \end{cases} \tag{8-25}$$

整理后，式（8-25）变为如下形式：

$$\begin{cases} \alpha_i C_{i-1}^{j+1} + \beta_i C_i^{j+1} + \gamma_i C_{i+1}^{j+1} = \delta_i \quad (i=1,2,\cdots,n) \\ \alpha_i = -\dfrac{E}{\Delta x^2} \\ \beta_i = \dfrac{1}{\Delta t} + \dfrac{2E}{\Delta x^2} + \dfrac{K_1}{2} \\ \gamma_i = -\dfrac{E}{\Delta x^2} \\ \delta_i = C_i^j\left(\dfrac{1}{\Delta t} - \dfrac{u}{\Delta x}\right) + C_{i-1}^j\left(\dfrac{u}{\Delta x} - \dfrac{K_1}{2}\right) \end{cases} \tag{8-26}$$

河网一维水动力模型，考虑以水位 Z 和流量 Q 为变量的完全一维圣维南方程组。

连续方程：

$$\frac{\partial Z}{\partial t} + \frac{1}{b}\frac{\partial Q}{\partial x} = 0 \tag{8-27}$$

运动方程：

$$\frac{\partial Q}{\partial t} + \frac{\partial}{\partial x}\left(\frac{Q^2}{A}\right) + gA\frac{\partial Z}{\partial x} + gA\frac{Q|Q|}{K^2} = 0 \tag{8-28}$$

由于显示格式的稳定性受到时间步长的限制，在研究河道非恒定波动问题时较多地使用隐式格式。其中，Preissmann 格式在处理一维河道不恒定水流传播和水污染模拟方面问题较有优势，其格式如下：

$$f(x,t) = \frac{\theta}{2}(f_{j+1}^{n+1} - f_j^{n+1}) + \frac{1-\theta}{2}(f_{j+1}^n - f_j^n) \tag{8-29}$$

$$\begin{cases} \dfrac{\partial f}{\partial x} = \theta\dfrac{f_{j+1}^{n+1} + f_j^{n+1}}{\Delta x} + (1-\theta)\dfrac{f_{j+1}^n - f_j^n}{\Delta x} \\ \dfrac{\partial f}{\partial t} = \theta\dfrac{f_{j+1}^{n+1} - f_{j+1}^n + f_j^{n+1} - f_j^n}{2\Delta t} \end{cases} \tag{8-30}$$

式中，$0.5 \leqslant \theta \leqslant 1.0$。

水质迁移转化模型和一维水动力模型均可使用追赶法求解。

2）单闸坝模型解算方法。当淮河干流水质水量和控制约束条件一定时，进行整体优化计算，如果主要监测断面的水质达标，各闸坝的泄流过程即为可行的决策方案；如果未达标，主要监测断面水质浓度最小的方案即为最优方案。

针对系统的数学模型，可用多维动态规划法建立多阶段递推演算模型，对构模相关问题作如下说明。

阶段变量：以计算时段序号 t 为阶段变量，$t=1,2,\cdots,T$。

状态变量：以泄流量变幅 Q_t 为状态变量。

决策变量：以蓄水状态 V_t 为决策变量。

多维动态规划递推方程：将最大浓度最小的目标函数作为多维动态规划法的最优化函数，表达式为

$$F_1(Q_1) = \varnothing(V_1, C_1)$$

$$F_t^*(Q_t) = \min_{t=1 \sim T}\left\{ \max_{V_t}\left[\varnothing(V_t, C_t), F_{t-1}^*(Q_{t-1}) \right] \right\} \qquad (8\text{-}31)$$

式中，$\varnothing(V_t, C_t)$ 为状态为 Q_t、浓度指标为 C_t 时，决策为 V_t 对应的当前浓度指标函数值；$F_{t-1}^*(Q_{t-1})$ 为余留为浓度指标函数值；$F_t^*(Q_t)$ 为闸坝处于状态 Q_t 时最优浓度指标函数值，它是由计算期初始状态 Q_1 出发沿最优运行轨迹转移至 Q_t 的浓度指标。

由于调度时间的限制，将每次调度时间设定为三天。另外，为了调度操作的可行性与经济性，在实际的调度过程中每天下达一个调度指令，所以在动态规划求解的过程中将整个调度时间分为三阶段，见图 8-6。

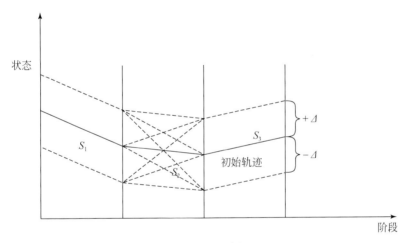

图 8-6　动态规划求解过程

3）算法步骤如下。

第一步，选择初始态和决策序列。根据实际情况，定出一条尽可能接近最优的初始决策序列，并求得对应于该决策序列的初始状态序列。对于闸坝群多目标联合问题来说，把闸坝的当前泄流作为初始轨迹，同时将调度过程分为三个阶段，即图 8-6 中的 S_1、S_2、S_3 构成了初始轨迹。

第二步，利用廊道选择增量。在该初始状态序列的上下各变动一个小范围，这个变动范围用增量 Δ 表示，从而形成一个带状的廊道。在初始轨迹过程线整体趋势保持不变的情况下，在当前泄流的基础上，各个时刻的流量以增量 Δ 为步长，建立起优化廊道。

第三步，在廊道内用动态规划法寻优。在上述带状的小范围内用动态规划的递

推方程寻优，可求得一条新的更接近最优的状态序列和决策序列。在闸坝群联合调度中也就是一条更接近最优的轨迹线。

第四步，反复迭代直至收敛。在上述基础上再进行下一次迭代，在新的状态序列上下再变动一个增量 Δ，并且进行选优。这样逐次进行迭代，直到逼近最优决策序列和最优状态序列为止。当计算精度满足预先规定的目标值的相对精度时，可以停止迭代。

多维动态规划方法中，维数取决于闸坝数，分析单闸坝的解算方法时，就相当于分析一维情况下模型的解算。大系统内部闸坝群之间相互影响与制约，上级闸坝的变化必然会引起下级闸坝相应的变化，分析单闸坝模型解算时，为减小单闸坝调度的影响范围和保证单闸坝研究的准确性，使被选择闸坝的调度对其他闸坝的干扰最小，选择最下级闸坝颍上闸为例进行说明。

将颍上闸的当前泄流作为初始轨迹，在初始轨迹过程线整体趋势保持不变的情况下，在当前流量的基础上，各个时刻的流量在 $\pm 50\text{m}^3/\text{s}$ 变化范围内，以 $5\text{m}^3/\text{s}$ 为步长，建立起优化廊道。颍上闸以上的各个闸坝保持初始泄流，颍上闸的泄流量沿着建立起的优化廊道内的轨迹变化，其他闸坝泄流与颍上闸泄流的不同轨迹组成不同的组合，以鲁台子的水质指标浓度作为寻优指标，使鲁台子的水质达标，或在不能达标的情况下使污染物质的浓度最大值最小的组合即为闸坝群泄流量的最优组合。

（3）闸坝群求解

在一维的基础上分析多维模型解算，即从简单到复杂，由单闸推导出闸坝群模型的解算方法，闸坝群联合调度模型属于多维问题，即采用多维动态规划法建立多阶段递推演算模型。建立各个闸坝的优化廊道，将各个闸坝的当前泄流作为初始轨迹，在初始轨迹过程线整体趋势保持不变的情况下，在当前流量的基础上，各个时刻的流量在 $\pm 50\text{m}^3/\text{s}$ 变化范围内，以 $5\text{m}^3/\text{s}$ 为步长，建立起各个闸坝的优化廊道。

为节省调度时间和使操作简单化，闸坝群联合调度模型的解算从最下游闸坝开始。联合调度过程中，保持阜阳闸及其以上闸坝的初始轨迹不变，在最下游闸坝颍上闸的优化廊道内寻优。若在颍上闸的优化廊道内可寻到轨迹使鲁台子水质达标，则模型解算完成，颍上闸的最优轨迹与上游闸坝群的初始轨迹组成闸坝群联合调度的最优轨迹；反之，模型继续解算，同时启动阜阳闸的优化廊道，在阜阳闸与颍上闸相互配合的情况下，运用二维动态规划法在阜阳闸与颍上闸的优化廊道内寻优，若可寻到两闸坝相互配合下的最优轨迹，使鲁台子水质达标，则模型解算完成，颍上闸与阜阳闸的最优轨迹与上游闸坝群的初始轨迹组成闸坝群联合调度的最优轨迹。若在阜阳闸与颍上闸的廊道内寻不到最优轨迹，则继续往上游递推进行模型解算，同时启动耿楼闸、阜阳闸与颍上闸的优化廊道，运用三维动态规划法在被启动的廊道群里寻优，原理同上。

在调度过程中，若两种水质指标都达标，则模型解算成功，证明已经在闸坝群的优化廊道内寻到最优轨迹；若一种水质指标达标，另一种水质指标不达标，则重新进行一次优化模拟计算；若两种水质标准均不达标，则说明在闸坝群的优化廊道内寻不到使监测断面水质达标的轨迹，则使监测断面水质浓度峰值降到最低的轨迹为优化轨迹。

在求解过程中，若通过颍上闸的优化调度即可使主要监测断面达标，则只启动颍上闸。若启动全部闸坝都不能使主要监测断面的水质达标，则使监测断面水质浓度最大值最小的组合是闸坝群联合调度的最优轨迹。闸坝群联合调度实为分级优化，在全流域进行优化，逐次逼近，寻找最短路径，启动最少闸坝，得出最优解，也就是遵循调度成本最小化、效益最大化的原则。联合调度从全局出发，逐级优化，优化过程相当于一个 N 维的大循环，N 取决于系统内的闸坝总数。最下游闸坝相当于最里层的小循环，属于第 N 维，上级闸坝属于第 $N-1$ 维，当循环到第 $N-M$ 维时，主要监测断面的水质达标了，则会退出循环，第 $N-M$ 个闸坝群的联合调度组成最优解；若一直循环到 N 时主要监测断面的水质都没有达标，则会选择使监测断面污染物浓度最大值最小的方案作为最优方案。

8.2 基于 DTVGM 的中长期预报预警生态调度研究

8.2.1 基于 DTVGM 的来水预报

1. 研究区流域概化图

淮河流域河道特性复杂，上游有山溪型的河道，中下游有平原化的河网，沿程还分布有水库、闸门、橡胶坝、行洪区、蓄洪区等多类型的控制单元。为满足多模型耦合建模的需要，利用 GIS 平台和地图数据转化等技术，将流域划分为产汇流分区、洪水演进的河道、水库、闸门等控制节点，并对节点间的连接方式和拓扑关系进行分析，增加主要水库闸坝的供水线、退水线，最终形成研究区流域概化图，如图 6-27 所示。

2. 淮河流域研究区数字化

流域的数字化信息见 6.4.2 节。

3. 研究区中长期来水预报模型的构建

基于分布式时变增益水文模型（DTVGM）（见第6.4.1节）（夏军等，2004），整理179个降水站点的雨量数据，并通过 IDW 插值到397个子流域中。考虑85个水库闸坝（图6-33），7个生态控制断面（图6-34），收集34个水库闸坝的特征水位参数，根据时变增益理论，建立来水预报模型，基于图论技术根据实测站点数据情况灵活实现分布式参数自动优选。

基于水文非线性系统的分布式时变增益模型（DTVGM）采用拓扑属性表法针对子流域进行编码，对每一个子流域进行编码时，编码过程是随机的，同时根据河网上下游关系，建立拓扑属性表，用于水文模型河网汇流演算，见图8-7。

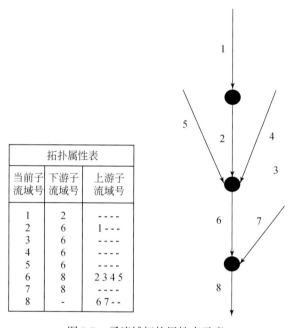

拓扑属性表		
当前子流域号	下游子流域号	上游子流域号
1	2	- - - -
2	6	1 - - -
3	6	- - - -
4	6	- - - -
5	6	- - - -
6	8	2 3 4 5
7	8	- - - -
8	-	6 7 - -

图 8-7　子流域拓扑属性表示意

8.2.2　需水预测

通过查阅历年《淮河片水资源公报》《安徽省水资源公报》《湖北省水资源公报》《河南省水资源公报》以及研究区内河南、安徽、湖北三省农田水利情况、社会经济信息等资料，选定 2016 年为基准年，即以 2016 年研究区内各行政区的"三生"用水量为参考，见表8-1，并在此基础上对未来研究区进行需水量预测。

表 8-1　2016 年研究区各省"三生"用水量　　　　（单位：亿 m³）

省份	2016 年用水量			
	生活	工业	农业	合计
河南	30.33	25.32	63.71	119.36
安徽	10.87	14.53	48.33	73.73
湖北	0.20	0.11	0.60	0.91

8.2.3　基于 DTVGM 的生态用水预警与模拟调度

1. 中长期生态计划调度模型构建

基于 DTVGM 的来水预报模型，增加重点调度水库、闸门等控制单元的供退水线路以及取用水模块，进行用水供需分析和计算，构建中长期尺度下的生态计划调度模型，实现流域水文过程模拟和宏观水资源计划调度。

2. 中长期生态计划调度模型率定与验证

中长期生态计划调度模型率定与验证见 6.6 节。

3. 生态用水预警与模拟调度

（1）来水频率预测

作为中长期生态调度模型输入，需要对研究区内来水量进行预测，因此设定未来降水频率为来水频率，本次模拟设定为 50% 的来水频率。

（2）研究区"三生"需水量预测

作为中长期生态计划调度模型输入，需要对研究区内"三生"需水量进行预测，模型以 2016 年各省用水量为基准值，根据未来各省的"三生"用水变化趋势，给出不同的增减比例，以此作为研究区的"三生"用水需水预测值，见表 8-2。

表 8-2　2016 年研究区各省"三生"需水量

省份	需水增加比例/%			合计/亿 m³
	生活	工业	农业	
河南	5	5	5	125.33
安徽	10	10	10	81.1
湖北	2	2	2	0.93

（3）生态用水预警与模拟调度结果

作为中长期生态计划调度模型的输出，生态控制断面（王家坝、鲁台子、蚌埠、小柳巷和界首）的月平均流量过程和最小生态流量过程见图 8-8 ~ 图 8-12。

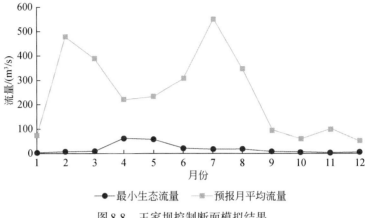

图 8-8　王家坝控制断面模拟结果

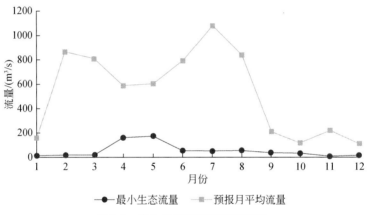

图 8-9　鲁台子控制断面模拟结果

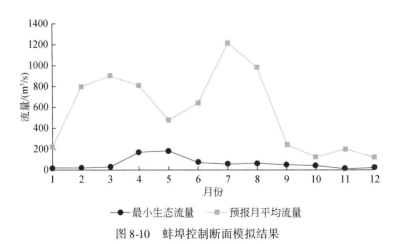

图 8-10　蚌埠控制断面模拟结果

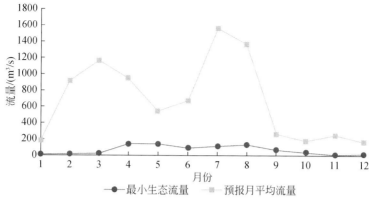

图 8-11 小柳巷控制断面模拟结果

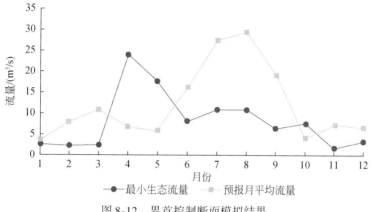

图 8-12 界首控制断面模拟结果

经计算，其生态控制断面的生态用水保证率见表 8-3，在来水频率 50%，需水总量 207.36 亿 m³ 条件下，所有断面生态用水均达标。

表 8-3 生态控制断面的生态用水保证率统计 （单位:%）

生态控制断面	生态用水保证率	是否达标
王家坝	100	达标
鲁台子	100	达标
蚌埠	100	达标
小柳巷	100	达标
界首	75	达标

8.2.4 沙颍河流域生态用水预警与常规调度

1. 沙颍河流域水资源系统网络图

沙颍河流域干流上建有 5 座有调节能力的水库（包括白沙水库、昭平台水库、白龟山水库、孤石滩水库、燕山水库），全流域用水划分为 10 个区域，河流上有 6 个控制断面（主要包括贾鲁河中牟断面、北汝河大陈断面、沙河干流漯河断面、沙颍河周口断面、沙颍河槐店断面以及汾泉河沈丘断面），每个断面处均有河道内生态环境流量要求。图 8-13 为沙颍河流域水资源系统网络图。

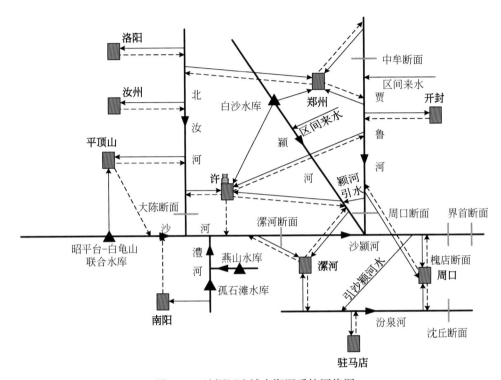

图 8-13 沙颍河流域水资源系统网络图

2. 沙颍河流域水资源状况

沙颍河流域总面积为 34 480km²，多年平均降水量为 760.4mm。近几十年来，流域上游工农业发展迅速，使得沙颍河严重污染，成为淮河流域污染最严重的支流。沙颍河流域分水系多年平均水资源量见表 8-4。

表 8-4 沙颍河流域分水系多年平均水资源量

水系名称	计算面积/km	降水量/mm	地表水资源量/亿 m³	地下水资源量/亿 m³	水资源总量/亿 m³
贾鲁河	5 896	663.9	5.45	8.5	11.29
颍河	16 359	750.5	16.96	22.23	35.27
北汝河	5 650	723.7	8.7	5.85	12.24
沙河	6 575	703	17.51	7.15	17.42
流域合计	34 480	722.2	48.62	43.73	76.22

根据水资源公报统计资料，沙颍河流域用水情况见表 8-5。

表 8-5　沙颍河流域用水情况　　　　　　　　　（单位：亿 m³）

年份	农业	工业	生活	生态	总用水量
2001	34.08	10.39	6.23	0	50.70
2002	33.18	10.62	6.41	0	50.21
2003	23.69	9.62	6.50	0.95	40.76
2004	25.97	10.07	7.03	1.32	44.39
2005	25.88	11.46	7.45	1.56	46.35
2006	27.97	12.51	8.02	1.83	50.33
2007	25.56	13.80	8.45	1.97	49.78
2008	27.02	14.18	9.13	4.07	54.40
2009	26.94	14.50	9.18	3.21	53.83
2010	25.33	15.81	9.75	3.07	53.96
2011	23.77	16.76	10.34	6.66	57.53
2012	24.41	16.24	10.44	6.96	58.05

为了直观地表示用水量的变化趋势，根据 2001~2012 年沙颍河流域用水量绘制历年用水过程，见图 8-14。

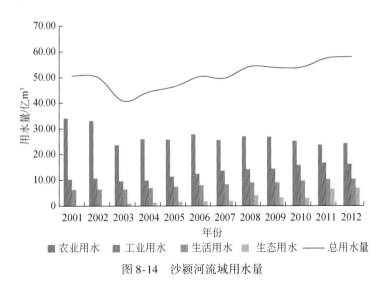

图 8-14　沙颍河流域用水量

从图 8-14 可以看出，用水总量呈现出增加态势，总量控制在 40 亿~60 亿 m³。由于经济快速增长，工业需水量增加最大，最大增加值约 7 亿 m³；其次是河道外生态环境用水量，增加比例最大，接近 7 亿 m³；此外生活用水量净增加 4 亿 m³；农业需水量为负增长。

以 2015 年 11 月 ～2016 年 10 月为一个调度年进行水资源配置，其中 11 月 1 日至次年 6 月 30 日为枯水调度期，7 月 1 日 ～10 月 31 日为防汛调度期。

3. 调度年水情预报

（1）地表水资源预报

采用 2015 ～2016 年实测资料为计算条件，见表 8-6。

（2）用水预测

沙颍河流域水资源统一调度涉及郑州市、开封市、洛阳市、平顶山市、许昌市、漯河市、南阳市、周口市、驻马店市 9 个地市。对各市上报年度逐月用水计划数据按农业用水、其他用水两大类汇总。其中农业用水指农田灌溉及林牧渔畜用水，其他用水包括生活用水、工业用水及河道外生态环境用水。各城市用水计划申报量见表 8-7。

4. 调度年水量调度原则

按照实行最严格水资源管理制度精神和有关法律法规，结合沙颍河流域实际情况，确定水量调度的基本原则。

（1）总量控制原则

用水总量控制是以全口径的用水总量控制为对象，包括对地表水、地下水和其他水源的控制指标以及对农业、生活、生态环境等方面用水量的控制指标；用水总量控制指标中包括从外流域调入本区用于河道外利用的水量，一般情况下，用水总量控制指标以用水量为主，必要时辅以用水消耗量指标。

用水总量控制是在考虑水资源承载力和节水要求下，为取水许可和计划用水等水资源管理服务的水量分配，如用水额度、河道断面控制流量、生态流量、最小流量、最小水位和水质等；在分配的时间尺度上可以包括不同规划水平年、不同来水频率情况下的用水额度和年度用水计划等。

（2）同比例丰增枯减原则

以沙颍河流域水量分配方案为基础，根据预报来水，按照以供定需（丰增枯减）原则，制订水量调度方案。沙颍河水量制订年计划、月调节的调度方式，依据沙颍河水量分配方案，比较年径流预报与正常年份径流量，按照同比例丰增枯减的原则，制订沙颍河水量年度分配和调度预案，并上报河南省水利厅审批。

实时调度时，在确保不断流的前提下，优先安排城乡居民生活用水，对其他用水根据沙颍河实际来水情况，按同比例丰增枯减原则进行调度。为了不影响下游用水需要，主要控制断面下泄流量要满足生态基流。

表 8-6　沙颍河流域主要控制断面天然径流量

（单位：万 m³）

河流名称	控制站名称	11月	12月	1月	2月	3月	4月	5月	6月	7月	8月	9月	10月	合计
贾鲁河	中牟站上	367	325	301	390	779	979	723	1 057	2 814	2 805	2 832	1 830	15 202
贾鲁河	中牟至周口	864	592	434	616	844	988	880	1 876	6 706	7 580	5 106	3 094	29 580
颍河	白沙水库上	180	169	142	168	97	109	108	846	2 229	2 675	1 543	1 146	9 412
颍河	白沙水库至周口	294	729	404	97	70	258	68	3 186	11 662	10 555	6 152	4 675	38 150
北汝河	大陈闸上	1 963	2 407	929	708	1 141	993	1 061	5 328	16 802	19 383	12 108	8 361	71 184
澧河	孤石滩水库上	201	123	48	56	42	84	24	729	2 272	2 214	1 088	661	7 542
澧河	燕山水库上	565	469	268	251	553	479	396	2 547	8 826	7 403	3 196	2 028	26 981
澧河	孤石滩、燕山至轴口	367	348	80	25	26	185	364	1 260	4 242	4 698	2 420	1 466	15 481
沙河	昭平台上	1 513	984	421	512	953	572	593	4 101	13 633	13 402	7 329	3 879	47 892
沙河	昭平台至白龟山	904	998	164	240	399	206	302	3 626	7 322	6 335	4 476	2 250	27 222
沙河	白龟山至周口	401	395	114	77	48	213	397	569	8 666	11 581	7 607	6 728	36 796
沙河	周口至槐店	729	542	373	379	386	505	418	2 076	6 629	6 199	3 545	2 642	24 423

表 8-7　沙颍河流域各城市用水计划申报量

（单位：万 m³）

行政区	项目	11月	12月	1月	2月	3月	4月	5月	6月	7月	8月	9月	10月	合计
郑州市	农业	61	61	61	64	109	349	476	430	330	329	422	476	3 168
	其他	210	288	214	193	824	864	891	931	934	934	935	938	8 156
	合计	271	349	275	257	933	1 213	1 367	1 361	1 264	1 263	1 357	1 414	11 324
开封市	农业	174	174	174	0	174	0	174	0	0	0	0	0	870
	其他	77	77	77	77	77	77	77	77	77	77	77	77	924
	合计	251	251	251	77	251	77	251	77	77	77	77	77	1 794
洛阳市	农业	0	0	0	0	300	300	200	0	0	0	0	200	1 000
	其他	180	180	180	180	180	180	180	250	250	180	180	180	2 300
	合计	180	180	180	180	480	480	380	250	250	180	180	380	3 300
平顶山市	农业	700	700	700	700	700	820	820	820	820	820	820	868	9 288
	其他	1 406	1 406	1 406	1 406	1 406	1 406	1 406	1 406	1 406	1 406	1 406	1 406	16 872
	合计	2 106	2 106	2 106	2 106	2 106	2 226	2 226	2 226	2 226	2 226	2 226	2 274	26 160
汝州市	农业	180	180	180	180	180	180	180	180	180	180	180	180	2 160
	其他	255	255	255	255	255	255	255	255	255	255	255	255	3 060
	合计	435	435	435	435	435	435	435	435	435	435	435	435	5 220
许昌市	农业	616	590	665	739	1 470	1 745	498	2 390	1 540	740	550	2 890	14 433
	其他	885	869	882	907	1 212	1 363	947	949	953	955	948	1 482	12 352
	合计	1 501	1 459	1 547	1 646	2 682	3 108	1 445	3 339	2 493	1 695	1 498	4 372	26 785
漯河市	农业	400	400	400	400	360	500	800	900	450	400	300	800	6 110
	其他	960	960	960	960	740	900	960	980	1 010	1 010	960	960	11 360
	合计	1 360	1 360	1 360	1 360	1 100	1 400	1 760	1 880	1 460	1 410	1 260	1 760	17 470
南阳市	农业	0	200	200	100	200	0	0	200	300	300	0	200	1 700
	其他	43	43	43	43	44	45	46	48	48	48	45	44	540
	合计	43	243	243	143	244	45	46	248	348	348	45	244	2 240
周口市	农业	1 800	1 800	1 800	1 800	1 800	2 100	2 100	2 100	2 100	2 100	2 100	2 100	23 700
	其他	1 150	1 150	1 150	1 150	1 150	1 250	1 250	1 250	1 250	1 250	1 250	1 250	14 500
	合计	2 950	2 950	2 950	2 950	2 950	3 350	3 350	3 350	3 350	3 350	3 350	3 350	38 200
驻马店市	农业	120	120	120	0	120	0	120	0	0	0	0	0	600
	其他	0	0	0	0	0	0	0	0	0	0	0	0	0
	合计	120	120	120	0	120	0	120	0	0	0	0	0	600

调度过程是各市区和灌区单位申报年度、月度用水计划建议，河南省沙颍河流域管理局依据沙颍河水量分配方案、径流预报和水库蓄水量，结合申报的用水计划，按照同比例丰增枯减原则，综合平衡制订年度调度计划，经河南省水利厅审批后下达；河南省沙颍河流域管理局依据批准的年度调度计划，结合申报的月用水计划建议，制订月调度方案，经河南省水利厅批准后下达。用水高峰期，根据需要制订并下达旬调度方案。

（3）服从防洪调度原则

水量调度应服从防洪调度，保障防洪安全。防洪调度是防洪减灾指挥工作的核心，其主要任务是依据雨情、水情、工情、洪水预报和灾情实况，设计合理可行的防洪调度方案，保证防洪工程和防洪地区的安全，尽可能地减小灾害损失。

水库必须保证设计的防洪库容可用于防供，汛期水库的蓄水位不得高于防洪汛限水位，汛后逐渐抬高水位蓄水兴利。

（4）保障生态基流原则

基本需水量最小值（生态基流）是指年内生态环境需水量过程中需要保留在河道中水（流）量的最小值，一般用月平均流量或月平均水量等表示。

在保障生态安全的前提下，充分发挥流域水资源调度的作用，合理制订沙颍河流域水量调度计划，努力提高水资源利用效率，实现水资源的合理调配、高效利用，保障社会、经济、环境可持续发展。

（5）兼顾上下游、左右岸利益原则

充分考虑各行政区域经济社会和生态环境状况、水资源条件和供用水状况、发展水平等，统筹上下游、左右岸的用水关系，科学制订水量调度，保障流域经济和谐发展。

（6）安全性原则

供水调度必须遵循"安全第一"的原则，对各种水利工程的操作运用都必须控制在设计或规定的安全范围之内。

5. 调度年水量调度结果

（1）水量调度计算流程

依据调度年水情预报结果，采用8.1.2节介绍的生态用水计划调度模型，针对流域水资源系统网络图，自上游往下游，从支流到干流，对网络图节点按自然数顺序进行计算。模拟计算流程见图8-15。

计算结束后，统计各类用水户在整个计算期的供水量及供水保证率，以及各年和整个计算期的缺水量及缺水率。如果对河道内某个断面（节点）有生态流量要

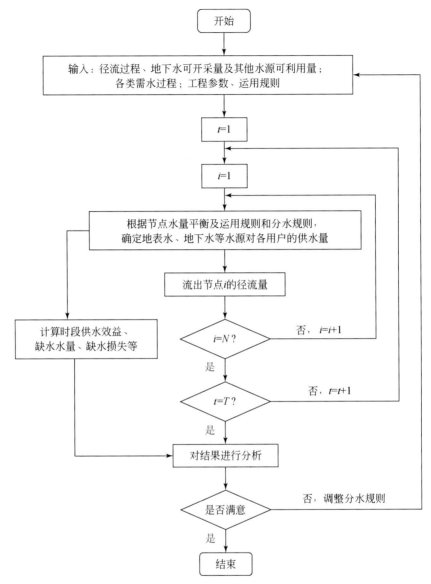

图 8-15　生态用水计划调度模型计算流程

求，也可以统计生态流量的保证率。根据上述统计指标，对水量调度方案进行评价。如果对水量调度效果不满意的话，可以通过改变工程运用规则或分水规则，重新进行模拟计算，直至找到较为满意的水量调度方案。

（2）缺水情况统计

首先根据计算结果，统计实际供水情况，见表 8-8。

然后将沙颍河流域各城市用水计划（表 8-7）与实际供水（表 8-8）进行比较，得到各城市缺水情况见表 8-9。

表 8-8 沙颍河流域各城市实际供水总量

（单位：万 m³）

行政区	项目	11月	12月	1月	2月	3月	4月	5月	6月	7月	8月	9月	10月	合计
郑州市	农业	29	30	29	31	53	169	230	430	330	329	422	476	2 558
	其他	210	288	214	193	535	567	582	931	934	934	935	938	7 261
	合计	239	318	243	224	588	736	812	1 361	1 264	1 263	1 357	1 414	9 819
开封市	农业	174	174	174	0	174	0	174	0	0	0	0	0	870
	其他	77	77	77	77	77	77	77	77	77	77	77	77	924
	合计	251	251	251	77	251	77	251	77	77	77	77	77	1 794
洛阳市	农业	0	0	0	0	300	300	200	0	0	0	0	200	1 000
	其他	180	180	180	180	180	180	180	250	250	180	180	180	2 300
	合计	180	180	180	180	480	480	380	250	250	180	180	380	3 300
平顶山市	农业	700	700	332	316	637	390	751	820	820	820	820	868	7 974
	其他	1 406	1 406	1 406	1 406	1 406	1 406	1 406	1 406	1 406	1 406	1 406	1 406	16 872
	合计	2 106	2 106	1 738	1 722	2 043	1 796	2 157	2 226	2 226	2 226	2 226	2 274	24 846
汝州市	农业	180	180	34	63	77	62	79	180	180	180	180	180	1 575
	其他	255	255	255	255	255	255	255	255	255	255	255	255	3 060
	合计	435	435	289	318	332	317	334	435	435	435	435	435	4 635
许昌市	农业	37	133	40	44	48	49	30	2 390	1 540	740	550	2 890	8 491
	其他	885	869	882	907	1 212	1 363	947	949	953	955	948	1 482	12 352
	合计	922	1 002	922	951	1 260	1 412	977	3 339	2 493	1 695	1 498	4 372	20 843
漯河市	农业	275	253	260	279	360	500	524	834	450	400	300	800	5 235
	其他	960	960	960	960	740	900	960	980	1 010	1 010	960	960	11 360
	合计	1 235	1 213	1 220	1 239	1 100	1 400	1 484	1 814	1 460	1 410	1 260	1 760	16 595
南阳市	农业	0	80	5	13	0	0	0	200	300	300	0	200	1 098
	其他	43	43	43	43	42	45	24	48	48	48	45	44	516
	合计	43	123	48	56	42	45	24	248	348	348	45	244	1 614
周口市	农业	1 166	1 179	238	151	319	317	1 206	2 100	2 100	2 100	2 100	2 100	15 076
	其他	1 150	1 150	1 150	1 150	1 150	1 250	1 250	1 250	1 250	1 250	1 250	1 250	14 500
	合计	2 316	2 329	1 388	1 301	1 469	1 567	2 456	3 350	3 350	3 350	3 350	3 350	29 576
驻马店市	农业	120	8	38	0	29	0	120	0	0	0	0	0	315
	其他	0	0	0	0	0	0	0	0	0	0	0	0	0
	合计	120	8	38	0	29	0	120	0	0	0	0	0	315

表 8-9　沙颍河流域各城市缺水情况统计

月份	郑州市/万 m³	周口市/万 m³	开封市/万 m³	漯河市/万 m³	驻马店市/万 m³	许昌市/万 m³	平顶山市/万 m³	洛阳市/万 m³	汝州市/万 m³	南阳市/万 m³
11	32	634	0	125	0	579	0	0	0	0
12	31	621	0	147	112	457	0	0	0	120
1	32	1562	0	140	82	625	368	0	146	195
2	33	1649	0	121	0	695	384	0	117	87
3	345	1481	0	0	91	1422	63	0	103	202
4	477	1783	0	0	0	1696	430	0	118	0
5	555	894	0	276	0	468	69	0	101	22
6	0	0	0	66	0	0	0	0	0	0
7	0	0	0	0	0	0	0	0	0	0
8	0	0	0	0	0	0	0	0	0	0
9	0	0	0	0	0	0	0	0	0	0
10	0	0	0	0	0	0	0	0	0	0
合计	1505	8624	0	875	285	5942	1314	0	585	626
缺水率/%	13	23	0	5	48	22	5	0	11	28

从表 8-9 可以看出，除开封和洛阳外，各城市都有不同程度的缺水。总缺水量为 19 756 万 m³，其中 95.35% 为农业缺水。

与用户计划用水量相比较，驻马店缺水最多，实际用水约为计划用水的一半。其次是周口和许昌，实际用水约为计划用水的 1/4。

如图 8-16 所示，与缺水总量相比，以周口和许昌两个城市最为严重，占 74%。其中周口缺水量最大，缺水 8624 万 m³。

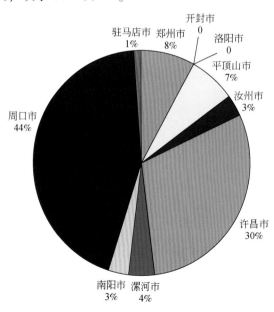

图 8-16　各城市缺水占缺水总量比例

为了直观地了解缺水的时空分布，特别将缺水情况用图 8-17 和图 8-18 表示。从图中可以看出，11 月至次年 5 月整个枯水期都有不同程度的缺水，其中 4 月缺水最为严重，占总缺水量的 24%，其次是 3 月，占总缺水量的 18%。

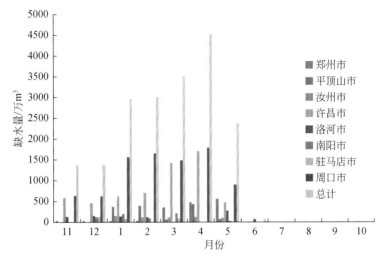

图 8-17　各城市缺水情况时间过程

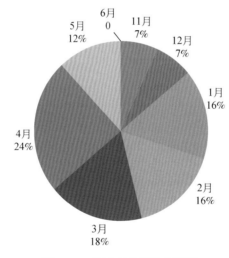

图 8-18　各城市各月缺水程度

（3）断面生态流量保证情况

根据计算结果，统计各生态监测断面生态流量保证程度，见表 8-10，结果显示，各生态监测断面生态流量保证程度都达标。其中，漯河断面生态流量保证程度最低，为 75%，不能保证的时段为 1 月、2 月、4 月；其次是省界断面界首，为 83%，不能保证的时段为 4 月和 5 月，见图 8-19。

表 8-10　沙颍河流域各断面流量情况统计

月份	界首/(m³/s)		周口/(m³/s)		沈丘/(m³/s)		漯河/(m³/s)		大陈/(m³/s)		中牟/(m³/s)	
	流量	要求	流量	要求	流量	要求	流量	要求	流量	要求	流量	要求
11	14	1.6	0.9	0.4	1.28	0.81	10.4	4.5	5.26	1.47	1.35	0.37
12	13	3.2	0.9	0.4	1.28	0.81	14	4.5	6.95	1.47	1.19	0.37
1	5	2.6	0.9	0.4	1.28	0.81	4.1	4.5	1.85	1.47	1.10	0.37
2	5	2.3	0.9	0.4	1.28	0.81	3.5	4.5	1.39	1.47	1.44	0.37
3	13	2.4	1.2	0.4	1.28	0.81	11.5	4.5	1.58	1.47	2.84	0.37
4	7	24	1.2	0.4	1.39	0.81	3.8	4.5	1.36	1.47	3.53	0.37
5	13	17.5	0.9	0.4	2.52	0.81	10.1	4.5	1.59	1.47	2.52	0.37
6	53	7.9	0.9	0.4	12.28	0.81	37.8	4.5	17.56	1.47	3.79	0.37
7	293	10.8	36.6	0.4	42.86	0.81	199.1	4.5	61.32	1.47	10.50	0.37
8	301	10.9	35.3	0.4	28.43	0.81	206.3	4.5	71.37	1.47	10.47	0.37
9	147	6.3	19.5	0.4	16.65	0.81	87.7	4.5	43.73	1.47	10.54	0.37
10	93	7.6	3.9	0.4	9.49	0.81	64.6	4.5	28.30	1.47	6.72	0.37
保证率/%	83		100		100		75		83		100	

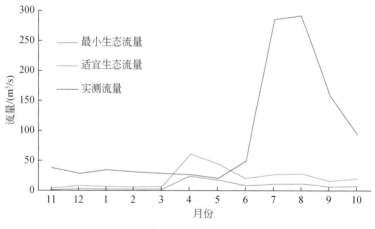

图 8-19　界首断面河道生态流量过程图

8.3　沙颍河流域闸坝群联合调度

8.3.1　联合调度概述

根据淮河流域生态用水保证率现状分析的结果，选取沙颍河流域界首断面以上作为调度区域进行水质–水量–水生态联合调度实例计算。

1. 生态调度对象概况

淮河流域水利工程众多，但能对全局发挥调度作用，且在保障防洪、兴利目标的同时对水生态产生积极影响的大多是大型水库工程（Liu et al.，2017）。根据闸坝群调控能力的评估结果，在沙颍河流域范围内，选定具有生态调度潜力的白沙水库、孤石滩水库和昭平台水库进行水质–水量–水生态联合调度研究，具体的水库信息见表8-11。

表 8-11　沙颍河大型水库基本信息

水库名称	所在河流	流域面积/km²	兴利库容/亿 m³	规划的生态库容/亿 m³
昭平台	沙河	1430	2.32	0.92
白龟山	沙河	2740	2.36	0.00
孤石滩	沙河支流澧河	285	0.63	0.21
白沙	沙河支流颍河	985	1.05	0.00

根据水库生态用水调度模型设定的目标，水库在实际调度中保障河道最小生态流量，在基本满足社会经济用水之后，通过调度使河道生态适宜流量满足75%的保证率。沙颍河流域闸坝概化图见图8-20。

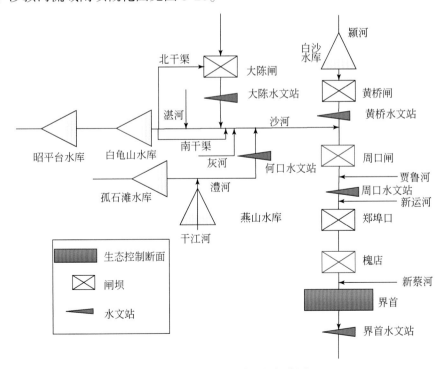

图 8-20　沙颍河流域闸坝概化图

2. 生态调度优化模型参数及输入条件

（1）水库闸门运行参数

根据《淮河流域防汛水情手册》中的水库闸门参数及运行规则，设置模型的水库闸门运行参数和水库运行规则。

（2）水文系列

根据各水文测站和水库测站 1976～2015 年长序列实测资料，作为模型输入的区间来流和水库入流的逐时段流量。对于没有水文测站的区间来流，根据降水的区域分布和径流等值线，概算区间入流。

（3）社会经济需水

根据淮河流域 1976～2015 年的生活、农业、工业等各用途用水的实际情况，作为模型输入的生产、生活逐时段需水量，并考虑兴建的重大调水工程的外调水量对模型输入的影响，包括南水北调东线和中线工程，安徽省引江济淮工程。对于部分没有实测数据的用水单元的生产、生活需水量，参考《淮河流域及山东半岛水资源综合规划》中的水资源配置结果。

（4）河道生态需水量

结合第 7 章生态需水调控目标的计算成果，以其最小生态流量和适宜生态流量作为模型输入的河道生态需水量。

（5）水质调度模拟

以淮河流域 1976～2015 年实测的水库蓄水量、河道流量、各排污口排污流量的污染物浓度和其他水质记录资料作为模型输入的污染物溶度及其他水质模拟参数，并考虑模型计算范围内水污染等突发事件下的水量调度情况，作为水污染防治应急调度模拟计算的参照。

3. 生态调度模拟优化模型求解算法及模型输出

采用智能算法对构建的生态用水调度模拟优化模型进行求解。模型计算时段按照汛期和非汛期两类划分，非汛期（9 月 21 日至次年 6 月 10 日）主要考虑供水目标，调度计算时段设定为月或旬；汛期（6 月 11 日～9 月 20 日）考虑防洪库容的时效性，调度计算时段设定为日。

模型算得的调度模拟结果，综合分析其社会经济供水满足程度及流域生态用水保证率，优选合适的闸坝群中长期联合调度方案作为模型输出，传递给闸坝群联合调度模型进一步细化调度方案，实现生态用水调度目标。

8.3.2 调度区域基本情况

界首断面控制区域位于淮河流域沙颍河子流域的中上游，控制面积为 29 290km²，占沙颍河流域的 79.92%，区域内有贾鲁河、小颍河、北汝河和沙河，其水系行政区分布见图 8-21。

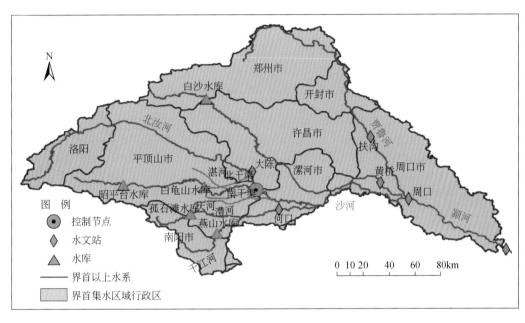

图 8-21　调度区域水系行政区图

8.3.3 典型调度年选择

界首断面 2000~2010 年最小生态流量和适宜生态流量月保证率变化见表 8-12，可知，2001 年月生态保证率小于 75%，故选择 2001 年进行生态调度，考虑上游水库的调度规则是以水利年为基准的，其汛期是 6~9 月，采用 2001 年 6 月~2002 年 5 月作为调度年。调度昭平台水库，增加其生态下泄流量，从而提高界首断面的生态用水保证率。由《2001 年河南省水资源公报》可知，2001 年全省平均降水量为 543.3mm，比 2000 年减少 45.4%，比多年平均值减少 30.8%，位于 1956~1979 年系列倒数第二位，干旱程度接近枯水年 1966 年，淮河片区降水量相对于多年平均值减少 33.2%，地表水资源量较多年平均值减少 59.2%。

表 8-12　界首断面 2000~2010 年月生态保证率

年份	1月	2月	3月	4月	5月	6月	7月	8月	9月	10月	11月	12月	月最小生态流量不满足月份数/个	最小生态流量月保证率/%	月适宜生态流量不满足月份数/个	适宜生态流量月保证率/%
最小生态流量	5.5	5.5	5.5	5.8	5.8	16.7	16.7	16.7	16.7	5.5	5.5	5.5				
适宜生态流量	12.6	12.6	12.6	13.2	13.2	38.2	38.2	38.2	38.2	12.6	12.6	12.6				
2000	5.51	9.51	17.45	11.16	0	175.50	1384.32	382.60	158.23	147.99	135.01	103.69	1	91.67	4	66.67
2001	76.73	114.64	78.44	27.07	3.05	21.93	86.97	144.02	2.65	0	4.71	2.63	5	58.33	6	50.00
2002	18.65	14.30	5.76	4.79	30.22	95.44	89.51	42.61	14.66	20.32	7.73	15.20	2	83.33	3	75.00
2003	11.60	12.28	20.39	24.20	27.66	24.58	244.35	306.48	762.13	618.09	229.73	144.68	0	100.00	2	83.33
2004	91.94	71.54	79.39	50.68	20.08	23.34	418.08	429.29	195.53	111.61	105.04	58.89	0	100.00	1	91.67
2005	34.12	40.26	59.68	44.31	26.16	25.60	281.35	247.66	257.53	423.65	123.25	62.29	0	100.00	1	91.67
2006	66.56	81.03	95.66	70.86	55.52	13.81	186.71	146.18	80.52	69.10	43.91	56.54	0	100.00	1	91.67
2007	44.65	33.39	108.86	66.00	38.74	60.27	687.33	309.87	123.82	61.66	48.53	56.61	0	100.00	0	100.00
2008	51.45	60.42	45.91	72.78	71.52	50.22	187.54	128.05	122.16	63.26	60.91	59.30	0	100.00	0	100.00
2009	24.69	0.08	44.34	41.91	43.17	37.87	112.71	75.94	107.00	70.64	67.44	74.80	1	91.67	2	83.33
2010	39.10	31.72	62.98	77.48	131.17	119.14	452.00	435.89	738.38	170.41	100.09	82.77	0	100.00	0	100.00

表 8-13 2001 年 6 月～2002 年 5 月昭平台水库生态调度前后对比

计算项目	昭平台水库 /亿 m³													实质生态放流量 /(m³/s)	占预留生态放流比例/% (0.92 亿 m³)	农业灌溉 限制水位/m	及对应库容/亿 m³
	6 月	7 月	8 月	9 月	10 月	11 月	12 月	1 月	2 月	3 月	4 月	5 月	总计/6 月				
出库水量	0.208	0.407	0.549	0.183	0.246	0	0.142	0.165	0	0.119	0.007	0.268	2.294				
平均流量	8.04	15.20	20.50	7.05	9.20	0	5.29	6.17	0	4.45	0.26	10.00					
月初蓄水（前）	0.633	0.790	1.995	1.583	1.404	1.154	1.166	1.045	0.888	0.898	0.783	0.797	1.094				
月初蓄水（后）	0.633	0.790	1.995	1.690	1.432	1.128	1.096	3.461	0.657	0.668	0.552	0.497	0.794				0.495
生态放水量			-0.107	0.079	0.054	0.044	0.161				0.069			0.30	32.60		
蓄水变化量			-4.00	3.00	2.00	1.70	6.00				2.67						
月初水位（前）	161.25	162.26	167.80	166.16	165.38	164.22	164.28	163.67	162.83	162.89	162.22	162.30	163.93				
月初水位（后）	161.25	162.26	167.80	166.60	165.50	164.10	163.95	162.40	161.41	161.48	160.66	160.43	162.28			160.40	
蓄水变化（后）	0.157	1.205	-0.305	-0.258	-0.304	-0.032	2.365	-2.803	0.010	-0.115	-0.055	0.297					
界首最小生态流量				14.05	5.50	0.79	2.87				1.01						
欠缺水量																	

表 8-14 2001 年 6 月～2002 年 5 月界首断面以上行政区水资源利用结果

行政区	项目	6 月	7 月	8 月	9 月	10 月	11 月	12 月	1 月	2 月	3 月	4 月	5 月
平顶山	本地水资源量/万 m³	22 633.80	28 720.84	22 569.44	8 306.28	3 429.59	2 693.33	1 582.20	1 505.74	1 625.09	3 875.20	3 179.51	4 613.34
	未利用量/万 m³	14 349.83	18 209.01	14 309.03	5 266.18	2 174.36	1 707.57	1 003.12	1 203.09	1 298.45	3 096.28	2 540.43	3 686.06
	折合流量 Q/(m³/s)	55.36	67.98	53.42	20.32	8.12	6.59	3.75	4.49	5.37	11.56	9.80	13.76
	退水量/万 m³	2 051.22	2 986.69	2 482.32	1 273.94	2 352.78	1 273.94	1 316.40	533.00	481.42	533.00	1 611.28	533.00
	退水 Q/(m³/s)	7.91	11.15	9.27	4.91	8.78	4.91	4.91	1.99	1.99	1.99	6.22	1.99
	工农业生活用水/万 m³	4 694.79	7 575.54	5 990.91	2 252.72	5 583.90	2 252.72	2 327.81	1 014.74	916.54	1 014.74	4 423.75	1 014.74
	工农业生活用水 Q/(m³/s)	18.11	28.28	22.37	8.69	20.85	8.69	8.69	3.79	3.79	3.79	17.07	3.79

续表

行政区	项目	6月	7月	8月	9月	10月	11月	12月	1月	2月	3月	4月	5月
许昌	本地水资源量/万m³	1986.23	3278.74	3058.47	2157.13	1919.14	724.11	725.37	331.08	99.43	721.16	973.57	930.95
	未利用量/万m³	1259.27	2078.72	1939.07	1367.62	1216.74	459.08	459.89	209.90	63.04	457.22	617.24	590.23
	折合流量 Q/(m³/s)	4.86	7.76	7.24	5.28	4.54	1.77	1.72	0.78	0.26	1.71	2.38	2.20
	退水量/万m³	686.24	811.17	751.80	594.76	736.56	594.76	614.58	733.77	662.96	733.77	881.93	733.77
	退水 Q/(m³/s)	2.65	3.03	2.81	2.29	2.75	2.29	2.29	2.74	2.74	2.74	3.40	2.74
	工农业生活用水/万m³	1885.66	2425.34	2147.99	1458.23	2076.75	1458.23	1506.84	1797.69	1623.72	1797.69	2542.55	1797.69
	工农业生活用水 Q/(m³/s)	7.27	9.06	8.02	5.63	7.75	5.63	5.63	6.71	6.71	6.71	9.81	6.71
漯河	本地水资源量/万m³	1414.31	2334.65	2177.81	1536.00	1366.54	515.61	516.51	243.88	73.24	531.22	717.14	685.75
	未利用量/万m³	896.67	1480.17	1380.73	973.83	866.39	326.89	327.47	154.62	46.44	336.79	454.67	434.77
	折合流量 Q/(m³/s)	3.46	5.53	5.16	3.76	3.23	1.26	1.22	0.58	0.19	1.26	1.75	1.62
	退水量/万m³	452.22	529.84	493.46	396.15	484.12	396.15	409.36	87.99	79.48	87.99	154.42	87.99
	退水 Q/(m³/s)	1.74	1.98	1.84	1.53	1.81	1.53	1.53	0.33	0.33	0.33	0.60	0.33
	工农业生活用水/万m³	1133.28	1379.59	1258.29	946.34	1227.14	946.34	977.89	258.45	233.44	258.45	481.06	258.45
	工农业生活用水 Q/(m³/s)	4.37	5.15	4.70	3.65	4.58	3.65	3.65	0.96	0.96	0.96	1.86	0.96
周口	本地水资源量/万m³	2726.09	3870.07	6734.09	2657.13	2734.20	1638.90	766.71	1669.61	598.94	3034.46	1735.88	1596.73
	未利用量/万m³	1728.34	2453.62	4269.41	1684.62	1733.49	1039.06	486.10	1058.53	379.73	1923.85	1100.55	1012.33
	折合流量 Q/(m³/s)	6.67	9.16	15.94	6.50	6.47	4.01	1.81	3.95	1.57	7.18	4.25	3.78
	退水量/万m³	683.24	707.77	706.75	681.66	706.49	681.66	704.38	547.26	494.30	547.26	532.40	547.26
	退水 Q/(m³/s)	2.64	2.64	2.64	2.63	2.64	2.63	2.63	2.04	2.04	2.04	2.05	2.04
	工农业生活用水/万m³	2028.58	2105.03	2099.89	2020.67	2098.57	2020.67	2088.03	1673.57	1511.61	1673.57	1633.60	1673.57
	工农业生活用水 Q/(m³/s)	7.83	7.86	7.84	7.80	7.84	7.80	7.80	6.25	6.25	6.25	6.30	6.25

8.3.4 水量平衡计算

根据水量平衡原则，结合控制水文站等重要节点和行政区单元，由昭平台水库生态放流依次向下进行演算，即

$$W_{出境} = W_{入境} + W_{本地水资源量} - W_{工业农业生活用水量} + W_{退水量} \qquad (8\text{-}32)$$

首先确定昭平台水库的生态放流量，然后根据水库实测出库流量、水库库容变化和水位变化得到生态调度后下泄水量，计算过程和结果见表 8-13。受水库农业灌溉供水约束，水库水位不能降至农业限制水位 160.40m。根据界首断面最小生态缺水流量，确定水库生态放流过程，共生态放水 3000 万 m³，占生态库容的 32.60%。

昭平台水库生态放流量按照 10% 的损失折算系数演进到白龟山水库，并依据白龟山的实测和运行资料，得到白龟山水库的南北干渠和下泄至沙河河道的流量。以白龟山水库下游沙河干流为节点进行水量平衡计算。

根据《河南省水资源公报》《河南统计年鉴》《淮河流域及山东半岛水资源综合规划》得到各行政区的年地表水资源量、地表水供水量以及工业、生活、农业用水量和耗水量。按照历史相似年月径流分配系数对年地表水资源进行月径流分配，依据《淮河流域及山东半岛水资源综合规划》提出的淮河流域河南片区农业用水分配系数进行农业用水月分配，根据《河南统计年鉴》中的机井灌溉面积间接得到农业地表供水比例，并由用水耗水量得到地表水退水量，表 8-14 是部分行政区的月尺度水资源资料。

白龟山下游沙河河道干流水量沿途接纳湛河、灰河、北汝河、澧河入流后，按照沙河干流控制子流域面积与流经行政区面积进行倍比放缩，小颍河由黄桥水文站与黄桥至周口区间控制区域面积进行放缩，贾鲁河由扶沟水文站与扶沟至周口区间控制区域面积进行放缩，沙河、小颍河、贾鲁河在周口汇合后作为计算节点，由周口水文站和界首水文站调度前实测资料得到周口水文站至界首水文站区间水资源变化量，从而得到界首断面调度后的月流量过程，计算结果见表 8-15 和图 8-22。生态调度后，界首断面最小生态需水量的生态用水保证率从 58.3% 提高到 83.3%；生态调度后，界首断面适宜生态需水量的生态用水保证率仍为 41.7%。

8.3.5 界首断面生态用水短期联合调度

界首断面 8 月的最小生态流量为 16.7m³/s，而 2013 年 8 月 25～27 日出现了实测平均流量为 0，槐店至界首区间平均入流为 1m³/s，远不能满足界首断面最小生态流量要求，因此，对 8 月 25～27 日界首断面进行闸坝群短期联合调度模拟研究。

表8-15　2001年6月～2002年5月调度后月流量过程

（单位：m³/s）

指标	6月	7月	8月	9月	10月	11月	12月	1月	2月	3月	4月	5月
沙河北汝河交汇	10.2	33.3	35.2	13.2	12.8	6.0	9.6	4.2	2.2	3.0	5.2	15.0
白龟山水库出流	0	8.9	2.8	2.7	1.8	1.5	5.4	0	0	0	2.4	0
南干渠退水	1.5	3.9	4.5	3.4	4.7	0	0	0	0	0	0	2.2
北干渠退水	2.4	1.2	1.4	1	1.5	0	0	0	0	0	0	0.7
湛河退水	3.1	3.1	3.1	3.1	3.1	3.1	3.1	1.3	1.3	1.3	1.3	1.3
灰河退水	0.5	0.5	0.5	0.5	0.5	0.5	0.5	0.2	0.2	0.2	0.2	0.2
白龟山-汇合处本地水资源未利用量 Q	1.6	6.8	5.3	2.0	0.8	0.7	0.4	0.4	0.5	1.2	1.0	1.4
大陈闸	0	7.5	16.5	0	0	0	0	2.1	0	0	0	8.9
大陈-汇合处本地未利用水资源量与退水量	1.1	1.4	1.1	0.5	0.4	0.2	0.2	0.2	0.2	0.3	0.3	0.3
沙河至周口	16.8	111.3	59.3	23.3	22.0	11.7	15.3	12.6	6.2	9.3	9.5	24.5
本地未利用水资源量 Q	1.1	4.3	7.2	3.1	3.0	1.8	0.9	1.7	0.7	3.2	1.9	1.7
退水量	1.3	1.3	1.3	1.2	1.3	1.2	1.2	0.9	0.9	0.9	0.9	0.9
何口水文站	4.2	72.4	15.6	5.8	4.9	2.7	3.6	5.8	2.4	2.2	1.5	6.9
颍河至周口	0.2	23.8	16.6	0.2	0.2	0.2	0.1	0.1	0	0.1	0.1	1.5
黄桥	0	23.5	16.2	0	0	0	0	0	0	0	0	1.4
黄桥至周口未利用水资源量	0.1	0.2	0.3	0.1	0.1	0.1	0	0.1	0	0.1	0.1	0.1
黄桥至周口退水	0.1	0.1	0.1	0.1	0.1	0.1	0.1	0	0	0	0	0
贾鲁河至周口	0.2	8.4	17.9	0.2	0.2	0.2	0.2	2.3	0.2	0.2	0.2	9.4
扶沟水文站	0	7.5	16.5	0	0	0	0	2.1	0	0	0	8.9
扶沟至周口退水	0.2	0.2	0.2	0.2	0.2	0.2	0.2	0.2	0.2	0.2	0.2	0.2
贾鲁河至周口未利用水资源量	0	0.7	1.2	0	0	0	0	0	0	0.2	0	0.3
周口断面	17.2	143.5	93.8	23.7	22.4	12.1	15.6	15.0	6.4	9.6	9.8	35.4
根据水文站得周口至界首变化量	10.5	-43.7	49.0	-20.1	-18.5	-6.0	-9.0	3.6	9.8	-3.1	-3.7	-3.8
界首断面	27.7	99.8	142.8	3.6	3.9	6.1	6.6	18.6	16.2	6.5	6.1	31.6
界首断面（调度前）	21.9	87.0	144.0	2.7	0	4.7	2.6	18.7	14.3	5.8	4.8	30.2

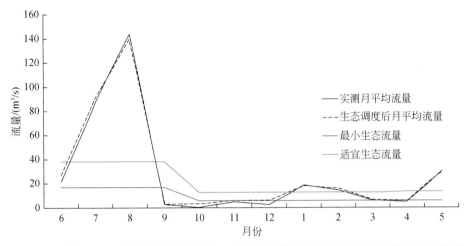

图 8-22　界首断面 2001 年实测月平均流量、生态调度后的月平均流量与生态需水量的比较

　　界首断面上游依次是槐店闸、郑埠口闸、贾鲁河闸和周口闸，周口以上可供调节的水库有白龟山水库和昭平台水库，贾鲁河闸上游可供调节的有黄桥闸、白沙水库。选择可以调度的闸坝与水库，考虑闸坝与水库的可调能力，以及闸坝与水库的调度次序等因素，进行短期调度，使生态断面达到最小生态基流，具体短期生态调度方案见表 8-16。

表 8-16　界首断面短期生态调度方案比选

可调用闸坝与水库	下泄流量/(m³/s)					调度方案
	①槐店闸	②郑埠口闸	③贾鲁河闸（黄桥闸、白沙水库）	④周口闸	⑤水库（白龟山水库、昭平台水库）	
可调能力	8	2	0.5（10）	4	100	
调度前	0	0	0.5	0	—	
预案一	16	8	0.5	6	2	①②④⑤
预案二	16	8	3.5	3	—	①②④③
方案优选	预案一、预案二均能满足界首断面的最小生态基流。由于闸坝的调度权限较水库大，优先考虑闸坝放水；需要水库调水，沙河上游水库较颍河上游水库可操作性强，因此预案一的调度方式为两种预案最优，调度方案为槐店闸→郑埠口闸→周口闸→白龟山水库、昭平台水库					

　　根据比选，预案一的调度方式为最优。调度前，界首断面平均流量为 0，根据预案一调度后，其平均流量达到 17m³/s，满足最小生态流量要求。调度前，槐店闸上水质较好，增大槐店闸下泄流量可以改善界首断面水质，将其水质级别由Ⅳ类水标准提高到Ⅲ类水标准（图 8-23 和图 8-24）。

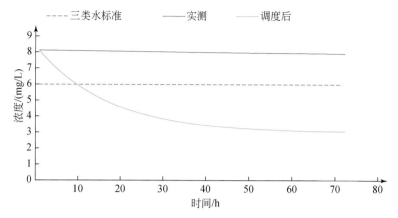

图 8-23　调度前后界首断面 COD_{Mn} 浓度变化

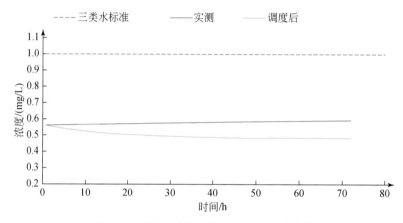

图 8-24　调度前后界首断面 NH_3-N 浓度变化

第9章 淮河流域水质–水量–水生态联合调度系统

9.1 系统总体方案

9.1.1 总体方案架构

淮河流域水质–水量–水生态联合调度系统以水雨情观测站网（雨量站、闸坝、水文站等）为基础，以计算机技术和自动化技术为依托，运用现代信息技术，对流域水文及相关信息进行实时采集、传输和处理，通过实施短期水文预报和中长期水量预测，结合水动力–水质模拟，开展研究区内闸坝群水质–水量–水生态联合调度，有效地提高了淮河流域水质–水量–水生态联合模拟、分析评价、预警和防治、联合调度和综合决策的能力。系统主要由以下部分组成：①水雨情观测站网；②水质监测站网；③实时综合信息处理子系统；④水文预报子系统；⑤水质模拟子系统；⑥水质–水量–水生态联合调度子系统；⑦信息发布子系统；⑧调度运行仿真与会商子系统，为调度结果评估服务。

淮河流域水质–水量–水生态联合调度系统总体方案结构见图 9-1。

9.1.2 系统功能

淮河流域水质–水量–水生态联合调度系统以"改善水质、保护水生态"为目标，以提高淮河流域水生态系统用水保障程度，恢复流域水生态系统健康为需求，故系统具备如下主要功能：①系统自动采集、传输、接收和处理实时水雨情信息、水质信息；②自动接收监测站点信息，并分类存入数据库；③信息编辑、分类信息查询、地理分布信息查询；④工程信息和历史水文信息查询；⑤水质信息查询；⑥河道生态信息查询；⑦流域管理相关规划方案；⑧短期水文预报；⑨中长期水量预测；⑩可调水量与调度能力计算；⑪控制断面水质预警；⑫控制断面水生态预警；⑬闸坝群水质–水量–水生态联合调度；⑭闸坝群应急调度；⑮调度方案风险分析及推荐；⑯调度结果评估。

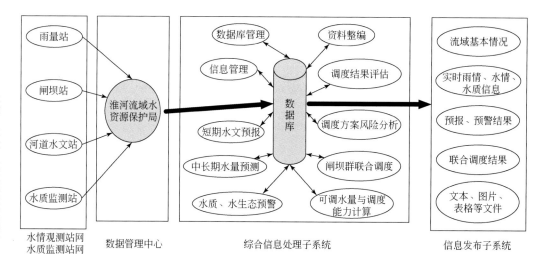

图 9-1　淮河流域水质－水量－水生态联合调度系统总体方案结构

9.1.3　系统运行环境

为保证淮河流域水质－水量－水生态联合调度系统能够安全、稳定和快速运行，需配置相应的软硬件设施，其硬件运行环境和软件运行环境见表 9-1 和 9-2。

表 9-1　硬件运行环境

序号	硬件名称	设备代号	用途和备注
1	CPU	2.4GHz	处理器
2	内存	8GB	内存
3	硬盘	300GB	硬盘

表 9-2　软件运行环境

序号	软件项名称	版本	用途和备注
1	Windows	Windows7	客户端操作系统
2	SUPERMAP	SUPERMAP 6R	GIS 引擎
3	JDK	JDK1.6	Java 运行环境
4	Windows Server	Windows Server 2012	服务端操作系统
5	SQL SERVER	SQL SERVER2012	数据库系统

9.1.4　工作体制和管理模式

为了实现淮河流域水质－水量－水生态联合调度系统的业务化运行，在充分满足实际运行对数据连续性、统计序列性以及信息实时性要求的同时，系统也集成了数据实时更新、水质水量预警预报、闸坝群联合调度和方案会商管理一体化、流程化的工作体制。同时充分运用当今较为成熟的计算机技术、自动化技术和现代信息技术，实现自动采集、传输、控制、接收、分析处理及发布一体化作业，尽量减少人工干预和手工劳动，实现"无人值班、少人值守、权限管理"的系统运行管理模式。

9.2 监测信息

9.2.1 水雨情测站基本信息

系统内水雨情测站包括雨量站和河道水文站，部分站点的基本信息见表9-3和表9-4。系统内部分闸坝和重要水库的基本信息见表9-5和表9-6。

表9-3 雨量站基本信息（部分）

序号	站名	报讯等级	管理单位	东经/(°)	北纬/(°)
1	岳张集	省级一般报汛站	安徽省阜阳水文水资源管理局	116.517	32.75
2	利辛	省级重点报汛站	安徽省阜阳水文水资源管理局	116.2	33.15
3	官亭	省级重点报汛站	安徽省合肥水文水资源管理局	116.867	31.8
4	杨庙	省级一般报汛站	安徽省合肥水文水资源管理局	117.083	32.2
5	南坪闸	省级一般报汛站	安徽省宿州水文水资源管理局	116.867	33.5
6	兰考	中央报汛站	河南省开封水文水资源勘测局	114.817	34.85
7	襄城	省级一般报汛站	河南处平顶山水文水资源勘测局	113.467	33.85
8	独树	省级重点报汛站	河南省平顶山水文水资源勘测局	113.15	33.333
9	虞城	其他报汛站	河南省商丘水文水资源勘测局	115.883	34.4
10	桐柏	中央报汛站	河南省信阳水文水资源勘测局	113.4	32.367
11	新店	中央报汛站	河南省信阳水文水资源勘测局	114.05	31.817
12	五里店	中央报汛站	河南省信阳水文水资源勘测局	114.283	32.133
13	贾楼	中央报汛站	河南省驻马店水文水资源勘测局	113.45	32.9

表9-4 河道水文站基本信息（部分）

序号	水文站名	位置	所在河流	东经/(°)	北纬/(°)
1	长台关	河南省平桥区长台关乡	淮河干流	114.07	32.32
2	息县	河南省息县城关镇大埠口村	淮河干流	114.73	32.33
3	淮滨	河南省淮滨县城关镇	淮河干流	115.42	32.43
4	王家坝	安徽省阜南县王家坝	淮河干流	115.6	32.43
5	润河集	安徽省霍邱县王截流陈郢	淮河干流	116.12	32.52

序号	水文站名	位置	所在河流	东经/(°)	北纬/(°)
6	鲁台子	安徽省凤台县鲁台子	淮河干流	116.63	32.57
7	吴家渡	安徽省蚌埠市吴家渡	淮河干流	117.38	32.93
8	小柳巷	安徽省明光市柳巷乡小柳巷	淮河干流	118.13	33.17
9	化行	河南省襄城县双庙乡化行村	沙颍河	113.62	33.95
10	界首	安徽省界首沙河大桥	沙颍河	115.354	33.254
11	漯河	河南省漯河市	沙颍河	114.03	33.58
12	潢川	河南省潢川县城关镇	潢河	115.05	32.13
13	蒋家集	河南省固始县蒋家集大埠口	史河	115.73	32.3

表 9-5　闸坝基本信息（部分）

序号	闸坝名	位置	所在河流	东经/(°)	北纬/(°)
1	蚌埠闸	安徽省蚌埠市	淮河干流	117.274	32.958
2	黄桥闸	河南省西华县黄桥乡黄桥村	沙颍河	114.45	33.77
3	周口闸	河南省周口市	沙颍河	114.65	33.63
4	郑埠口闸	河南省周口市	沙颍河	114.892	33.502
5	槐店闸	河南省沈丘县槐店镇	沙颍河	115.08	33.38
6	耿楼闸	安徽省界首市太和县	沙颍河	115.429	33.234
7	阜阳闸	安徽省阜阳市三里镇湾	沙颍河	115.83	32.9
8	颍上闸	安徽省颍上县城关镇	沙颍河	116.28	32.65
9	扶沟闸	河南省扶沟县城关镇	贾鲁河	114.4	34.07
10	沈丘闸	河南省沈丘县城关镇李坟	汾泉河	115.12	33.17
11	杨桥闸	安徽省临泉县	汾泉河	115.4	33.02
12	玄武闸	河南省鹿邑县玄武镇孟庄	涡河	115.25	33.98
13	亳县闸	安徽省亳州市谯城区	涡河	115.87	33.8
14	涡阳闸	安徽省涡阳县	涡河	116.22	33.52
15	蒙城闸	安徽省蒙城县	涡河	116.55	33.28

表 9-6　水库基本信息（部分）

序号	水库名	位置	所在河流	东经/(°)	北纬/(°)
1	板桥水库	河南省泌阳县板桥水库	汝河	113.63	32.98
2	宿鸭湖水库	河南省汝南县宿鸭湖水库	汝河	114.32	32.92
3	薄山水库	河南省确山县薄山水库	溱头河	113.95	32.65
4	梅山水库	安徽省金寨县梅山镇	史河	115.88	31.68
5	鲇鱼山水库	河南省商城县鲇鱼山水库	灌河	115.37	31.73
6	白沙水库	河南省禹州市白沙水库	沙颍河	113.25	34.33
7	昭平台水库	河南省鲁山县昭平台水库	沙颍河	112.57	33.75
8	白龟山水库	河南省平顶山市	沙颍河	113.23	33.7
9	孤石滩水库	河南省叶县常村乡	澧河	113.1	33.5

序号	水库名	位置	所在河流	东经/(°)	北纬/(°)
10	磨子潭水库	安徽省霍山县磨子潭	淠河东源	116.35	31.25
11	佛子岭水库	安徽省霍山县佛子岭	淠河东源	116.27	31.35
12	响洪甸水库	安徽省金寨县响洪甸马滩	淠河西源	116.15	31.55

9.2.2 水质监测站点基本信息

研究区内水质监测站点分布于淮河干流及其支流，按类型可分为省界断面、水功能区和水污染联防断面等（表9-7）。

表9-7 水质监测站点信息（部分）

序号	测站名称	所在河流	位置	类型
1	润河集	淮河干流	安徽省霍邱县王截流乡陈郢村	水功能区
2	鲁台子	淮河干流	安徽省阜南县方集镇	水功能区
3	凤台大桥	淮河干流	安徽省凤台县凤台大桥	水功能区
4	田家庵	淮河干流	安徽省淮南市田家庵区	水功能区
5	淮南大涧沟	淮河干流	安徽省淮南市	水污染联防
6	蚌埠闸上	淮河干流	安徽省蚌埠市蚌埠闸	水功能区
7	临淮关	淮河干流	安徽省凤阳县临淮关镇	水功能区
8	小柳巷	淮河干流	江苏省泗洪县四河镇大柳巷（安徽省明光市小柳巷）	省界断面
9	新蔡练村王新安大桥	洪河	河南省新蔡县练村王新安大桥	省界断面
10	班台水文站	洪河	河南新蔡县顿岗乡班台村委	水功能区
11	六安叶集孙家沟下	史河	安徽省六安市霍邱县叶集镇孙家沟下	省界断面
12	霍邱赵台村	史河	安徽省霍邱县临水镇赵台村（河南省固始县三河尖蚌山村）	省界断面
13	郸城砖桥口桥	颍河	河南省郸城县丁村砖桥口桥	省界断面
14	郸城杨楼	颍河	河南省郸城县双楼乡杨楼	省界断面
15	老沈丘泉河桥	颍河	河南省沈丘县老沈丘泉河桥	省界断面
16	界首沙颍河桥	颍河	安徽省界首沙河大桥	水功能区
17	黄桥水文站	颍河	河南省西华县黄桥乡黄桥村黄桥水文站基本断面	水功能区
18	周口水文站	颍河	河南省周口（二）基本断面	水功能区
19	周口（贾）	颍河	河南省周口市贾鲁河闸上100m	水功能区
20	阜阳闸上	颍河	安徽省阜阳市三里湾阜阳闸上	水功能区
21	颍上闸上	颍河	安徽省颍上县颍河闸	水功能区

序号	测站名称	所在河流	位置	类型
22	杨桥老闸上	颍河	安徽省临泉县杨桥老闸上	水功能区
23	周口（沙）	颍河	河南省周口市	水污染联防
24	槐店闸	颍河	河南省沈丘县槐店镇	水污染联防
25	鹿邑宋河镇	涡河	河南省鹿邑县宋河镇桑园村	省界断面
26	鹿邑东孙营闸上	涡河	河南省鹿邑涡北镇孙营村	省界断面
27	鹿邑付桥闸上	涡河	河南省鹿邑县涡北镇	省界断面
28	亳州六里桥上	涡河	安徽省亳州市谯城区双沟镇	省界断面
29	亳州梅城梅北桥	涡河	安徽省亳州市十河镇梅城梅北桥	省界断面
30	玄武闸下	涡河	河南省鹿邑县玄武水文站基本断面	水功能区
31	包公庙闸	涡河	河南省睢阳区包公庙乡包公庙村	水功能区
32	涡阳闸上	涡河	安徽省涡阳县涡阳闸	水功能区
33	蒙城闸上	涡河	安徽省蒙城县蒙城闸	水功能区

9.2.3 水生态监测断面基本信息

研究区重要生态断面（王家坝、鲁台子、蚌埠、小柳巷、界首、蒙城等）不同季节的生态调查（浮游动物、浮游植物、底栖动物、鱼类等）以及采样分析结果见表9-8。

表9-8 河道生态调查统计

序号	断面名称	所属河流	季节	浮游动物	浮游植物	底栖动物
1	王家坝	淮河干流	春			负子蝽科、米虾属、Cerion、大脐圆扁螺、直突摇蚊属
			夏	方格短沟蜷、裂痕龟纹轮虫、螺形龟甲轮虫、剑水蚤、王氏似铃壳虫、月形刺胞虫、角突臂尾轮虫	茧状鱼腥藻、啮蚀隐藻、小环藻、胶刺藻、颗粒直链藻最窄变种、四尾栅藻	四节蜉属、铜锈环棱螺、负子蝽科、米虾属、Cerion、蚊科、卵萝卜螺、方格短沟蜷
			秋			米虾属、凸旋螺、寡毛纲、直突摇蚊属
			冬			真开氏摇蚊属

序号	断面名称	所属河流	季节	浮游动物	浮游植物	底栖动物
2	鲁台子	淮河干流	春			栉水虱科、铜锈环棱螺、米虾属、Cerion、划蝽科、椭圆萝卜螺
			夏		田奈同尾轮虫、螺形龟甲轮虫、似月形刺胞虫、绿急游虫、颗粒直链藻最窄变种、微小平裂藻、薄甲藻、啮蚀隐藻、小环藻	铜锈环棱螺、米虾属
			秋			米虾属、Cerion、椭圆萝卜螺
			冬			米虾属、环足摇蚊属、真开氏摇蚊属、湖沼股蛤、卵萝卜螺
3	蚌埠	淮河干流	春			铜锈环棱螺、米虾属、环足摇蚊属、寡毛纲、直突摇蚊属
			夏	针簇多肢轮虫、长圆疣毛轮虫、绿急游虫、角突臂尾轮虫、蒲达臂尾轮虫、田奈同尾轮虫、曲腿龟甲轮虫、王氏似铃壳虫	颗粒直链藻最窄变种、变异直链藻、微小平裂藻、环丝藻、小胶鞘藻、啮蚀隐藻、小环藻	栉水虱科、铜锈环棱螺、米虾属、草蜒科、寡毛纲
			秋			米虾属、环足摇蚊属、真开氏摇蚊属、卵萝卜螺、椭圆萝卜螺
			冬			环足摇蚊属、真开氏摇蚊属
4	小柳巷	淮河干流	春			铜锈环棱螺、米虾属、钩虾科、直突摇蚊属、椭圆萝卜螺
			夏	王氏似铃壳虫、细异尾轮虫、缘板龟甲轮虫、曲腿龟甲轮虫、剑水蚤	小环藻、薄甲藻、颗粒直链藻最窄变种、变异直链藻、双头菱形藻、针状菱形藻	铜锈环棱螺、米虾属、Cerion、划蝽科、尖口圆扁螺、狭萝卜螺、方格短沟蜷

序号	断面名称	所属河流	季节	浮游动物	浮游植物	底栖动物
4	小柳巷	淮河干流	秋			米虾属、摇蚊属、钩虾科、尖口圆扁螺、寡毛纲、直突摇蚊属、尖萝卜螺
			冬			钩虾科、寡毛纲、直突摇蚊属、椭圆萝卜螺、蚋科、斑摇蚊属
5	界首	沙颍河	春			铜锈环棱螺、米虾属、寡毛纲、椭圆萝卜螺
			夏	月形刺胞虫、镰状臂尾轮虫、角突臂尾轮虫、剪形臂尾轮虫、小毛板壳虫、简裸口虫、曲腿龟甲轮虫、长圆膜袋虫、绿急游虫、王氏似铃壳虫	颗粒直链藻最窄变种、微小平裂藻、啮蚀隐藻、小环藻、薄甲藻、普通小球藻、空星藻	
			秋			铜锈环棱螺、梨形环棱螺、米虾属、Cerion、大脐圆扁螺、直突摇蚊属、多足摇蚊属、尖萝卜螺、椭圆萝卜螺
			冬			米虾属、环足摇蚊属、雕翅摇蚊属
6	蒙城	涡河	春			铜锈环棱螺、米虾属、钩虾科、大脐圆扁螺、湖沼股蛤、潜蜉科、直突摇蚊属
			夏	简弧象鼻蚤、角突臂尾轮虫、缘板龟甲轮虫、曲腿龟甲轮虫、剑水蚤、结节鳞壳虫、针簇多肢轮虫、王氏似铃壳虫	弯形尖头藻、四尾栅藻、薄甲藻、小环藻、绿色裸藻、颗粒直链藻最窄变种、微小平裂藻、针状菱形藻、波吉卵囊藻、两栖颤藻、小胶鞘藻、小球衣藻、啮蚀隐藻、克莱四鞭藻	栉水虱科、四节蜉属、负子蝽科、细蜉属、米虾属、Cerion
			秋			寡毛纲、直突摇蚊属
			冬			尖口圆扁螺、寡毛纲、折叠萝卜螺

9.3　系统功能

9.3.1　实时综合信息处理子系统

实时综合信息处理子系统包含实时综合信息数据库和实时综合信息查询两个功能模块，见图 9-2。

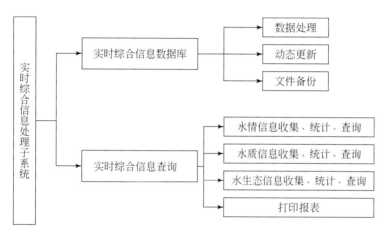

图 9-2　实时综合信息处理子系统功能结构

（1）实时综合信息数据库子系统

实时综合信息数据库作为系统的数据管理核心，为系统提供了基础数据支持。库表结构采用水利部颁发的《实时雨水情数据库表结构与标识符标准》（SL 323—2005），每个表的表名、字段、标识符均按水利部标准命名与标识，符合行业规范。

数据库通过开放式数据库连接方式实现了实时综合信息的查询检索、动态更新、输入、输出等功能。系统提供操作实时综合信息数据库的平台，即实现对数据库中的数据进行增加、删除、修改的功能，提供对自定义添加字段的内容进行编辑的能力，同时可以经人工设置的数据库更新时间间隔进行数据库的自动更新。数据库具有备份、恢复以及文件备份、恢复功能。

（2）实时综合信息查询子系统

实时综合信息查询子系统根据综合信息工作实际需要设计，具有界面友好、操作简单、统计功能较强等特点，可以查询历史雨量，包括各时段雨量、雨量过程线等；查询闸坝闸上水位、下泄流量；查询河道水文站的水位、流量过程；查询水质监测站的各水质指标的浓度及等级；查询生态控制断面的生态数据等。

9.3.2 水文预报子系统

水文预报子系统是依据实测或预报降水、流量、水位、防洪工程运用等信息做出重点站（断面）的洪水过程或洪水特征，为防洪调度提供依据。系统从实时数据预处理开始，一直到水文预报、预报成果报表输出等不同工作阶段，均可以人机交互方式进入任意阶段操作，这些功能模块可根据需要任意组合，可单独修改并可继续添加新的功能模块以实现新的功能。水文预报子系统功能结构见图9-3。

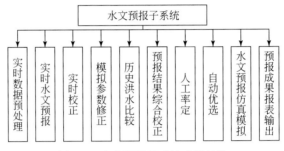

图9-3 水文预报子系统功能结构

实时数据预处理：根据系统请求，自动从实时雨水情数据库和预报调度专用数据库中完成预报方案中预报根据站的实时信息的获取和预处理。

实时水文预报：利用降水径流模型、河道一维水动力模型计算流域出口、河道控制断面的流量、水位。系统可在任意时间选择流域内任一预报断面进行水文预报作业，该模块具有人工交互、实时校正、预估降水条件下洪水预测、闸坝调度下水量连续演算等功能，简便、快捷、准确地完成各预报断面的水文预报。

实时校正：根据水文预报结果精度的需求，实时地处理水文系统最新出现的预报误差，修正预报模型参数、状态或预报输出值，使预报系统迅速适应现时的状况。

模型参数修正：通过对预报过程中的模型参数状态、模型中间计算结果等进行查看和人工干预，方便预报人员判断数据或模拟成果的正确性，并方便和快速地将判断付诸行动，使预报能真正反映与专家系统密切结合的优势。

历史洪水比较：选取几场与当前洪水相似且有代表性的历史洪水过程，通过优化算法对预报模型的参数进行优选，可以获得最适合的模型参数，使预报结果尽可能吻合实际过程。

预报结果综合校正：结合预报人员的长期的实际工作经验，通过对水文预报过程中的所有信息（实时数据、模型参数状态、模型中间计算结果、预报结果等）进行人工干预，包括降水量输入交互、预见期降水处理、流量输入交互、成果综合优选交互、水位流量关系曲线交互等，提高水文预报精度，使模型计算结果更加符合实际情况。

人工率定：由系统应用人员假定一组模型参数，对由该组参数模拟的径流过程与实测的径流过程作目估对比分析，调整假定的参数，直至模拟结果满意为止。水文预报子系统提供所有人工率定必要的软件和人机界面，使人工率定可视化、标准化和规范化。

自动优选：通过对各模型所设计的目标函数和优化方案，确定预报的最优化参数。

水文预报仿真模拟包括以下几方面。

1）沙颍河水文预报仿真模拟：根据沙颍河雨、水、工情，进行漯河、周口、槐店、界首、阜阳、颍上站闸入库水文预报，河道控制站水位、流量过程预报，以满足洪水监视和洪水警报的需要，配合模拟仿真、闸坝调度，以及洪水演算至蚌埠闸。

2）涡河水文预报仿真模拟：根据涡河雨、水、工情，进行蒙城闸入库水文预报，河道控制站水位、流量过程预报，配合模拟仿真、闸坝调度，以及洪水演算至蚌埠闸。

3）淮河干流水文预报仿真模拟：根据淮河干流雨、水、工情，进行淮河干流重要河道控制站水位、重点水文站流量过程预报，配合行蓄洪区防洪风险分析、模拟仿真。

预报成果报表输出：通过灵活报表软件制作预报成果报表，并以过程线及表格形式打印输出，发布预报成果。

9.3.3　水质模拟子系统

水质模拟子系统的功能主要为根据流域实时的水情、水质信息，加入区间排污信息，完成各河流水质模拟站点、重要闸坝的水质模拟，在重点河段，模拟河道各断面水质的时空演变。水质模拟子系统功能结构见图 9-4。

实时数据预处理：根据系统请求，自动从实时雨水情数据库、水质数据库和预报调度专用数据库中完成预报方案中预报根据站的实时信息的获取与预处理。

实时水质模拟：根据水情、排污口监测数据、流域 GIS 基础信息及河道控制断面流量水位预报结果，利用污染物迁移转化模型和非点源污染模型，对高锰酸盐指数、氨氮等水质指标进行模拟，获取河道各断面的水质演算及其空间分布，为给防污调度子系统提供基础数据。

实时校正：根据水质模拟结果精度的需求，实时地处理系统最新出现的预报误差，修正预报模型参数、状态或预报输出值，使预报系统迅速适应现时的状况。

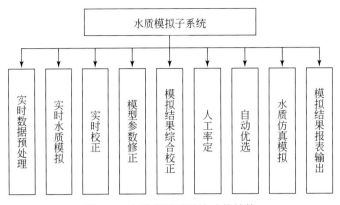

图 9-4 水质模拟子系统功能结构

模型参数修正：当发现站网分布和产汇流、暴雨产污、污染物迁移转化规律有明显变化时，可根据模型参数的含义，结合参数调试经验，直接修正模型参数。

模拟结果综合校正：结合工作人员长期的实际工作经验，通过对水质模拟过程中的所有信息（实时数据、模型参数状态、模型中间计算结果、模拟结果等）进行人工干预，提高水质模拟精度，使模型计算结果更加符合实际情况。

人工率定：由系统应用人员假定一组模型参数，对由该组参数模拟的径流过程与实测的径流过程作目估对比分析，调整假定的参数，直至模拟结果满意为止。水质模拟子系统提供所有人工率定必要的软件和人机界面，使人工率定可视化、标准化和规范化。

自动优选：通过对各模型所设计的目标函数和优化方案，确定预报的最优化参数。

水质仿真模拟包括以下几方面。

1）沙颍河水质仿真模拟：根据水质监视和水质警报的需要，以及流域上游洪水形成情况以及区间排污情况，预报漯河、周口、槐店、界首、阜阳和颍上站的水位、流量、水质过程。

2）涡河水质仿真模拟：根据水质监视和水质警报的需要，以及流域上游洪水形成情况，根据流域上游洪水形成情况以及区间排污情况，预报蒙城站的水位、流量、水质过程。

3）淮河干流水质仿真模拟：根据水质监视和水质警报的需要，以及流域上游洪水形成情况以及区间排污情况，预报长台关、息县、潢川、遂平、新蔡、班台、王家坝、蒋家集、润河集、横排头、鲁台子和蚌埠站的水位、流量、水质过程。

模拟结果报表输出：通过灵活报表软件制作预报成果报表，并以过程线及表格形式打印输出，发布模拟成果。

9.3.4 水质−水量−水生态联合调度子系统

水质−水量−水生态联合调度子系统是依据流域内水、雨、工情实况和暴雨、水文预报成果，结合流域内已建立的闸坝河道一维（局部二维）水质水动力模型，建立流域内涵盖汛期−非汛期水质−水量−水生态全过程的联合调度。统筹考虑流域内汛期防洪、防污调度，非汛期水生态调度的全局，正确处理好局部支流和干流全局关系，防洪、防污与生态环境保护之间的关系，设计和优选出水质−水量−水生态联合调度方案，通过有计划的调节、控制闸坝运行，提高淮河流域水质−水量−水生态联合模拟、评价、预警与联合调度和综合决策能力，大幅度降低恶性水污染事件的发生频率、保障淮河流域干流及主要支流最小生态水量、提高重点水域生态用水保证程度，提升流域水生态系统的承载能力和人工系统保障能力，实现重点水域生态保护与修复，从而完善淮河流域水资源优化配置格局，保障流域防洪安全、供水安全、粮食安全和生态安全。水质−水量−水生态联合调度子系统功能结构见图9-5。

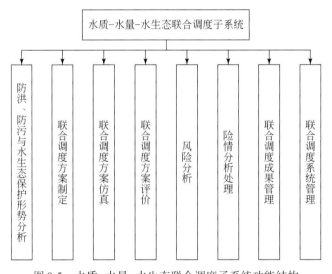

图 9-5　水质−水量−水生态联合调度子系统功能结构

防洪、防污与水生态保护形势分析：包括数据提取，雨、水情分析，工情分析，防洪、防污与水生态保护形势综合分析等功能子模块，以确保能及时、准确和全面地掌握淮河流域干支流汛期防洪、防污与非汛期水生态环境保护的形势。在雨情、水情、工情、灾情自动测报系统建成后，可以快速和准确地将大量数据信息传输到指挥部，以生动的图像显示洪水灾害、水污染事故的实况及其发展过程，提供自然状态的水情分析、特征值、预报结果、沿程水位表现、水质变化与闸坝运用等情况，包括提供水情比较分析、控制闸坝（站点）不同预见期的水位和流量的预报结果、单个闸坝水位、流量与主要水质指标水质变化过程，使决策人员及时、准确和全面地掌握灾害的形势。

联合调度方案制定：按调度规划自动生成规则调度方案，以人机交互方式生成实时调度方案，并预测实施该调度方案后的河道、闸坝断面水文、水质情势。先利用水文预报子系统输出的闸坝断面流量与水位等结果、水动力–水质模拟子系统输出的水质预测等结果以及相应的水生态子系统生境结果等，作为调度模型的输入，运用情况下对控制站洪水位的影响并将结果提交至灾情评估子系统、会商子系统、信息查询子系统。

联合调度方案仿真：根据水文预报、联合调度方案、洪灾、可能发生的污染事故与可能的生态环境破坏评估的成果，按所设定的闸坝运用参数，通过河道洪水演进计算、河道水动力洪水计算以及主要污染物迁移过程等预测调度方案实施后闸坝（水库）水位与出流变化过程、主要控制站的水位、流量和水质变化、下游生态环境流量保证程度等。

联合调度方案评价：对制订的方案进行可行性分析，对可行方案进行洪水灾害、水污染事故和水生态环境破坏损失的估算。以灾害损失最小为准则，综合考虑联合调度各个目标，对各个调度方案的调度成果进行对比分析，并可根据决策者所确定的决策目标及其重要程度，对各调度方案进行评价与排序。

风险分析：对每个可行的调度方案进行防洪、防污与水生态保护风险分析，确定各个方案的决策时刻、决策内容、方案实施所需时间、决策失误的可能性和失误造成的损害。

险情分析处理：对不同调度方案可能导致的险情进行分析和仿真，确定各种情况下的解决方案，方案实施的时间、决策失误的可能性以及由此导致的损失，最终形成险情分析处理知识库。

联合调度成果管理：对防洪、防污与水生态保护形势分析、联合调度方案制订、联合调度方案仿真、联合调度方案评价的成果进行管理。

联合调度系统管理：对各个功能模块的成果进行管理，具有水质–水量–水生态联合调度信息的存储、查询和管理的功能，对象主要包括闸坝基本资料；防洪、防污与水生态保护知识；水质–水量–水生态联合调度成果；实时、预测的雨、水、工情信息与灾情信息；水质–水量–水生态联合调度系统的帮助信息等。

9.3.5　调度运行仿真与会商子系统

采用中央集中控制技术和后台辅助操作相结合的控制方式，完成对水情、气象、雨情信息、卫星云图和电子地理信息、来水分析、专家意见系统等信息的管理和交换显示，使各级人员能以最快的速度获得所需的信息，作出科学正确的决策和指挥。

以实现信息（气象，水、雨、工情，水文预报及水质模拟等）为基础，调度运行方案决策订制为目标，通过各种形式提供有关信息、候选决策方案与相应的评价指标和决策后果，设计能适应专家群体决策和调度预案仿真模拟及评价需要的决策方案管理系统。在此系统支持下，不仅可以实现对各种防洪和发电调度模型及其他模型的管理和方案仿真再现，而且更着重于实现对多种调度方案的有效管理，提供对多种方案的综合评价比较。决策方案管理系统的内容包括水文预报会商、水质模拟会商、防洪调度会商、防污调度会商、生态调度会商、模拟仿真演示、人机交互系统。具体功能有选择方案、生成新方案、选择模型、设置模型参数、运行模型、显示查询运行结果、给出方案描述、删除方案、多方案比较。调度运行仿真与会商子系统功能结构见图9-6。

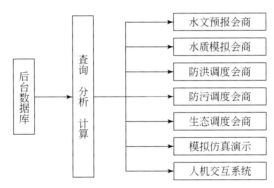

图9-6 调度运行仿真与会商子系统功能结构

水文预报会商：以淮河流域雨情、气象、水情等信息为基础进行分析，通过各种形式提供有效的预报方案和合理的预报结果。

水质模拟会商：以淮河流域雨情、气象、水情、水质等信息为基础进行分析，通过各种形式提供有效的模拟方案和合理的模拟结果。

防洪调度会商：以淮河流域防洪形势分析及调度决策制订为目标，通过各种形式提供的有关信息、候选决策方案与相应的评价指标和决策后果。

防污调度会商：以淮河流域防污形势分析及调度决策制订为目标，通过各种形式提供的有关信息、候选决策方案与相应的评价指标和决策后果。

生态调度会商：以淮河流域水生态保护形势分析及调度决策制订为目标，通过各种形式提供的有关信息、候选决策方案与相应的评价指标和决策后果。

模拟仿真演示：对各方案进行模拟调度和预演仿真，使调度结果更加直观。

人机交互系统：系统操作人员在调度运行仿真与会商子系统中根据经验调整调

度方案，并通过子系统进行调度方案的仿真模拟，从而为调度方案会商提供参考。

9.3.6 系统集成

淮河流域水质－水量－水生态联合调度系统的开发主要有四方面的工作：数学模型的实现、人机界面的开发、数据库的设计和系统的集成。

数学模型是实现调度功能的核心，包括水文预报模型、水动力水质模型、联合调度模型等；人机界面是用户交互使用系统的窗口，编程语言采用 Flex、HTML、JavaScript、CSS 等，后台交互编程语言采用 Java；数据库是系统运转的中枢，采用高性能的工程数据库 Microsoft SQL Server 2012；系统集成则是高级应用软件运行于系统平台的关键，用于将水质－水量－水生态模拟、预测、调度、决策等过程进行直观的可视化展示。

9.4 数据库结构

9.4.1 系统数据分类

为了对淮河流域水质－水量－水生态联合调度系统进行有效信息管理，需要对其数据库中的信息进行分类。按照信息的产生方式，可将信息划分为原始信息和生成信息两大类，见图 9-7。

9.4.2 数据库设计

数据库是淮河流域水质－水量－水生态联合调度系统的信息支撑层，存储和管理各模块所需的基础数据、交互数据及其他数据，包括雨情信息、水情信息、水质信息、水生态信息、工情信息、社会经济信息、基础地理信息、水旱情信息和模型库信息等信息，可归结为以下八个数据库：实时雨水情库、水生态信息库、工程信息库、社会经济信息库、图形库、模型库、知识库、超文本库，系统各模块运行时可随时调用各数据库信息进行查询、存储，用于展示或计算等。各子系统数据交互及数据库交互见图 9-8。

（1）实时雨水情库

用来存储流域内水库、闸坝、河道等测站的实时水雨情信息，包括雨量、河道水位、闸上水位和流量等信息。

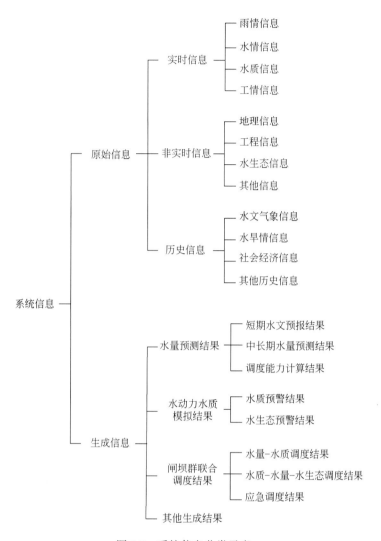

图 9-7　系统信息分类示意

实时雨水情数据库结构设计时，根据表中描述数据的更新频度和性质，将表分成三类，第一类是数据更新频度较低或基本不变的表，称为基本信息表；第二类是更新频度较高的实时水情信息表，称为实时信息表；第三类是更新频度较高的预报类信息表，称为预报信息表。

（2）水生态信息库

用来存储流域内不同类别的水生态信息，包括不同季节监测断面的河流生态数据、生态断面的水生态环境参数、生态断面的生态流量过程以及在此基础上编写的"淮河流域典型水体生态健康评价手册"等信息。

河流生态数据包括浮游动植物、底栖动物、鱼类等信息；生态断面的水生态环境参数包括影响水生态系统健康的关键水环境因子及指示生物；生态断面的生态流量过程包括最小生态流量过程和适宜生态流量过程。

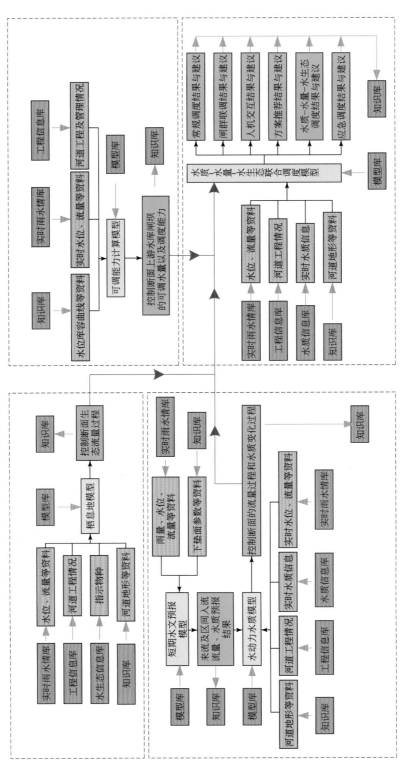

图9-8　各子系统数据交互及数据库交互示意图

（3）工程信息库

工程信息库所管理的信息主要包括用于水质–水量–水生态联合调度中更新周期在几个月、几年、十几年或一般不需要更新的长周期型工程特征数据，以及部分反映工程特征的静态图像、图形和声音数据。

（4）社会经济信息库

社会经济信息库是指有可靠数据来源的社会经济数据的集合，主要包括人口、耕地、房屋、公共设施、避洪工程和财产信息。

（5）图形库

具有基础性、公用性以及空间分布特征的专题图片数据按一定的数据模型组成一个有机的整体，称图形库。其中，基础性指图形内容具有基础特征；公用性指国家防汛指挥系统的各应用系统对图形库具有公用需求；空间分布特征指图形具有空间地理特征，即分布特征。图形库内容包括基础地理图、河流流域地图、水库地图等。

（6）模型库

模型定义为具有特定功能的可重用的基本程序单元、构件（组件、控件）、目标文件或可执行文件。模型库是这些模型的集合。

运行系统各模块时，模型库的作用体现在三个方面：①可重用模块支持系统开发，这是模型库的主要应用。不同类型、不同层次的可重用模块为构造系统提供"预制件"，各系统在其上构造具体应用。②模型库的模型或嵌入子系统，或在系统运行时动态链接，或作为可执行文件调用，支持系统运行。③模型的完善和新模型的增加为改善系统性能或进行系统的维护、扩展、移植、重构等提供支持。

（7）知识库

知识库主要存储与管理以下四类数据。

1）主要监测和工程基本资料，包括水质监测站、水库、闸坝等联合调度常用的基本资料，如水质监测站情况、水位–库容关系、水位–泄量关系等，存储于专用数据库。

2）水质–水量–水生态联合调度知识，包括存放联合调度规则、联合调度模型与算法、典型历史联合调度实例，存储于专用知识库。

3）水质–水量–水生态联合调度成果，包括水质水量形势分析、调度方案制订、调度方案仿真、调度方案评价等，存储于专用数据库。

4）实时、预报、预测的雨水情、水质信息和工情信息，存储于专用数据库。

（8）超文本库

超文本库是以超文本页面为最小单元，内容涵盖各类公用静态文档和各系统输出的正式文档结果的综合信息库。其数据类型包括文本、图像、图形、视频、音频及数据等。

建立超文本库的目的是更好地管理这些信息，并使用户能实现方便快速的信息查询和检索，同时使网上用户能共享这些信息。其内容包括生态调度有关的规定和制度；水资源保护、水质－水量－水生态联合调度有关的业务规范、规程和规定；联合调度调度规则、调度方案；水质、水量通报、简报等新闻发布内容；描述性的经验和知识；各子系统输出的正式文档结果。

9.4.3 设计原则

（1）统一规划和布局

根据信息化建设相关文件的要求，按照统一规划、统一布局的原则进行数据库系统的设计。

（2）贯彻执行国家标准和行业标准

可贯彻执行国家标准、行业标准或在国家标准、行业标准的基础上补充编制符合淮河流域工作实际的数据库标准。在无任何标准的情况下，可借鉴相关的内部规范、指导性技术文件等进行扩充编制。

（3）层次分明、布局合理的原则

数据库系统必须层次分明、合理布局。数据信息应自下而上，逐层浓缩、归纳、合并、减少冗余，提高数据共享程度。

（4）数据的独立性和可扩展性原则

应尽量做到数据库的数据具有独立性，独立于应用程序，使数据库的设计及其结构的变化不影响程序，反之亦然。应用系统在不断变化，所以数据库设计要考虑其扩展接口，使系统增加新的应用或新的需求时，不至于引起整个数据库系统的重新改写。

（5）共享数据的正确性和一致性原则

应考虑数据资源的共享，合理建立公共数据库。采用数据库分层管理，使不同层次的数据共享。另外，由于共享数据是面向多个程序或多个使用者的，多个用户存取共享数据时，必须保证数据的正确性和一致性。

（6）减少不必要的冗余

建立数据系统后，应避免不必要的数据重复和冗余，但为了提高系统的可靠性而进行的数据备份，以及为了提高数据库效率而保留的适当冗余还是必要的。

（7）保证数据的安全可靠

数据库是整个信息系统的核心，其设计要保证整个信息系统的可靠性和安全性，不能因某一数据库的临时故障而导致整个信息系统的瘫痪。

9.4.4 数据库备份与恢复

制订数据备份和恢复策略，做好数据备份工作。

数据恢复是指生产运行中任一环节、任一时刻出现故障而导致整个系统部分或全部不能正常工作时，所必须采用的相应的恢复手段。因此必须制订良好的备份策略，只有这样，当故障发生时，才可以有条不紊地快速恢复。

备份包括操作系统级备份、数据库级备份、日常备份策略、备份介质、备份任务管理。

（1）操作系统级备份

操作系统级备份产生的磁盘可以引导机器启动，用作系统的重新恢复。只能用命令行方式产生，备份到服务器本地的磁盘驱动器上。这项工作在系统建设之初应该由系统集成商和系统管理员一起完成，等系统正常运行后，由系统管理员独立完成。

（2）数据库级备份

可以采用命令行脚本的方式自动进行，也可以选择成熟的备份软件完成。

（3）日常备份策略

1）每周在访问量比较小的时候做一次全备份；

2）每天对业务数据做一次全备份或增量备份；

3）每次业务数据做大调整后应立即做一次全备份；

4）具体策略将根据各个系统的运行情况及数据重要性确定。

（4）备份介质

对每天的数据进行适当备份，这样可以确保一旦系统出现问题，可以采用多份的数据，实现数据快速恢复。

（5）备份任务管理

依据数据备份和恢复策略，对各项备份任务进行管理，包括备份时间、间隔、范围、存放等。有权限的用户可对上述备份任务进行配置。

9.4.5 数据库建设

为保证数据库的安全和稳定性，采用高性能的工程数据库 Microsoft SQL Server 2012，人机界面编程语言采用 Flex、HTML、JavaScript、CSS 等，后台交互编程语言采用 Java，进行项目整体开发。数据装载包括实时数据装载和静态数据装载。

（1）实时数据装载

在数据库系统建成后，水雨情实时信息、水质实时信息通过信息采集系统采集，由信息接收处理子系统处理入库。

（2）静态数据装载

1）静态工程情况信息：基本工情信息和区域工情信息。

2）水生态数据信息：河道断面生物分布情况、生物基本信息、生态流量等。

3）社会经济信息：防汛区域内的人口、耕地、房屋、公共设施、避洪工程和财产信息。

4）栅格图、矢量图数据：栅格图收集、扫描、处理、入库。国家基础地理数据，已有电子地图处理入库。水利要素图、专题图数字化处理入库。对数字高度模型区域进行数字化处理，生成空间数据，加载有关图层及属性数据。

5）图像、影像收集整理入库。

6）历史水旱情数据：天气形势、雨情、水情、水利工程调度运用及灾情。

7）模型库：模型编程与接口，组件、控件、目标文件或可执行文件生成。

8）各类文本信息收集、整理、录入。

9.5 系统展示

淮河流域水质-水量-水生态联合调度系统构基于 J2EE 标准进行开发，融合了 WebGIS、可视化虚拟决策支持等技术，其主要功能包括基本信息、实时监控、预测预警、联合调度、系统管理五大模块。系统框架见图 9-9。

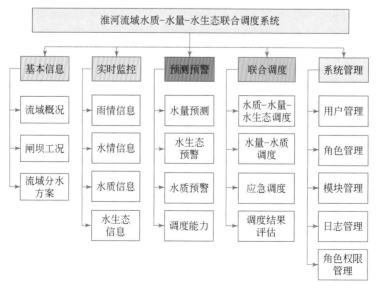

图 9-9　淮河流域水质-水量-水生态联合调度系统框架

9.5.1　基本信息

基本信息模块主要有三大功能：流域概况、闸坝工况查询、流域分水方案简介，界面见图 9-10。

图 9-10　基本信息界面展示

流域概况包括淮河概况、防洪工程资料、行蓄洪区情况、暴雨洪水特征、历史洪水、历史旱情和生态健康评价手册。其中，淮河概况包括流域水系、水文气象、水资源特征、社会经济、水利工程布局。

闸坝工况查询通过选择水库、闸坝，查询水库、闸坝基本信息。后台接收前台传递的查询条件，查询数据库，获取水库、闸坝信息。返回的数据以表格方式显示，表格显示水库、闸坝基本信息。

流域分水方案包括淮河流域内各省水资源量及主要断面（王家坝、蚌埠、小柳巷）下泄量控制指标、规划年（2030 年）需水量预测、水量分配方案和综合信息。

9.5.2　实时监控

实时监控模块主要有四大功能：雨情信息、水情信息、水质信息和水生态信息查询，界面见图 9-11。

雨情信息通过链接淮河水利委员会官方网站"淮河水利网"，能通过内网访问"淮河防汛抗旱系统"，进而查询相关的雨情信息，包括日雨量、旬雨量、卫星云图等信息。

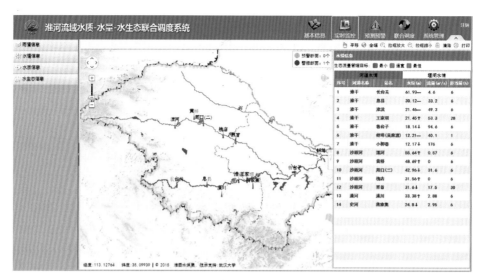

图 9-11　实时监控界面展示

水情信息主要有三个功能：一是，选择重要生态断面的生态流量管理目标，以选择的管理目标对重要生态断面流量进行分析统计，不满足生态流量管理目标则水情站点闪烁，发出预警和警报信息并展示。二是，实时查询并展示测站（闸坝站和河道站）的水位、流量等信息，以表格方式显示，表格显示测站名称、水位、流量、上报时间。通过点击定位按钮，地图定位到测站，点击查询测站历史数据。三是，展示相关站点的实时视频监控信息。

水质信息主要有三个功能：一是，可以实时查询并展示水质监测站的测站类型、水质浓度、水质级别等信息，以表格方式显示，表格显示测站名称、COD、氨氮、高锰酸盐指数、上报时间。通过点击定位按钮，地图定位到测站，点击查询测站历史数据。二是，对各测站水质级别进行分析，超过或等于Ⅳ类进行统计分析，水质站点闪烁发出警报。三是，展示相关站点的实时视频监控信息。

水生态信息查询通过选择查询监测断面的生态数据（生物分布情况、生物基本信息等）以及评价结果和重要生态断面生态流量管理目标等信息。后台接收前台传递的查询条件，查询数据库，获取水生态数据。返回的数据以表格方式显示，表格显示生物基本信息、生态流量管理目标等信息。

9.5.3　预测预警

预测预警模块包括以下四大功能：水量预测、水生态预警、水质预警和调度能力，见图 9-12 ~ 图 9-15。

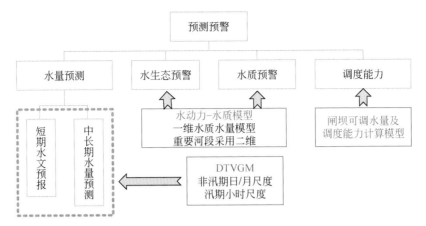

图 9-12　预测预警框架图

图 9-13　水量预测界面展示

图 9-14　水生态预警界面展示

图 9-15　调度能力界面展示

水量预测分为中长期水量预测和短期水文预报。中长期水量预测根据未来来水情况、河道外"三生"用水情况等，预报重要生态断面的年流量过程，并分析生态断面的生态用水保障率和不达标月份；短期水文预报选择历史时间获取研究区内雨量站雨量数据、闸坝水位流量数据，调用水文预报模型进行计算，预报水文断面和区间的流量。

水生态预警可以选择是否采用水文预报，若选择"是"，则根据预报来水情况、河道闸坝或水文站的实际水位流量等预报未来一段时间生态断面的流量变化过程，与管理目标流量比较并进行水生态预警；若选择"否"，则可以选择当前时刻或历史时刻，并校核闸坝和区间来流的水文水质信息，预报未来一段时间生态断面的流量变化过程，与管理目标流量比较并进行水生态预警。

水质预警可以选择是否采用水文预报，若选择"是"，则根据预报来水情况、河道闸坝或水文站的实际水位流量等预报未来一段时间生态断面的水质变化过程，与标准水质比较并进行水质预警；若选择"否"，则可以选择当前时刻或历史时刻，并校核闸坝和区间来流的水文水质信息，预报未来一段时间生态断面的水质变化过程，与标准水质比较并进行水质预警。

调度能力则根据闸坝管理情况、闸坝水环境余量、闸坝应急处置能力、洪水传播时间等指标计算闸坝的可调水量，并对闸坝的调度能力进行排序，其调度能力评估结果可以为联合调度模块中参与调度的闸坝提供约束条件。

9.5.4 联合调度

联合调度模块包括水质–水量–水生态调度、水量–水质调度、应急调度和调度结果评估，见图9-16~图9-20。

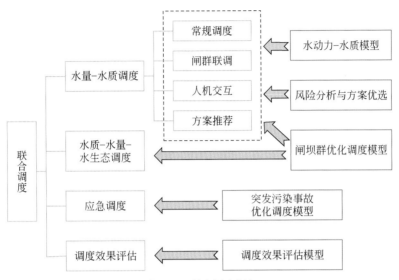

图9-16 联合调度框架

图9-17 水质–水量–水生态调度界面展示

水质–水量–水生态调度依据实时监控模块水情信息中生态断面的警报信息，以及预测预警模块水生态预警中生态断面的预警信息，调用模型进行计算，显示满足生态断面的管理目标流量，并给出参与调度的各闸坝的调度建议。

图 9-18　水量–水质调度界面展示

图 9-19　应急调度界面展示

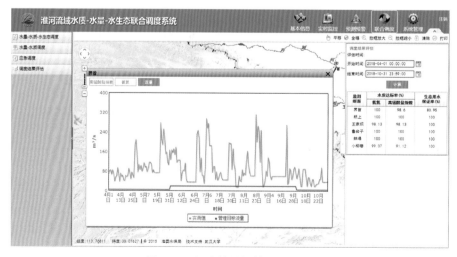

图 9-20　调度结果评估界面展示

水量–水质调度包括常规调度、闸群联调、人机交互和方案推荐。常规调度通过选择调度范围和调度目标，调用常规调度模型，得到各闸坝泄流量的调度建议，使控制断面水质达标；闸群联调通过选择调度范围和调度目标，调用优化调度模型，得到各闸坝泄流量的调度建议，使控制断面水质达标；人机交互通过选择各闸坝的控泄流量，调用人机交互模型，得到各闸坝泄流量的调度建议，并输出控制断面的水质变化过程；方案推荐通过选取相关的评价指标，计算各调度方案的风险率并进行排序，并优选出风险较小的调度方案。

应急调度通过设置突发污染事故信息，如事故发生位置、污染物类型、污染物浓度、持续时间和流量等信息，读取或设置各闸坝的控泄流量，调用应急调度模型计算生态断面的水质变化过程，并展示污染物演进过程。

调度结果评估通过选择的评估起始时间，依据生态断面的管理目标流量和水质级别，计算生态断面的水质达标率和生态用水保证率。

9.5.5 系统管理

系统管理模块包括用户管理、角色管理、模块管理、日志管理和角色权限管理，界面图见图9-21。

图9-21 系统管理界面展示

用户管理包括用户查询、用户修改、用户删除和用户角色分配。用户查询是系统对用户输入进行合法性检验，检验通过后发送给后台服务器，后台服务器接收条件后生成查询条件，查询后台数据库服务器，得到相应的结果后返回到客户端并刷新显示。

角色管理包括角色查询、角色添加、角色修改和角色删除。角色查询是系统对用户输入进行合法性检验，检验通过后发送给后台服务器，后台服务器接收条件后生成查询条件，查询后台数据库服务器，得到相应的结果后返回到客户端并刷新显示。

模块管理包括添加菜单、修改菜单和删除菜单。添加菜单是系统对用户输入进行合法性检验，检验通过后发送给后台服务器，后台服务器接收条件后生成插入菜单条件，插入后台数据库服务器，得到相应的结果后返回到客户端并刷新显示。

日志管理主要功能为日志查询。日志查询是系统对用户输入进行合法性检验，检验通过后发送给后台服务器，后台服务器接收条件后生成查询条件，查询后台数据库服务器，得到相应的结果后返回到客户端并刷新显示。

角色权限管理主要功能是角色授权。角色授权是系统对用户输入进行合法性检验，检验通过后发送给后台服务器，服务器将信息提交给后台数据库服务器，得到相应的结果后返回到客户端并刷新显示。

参 考 文 献

陈静, 2005. 引江济太水量水质联合调度研究. 南京: 河海大学硕士学位论文.

陈俊卿, 范勇勇, 吴文娟, 等, 2019. 2016—2017 年调水调沙中断后黄河口演变特征. 人民黄河, (8): 6-9.

陈燕飞, 张翔, 2016. 河流水环境的可恢复性及其评价研究. 应用基础与工程科学学报, 24 (1): 34-46.

褚君达, 徐惠慈, 1992. 河网水质模型及其数值模拟. 河海大学学报, (1): 16-22.

崔保山, 杨志峰, 2002. 湿地生态环境需水量研究. 环境科学学报, 22 (2): 219-224.

崔起, 于颖, 2008. 河道生态需水量计算方法综述. 东北水利水电, 26 (1): 44-47.

崔瑛, 张强, 陈晓宏, 等, 2010. 生态需水理论与方法研究进展. 湖泊科学, (4): 3-18.

董增川, 卞戈亚, 王船海, 等, 2009. 基于数值模拟的区域水量水质联合调度研究. 水科学进展, 20 (2): 184-189.

董哲仁, 2007. 生态水利工程原理与技术. 北京: 中国水利水电出版社.

樊贤璐, 徐国宾, 2018. 基于生态—社会服务功能协调发展度的湖泊健康评价方法. 湖泊科学, 30 (5): 1225-1234.

丰华丽, 夏军, 占车生, 2003. 生态环境需水研究现状和展望. 地理科学进展, (6): 591-598.

韩中庚, 杜剑平, 2007. 淮河水质污染的综合评价模型. 大学数学, (4): 133-136.

侯保灯, 高而坤, 占许珠, 等, 2015. 用水保证率内涵、计算及应用探讨. 中国水利, (17): 12-15.

金菊良, 魏一鸣, 丁晶, 2004. 基于改进层次分析法的模糊综合评价模型. 水利学报, (3): 65-70.

李凤清, 蔡庆华, 傅小城, 等, 2008. 溪流大型底栖动物栖息地适合度模型的构建与河道内环境流量研究——以三峡库区香溪河为例. 自然科学进展, 18 (12): 1417-1424.

李丽娟, 郑红星, 2003. 海滦河流域河流系统生态环境需水量计算. 海河水利, (1): 8-10, 72.

梁友, 2008. 淮河水系河湖生态需水量研究. 北京: 清华大学硕士学位论文.

刘昌明, 1999. 中国 21 世纪水供需分析: 生态水利研究. 中国水利, (10): 18-20.

刘昌明, 门宝辉, 宋进喜, 2007. 河道内生态需水量估算的生态水力半径法. 自然科学进展, (1): 42-48.

刘静玲, 杨志峰, 肖芳, 等, 2005. 河流生态基流量整合计算模型. 环境科学学报, 25 (4): 436-441.

刘玉年, 夏军, 程绪水, 等, 2008. 淮河流域典型闸坝断面的生态综合评价. 解放军理工大学学报 (自然科学版), (6): 135-139.

刘玉年, 施勇, 程绪水, 等, 2009. 淮河中游水量水质联合调度模型研究. 水科学进展, 20 (2): 177-183.

刘子辉, 2011. 闸坝对重污染河流水质水量影响的实验与模拟研究. 郑州: 郑州大学硕士学位论文.

卢方元, 2003. 一种改进的 TOPSIS 法. 统计与决策, (3): 78-79.

孟钰, 张翔, 夏军, 等, 2016. 水文变异下淮河长吻鮠生境变化与适宜流量组合推荐. 水利学报, 47 (5): 626-634.

孟钰，张翔，夏军，等，2018. 河道内生态用水保证率的概念、内涵与计算分析. 应用基础与工程科学学报，26（2）：229-238.

倪晋仁，崔树彬，李天宏，等，2002. 论河流生态环境需水. 水利学报，（9）：14-19，26.

钱正英，张兴斗，2000. 中国可持续发展水资源战略研究综合报告. 中国水利，2（8）：1-17.

钱正英，陈家琦，冯杰，2006. 人与河流的和谐发展. 中国三峡，（5）：5-8.

任百洲，王秀岩，吕友保，1985. 淮河四大家鱼和鳊鱼产卵场调查报告. 水库渔业，（1）：36-41.

宋刚福，沈冰，2012. 基于生态的城市河流水量水质联合调度模型. 河海大学学报（自然科学版），40（3）：258-263.

宋兰兰，陆桂华，刘凌，2006. 水文指数法确定河流生态需水. 水利学报，（11）：1336-1341.

索丽生，2005. 闸坝与生态. 中国水利，（16）：5-7.

谭炳卿，张国平，2001. 淮河流域水质管理模型. 水资源保护，（3）：15-18，46-60.

王备新，杨莲芳，2004. 我国东部底栖无脊椎动物主要分类单元耐污值. 生态学报，（12）：2768-2775.

王芳，梁瑞驹，杨小柳，等，2002. 中国西北地区生态需水研究（1）——干旱半干旱地区生态需水理论分析. 自然资源学报，17（1）：1-8.

王俊钗，张翔，吴绍飞，等，2016. 基于生径比的淮河流域中上游典型断面生态流量研究. 南水北调与水利科技，14（5）：71-77.

王西琴，刘昌明，杨志峰，2002. 生态及环境需水量研究进展与前瞻. 水科学进展，（4）：507-514.

王西琴，刘昌明，张远，2003. 黄淮海平原河道基本环境需水研究. 地理研究，（2）：169-176.

王园欣，2014. 淮河典型河流生态需水及保障机制研究. 郑州：郑州大学硕士学位论文.

吴比，张翔，孟钰，等，2016. 流域"二层三要素"联合调度理论研究//中国自然资源学会水资源专业委员会，中国地理学会水文地理专业委员会，中国水利学会水资源专业委员会，中国水利学会水文专业委员会，中国可持续发展研究会水问题专业委员会. 面向未来的水安全与可持续发展——第十四届中国水论坛论文集. 北京：中国水利水电出版社.

吴昊，周志华，2014. 引滦入津输水水质水量联合管理信息系统开发. 人民黄河，36（2）：62-63.

吴利，李源玲，陈延松，2015. 淮河干流浮游动物群落结构特征. 湖泊科学，（5）：178-186.

吴时强，吴修锋，周辉，等，2009. 淮河临淮岗洪水控制工程洪水调度数学模型应用. 水利水运工程学报，（3）：1-7.

夏军，1995. 区域水环境质量灰关联度评价方法的研究. 水文，（2）：4-10.

夏军，2002. 水文非线性系统理论与方法. 武汉：武汉大学出版社.

夏军，石卫，2016. 变化环境下中国水安全问题研究与展望. 水利学报，47（3）：292-301.

夏军，孙雪涛，丰华丽，等，2003. 西部地区生态需水问题研究面临的挑战. 中国水利，（9）：57-60.

夏军，王纲胜，谈戈，等，2004. 水文非线性系统与分布式时变增益模型. 中国科学（D辑：地球科学），（11）：1062-1071.

夏军，赵长森，刘敏，等，2008. 淮河闸坝对河流生态影响评价研究——以蚌埠闸为例. 自然资源学报，23（1）：48-60.

夏军，翟晓燕，张永勇，2012. 水环境非点源污染模型研究进展. 地理科学进展，31（7）：941-952.

夏军，张翔，韦芳良，等，2018. 流域水系统理论及其在我国的实践. 南水北调与水利科技，16（1）：1-7，13.

解阳阳，2017. 基于径流预报的黑河流域水资源调配研究. 西安：西安理工大学博士学位论文.

熊德国，鲜学福，2003. 模糊综合评价方法的改进. 重庆大学学报（自然科学版），26（6）：93-95.

徐志侠，陈敏建，董增川，2004a. 河流生态需水计算方法评述. 河海大学学报（自然科学版），（1）：5-9.

徐志侠，陈敏建，董增川，2004b. 湖泊最低生态水位计算方法. 生态学报，24（10）：2324-2328.

严登华，王浩，王芳，等，2007. 我国生态需水研究体系及关键研究命题初探. 水利学报，38（3）：267-273.

杨文慧，2007. 河流健康的理论构架与诊断体系的研究. 南京：河海大学博士学位论文.

杨志峰，崔保山，刘静玲，2003. 生态环境需水量理论、方法与实践. 北京：科学出版社.

余文公，夏自强，于国荣，等，2006. 生态库容及其调度研究. 商丘师范学院学报，（5）：148-151.

张翔，李良，吴绍飞，2014. 淮河水量水质联合调度风险分析. 中国科技论文，9（11）：1237-1242.

张颖，胡金，刘其根，等，2014. 基于底栖动物完整性指数 B-IBI 的淮河流域水系生态健康评价. 生态与农村环境学报，30（3）：300-305.

张永勇，夏军，王纲胜，等，2007. 淮河流域闸坝联合调度对河流水质影响分析. 武汉大学学报（工学版），（4）：31-35.

赵棣华，李褆来，陆家驹，2003. 长江江苏段二维水流-水质模拟. 水利学报，（6）：72-77.

赵长森，夏军，王纲胜，等，2008. 淮河流域水生态环境现状评价与分析. 环境工程学报，（12）：116-122.

中国科学院南京地理研究所，1981. 淮河青、草、鲢、鳙及鳊鱼产卵场的调查. 水产学报，（4）：361-367.

左其亭，陈豪，张永勇，2015. 淮河中上游水生态健康影响因子及其健康评价. 水利学报，46（9）：1019-1027.

ALVAREZ-VÁZQUEZ L J, MARTÍNEZ A, VÁZQUEZ-MÉNDEZ M E, et al, 2010. Flow regulation for water quality restoration in a river section：Modeling and control. Journal of Computational and Applied Mathematics, 234（4）：1267-1276.

ARTHINGTON A H, KING J M, O'KEEFFE J, et al, 1992. Development of an holistic approach for assessing environmental flow requirements of riverine ecosystems. The Centre for Water Policy Research, University of New England. Armidale, Australia, 76.

ARTHINGTON A H, BRIZGA S O, KENNARD M J, 1998. Comparative evaluation of environmental flow assessment techniques：best practice framework. Doi：http://dx. doi. org.

AZEVEDO L G T D, GATES T K, FONTANE D G, et al, 2000. Integration of water quantity and quality in strategic river basin planning. Journal of Water Resources Planning and Management, 126（2）：85-97.

BONER M C, FURLAND L P, 1982. Seasonal treatment and variable effluent quality based on assimilative capacity. Water Pollution Control Federation, 54（10）：1408-1416.

BOVEE K D, 1982. A guide to stream habitat analysis using the instream flow incremental methodology. Vol. 1, Western Energy and Land Use Team, Office of Biological Services, Fish and Wildlife Service, US Department of the Interior.

BOVEE K D, LAMB B L, BARTHOLOW J M, et al, 1998. Stream habitat analysis using the instream flow incremental methodology. Biological Resources Division Information and Technology Reports, 2: 19-28.

COVICH A P, 1989. The Ecology of tropical lakes and rivers. Payne A I. Journal of the North American Benthological Society, 8 (1): 119-120.

DEBELE B, SRINIVASAN R, PARLANGE J Y, 2008. Coupling upland watershed and downstream waterbody hydrodynamic and water quality models (SWAT and CE-QUAL-W2) for better water resources management in complex river basins. Environmental Modeling and Assessment, 13 (1): 135-153.

FENG L, WANG D, CHEN B, 2011. Water quality modeling for a tidal river network: A case study of the Suzhou River. Frontiers of Earth Science, 5 (4): 428-431.

FERRIER N, HAQUE C E, 2003. Hazards risk assessment methodology for emergency managers: A standardized framework for application. Natural Hazards, 28 (2): 271-290.

FUJIWARA O, GNANENDRAN S K, OHGAKI S, 1986. River quality management under stochastic streamflow. Journal of Environmental Engineering, 112 (2): 185-198.

GIESECKE J, JORDE K, 1997. Ansatze zur optimierung von mindestabflubregelungen in Ausleitungsstrecken. Wasserwirtschaft, 87: 232-237.

GIPPEL C J, STEWARDSON M J, 1998. Use of wetted perimeter in defining minimum environmental flows. Regulated Rivers Research & Management: An International Journal Devoted to River Research and Management, 14 (1): 53-67.

GLEICK P H, 1998. Water in crisis: Paths to sustainable water use. Ecological Applications, 8 (3): 571-579.

HAYES D F, LABADIE J W, SANDERS T G, et al, 1998. Enhancing water quality in hydropower system operations. Water Resources Research, 34 (3): 471-483.

HUGHES D A, ZIERVOGEL G, 1998. The inclusion of operating rules in a daily reservoir simulation model to determine ecological reserve releases for river maintenance. Water SA, 5: 293-302.

JUNK W J, 1982. Amazonian floodplains: their ecology, present and potential use. Proceedings of the International Scientific Workshop on Ecosystem Dynamics in Freshwater Wetlands and Shallow Water Bodies, New York, 15: 98-126.

KARIM K, GUBBELS M E, GOULTER I C, 1995. Review of determination of instream flow requirements with special application to Australia. Journal of the American Water Resources Association, 31 (6): 1063-1077.

KING J, LOUW D, 1998. Instream flow assessments for regulated rivers in South Africa using the Building Block Methodology. Aquatic Ecosystem Health and Management, 1 (2): 109-124.

KOMATSU E, FUKUSHIMA T, HARASAWA H, 2007. A modeling approach to forecast the effect of long-term climate change on lake water quality. Ecological Modelling, 209 (2-4): 351-366.

LIU J, ZHANG X, WU B, et al, 2017. Spatial scale and seasonal dependence of land use impacts on riverine water quality in the Huai River basin, China. Environmental Science and Pollution Research, 24 (26): 20995-21010.

LOAR J M, SALE M J, 1981. Analysis of environmental issues related to small-scale hydroelectric development. V. Instream flow needs for fishery resources. Oak Ridge National Lab., TN (USA).

LOFTIS B, LABADIE J W, FONTANE D G, 1989. Optimal operation of a system of lakes for quality and quantity//TORNO H C. Computer Applications in Water Resources. New York：ASCE：693-702.

MERZ S K, 2008. The FLOWS method：A method for determining environmental water requirements in victoria. Vic Department of Sustainability and Environment，East Melbourne.

MOSLEY M P, 1982. Analysis of the effect of changing discharge on channel morphology and instream uses in a braided river，Ohau River，New-Zealand. Water Resources Research，18（4）：800-812.

PALANCAR M C，ARAGON J M，SANCHEZ F，et al，2006. Effects of warm water inflows on the dispersion of pollutants in small reservoirs. Journal of Environmental Management，81（3）：210-222.

PALAU A，ALCAZAR J，1996. The basic flow：An alternative approach to calculate minimum environmental instream flows//Leclere M. Ecohydraulics 2000. 2nd International Symposium on Habital Hydraulices，Quebe City，547-558.

ROSSMAN A L，1989. Risk equivalent seasonal waste load allocation. Water Resources Research，25（10）：2083-2090.

SAHOO G B，LUKETINA D，2003. Modeling of bubble plume design and oxygen transfer for reservoir restoration. Water Research，37：393-401.

SAHOO G B，RAY C，DE CARLO E H，2006. Use of neural network to predict flash flood and attendant water qualities of a mountainous stream on Oahu，Hawaii. Journal of Hydrology，327（3）：525-538.

SHIRANGI E，KERACHIAN R，BAJESTAN M S，2008. A simplified model for reservoir operation considering the water quality issues：Application of the Young conflict resolution theory. Environmental Monitoring and Assessment，146（1）：77-89.

SIMONOVIC S P，ORLOB G T，1984. Risk-reliability programming for optimal water quality control. Water Resources Research，20（6）：639-646.

STALNAKER C B，1994. The instream flow incremental methodology：a primer for IFIM. Vol. 29. National Ecology Research Center，National Biological Survey.

TENNANT D L，1976. Instream flow regimens for fish，wildlife，recreation and related environmental resources. Fisheries，1（4）：6-10.

WALLINGFORD H，2003. Handbook for the assessment of catchment water demand and use. http://www. hrwallingford. co. uk/projects/catchment_water_demand/index. html[2020-01-25].

WHELAN D E，WOOD R K，1962. Low-flow regulations as a means of improving stream fishing. Proceedings of the Sixteen Annual Conference，Southeastern Association of Game and Fish Commissioners Charlesion.

ZHANG X，MENG Y，XIA J，et al，2018. A combined model for river health evaluation based upon the physical，chemical，and biological elements. Ecological Indicators，84：416-424.

参考文献

后　记

本书从理论、技术、方法与实践应用等方面，系统总结了淮河流域水质－水量－水生态联合调度的研究与应用成果。

1）开展了淮河中上游流域水生态调查，筛选了影响水生态系统健康的关键水环境因子及指示生物，建立了淮河中上游流域理化指标与生物指标相融合的水生态健康状况评价体系，两类指标既可独立，也可互补，评价结果一致性高。同时建立了淮河中上游各河段生态流量目标生物筛选方法，研发了淮河流域生态水力学模型，推求了更具生态学意义的关键河段生态流量过程。

2）基于对淮河流域河网流动特点及水环境特征的分析，耦合一维水动力子模型及水质子模型构建洪泽湖以上淮河中游一维水量水质耦合数学模型，创建了洪泽湖以上淮河中游一维河网水量水质模拟平台，揭示了闸坝调控、污染排放变化与河道水质之间的耦合作用和响应关系，实现了闸坝群联合调控下淮河平原河网水动力和水质动态模拟仿真，显著提高了河流水环境分析预测的能力和水污染治理的水平。耦合了水文－水动力－水质过程，将分布式时变增益模型与河网一维水动力水质模型进行耦合，通过分布式时变增益模型子流域编码与河网水动力编码进行连接，实现了水文过程、水动力－水质过程的综合模拟计算，基于图论理论实现了分布式水文预报模型参数的自动优选，以河道水动力－水质耦合模型为核心，将流域坡面产汇流、面源产污以及排污口点源污染排放作为河道水动力－水质耦合模拟的外边界进行输入，通过编码连接方式实现水文－水动力－水质的空间耦合并易于模型的扩展与升级，同时吸纳水生态－水文－水质响应模型，将考虑河流生态健康调控阈值的闸坝群调控作为河道水动力－水质耦合模拟的内边界，最终形成了一套具有自主知识产权的开放式淮河流域分布式水质－水量－水生态耦合模型，动态模拟闸坝群运行环境下河流水文水质过程及其伴随的水生态特征的时间空间变化。

3）通过对研究区域内闸坝、水库的调研分析，确定了可供生态调度的重点水库、闸坝，结合水库、闸坝水量分配需求、河道内取用水，以多年平均地表水资源量和现状水平年经济社会需求、河道内生态需求为基础，计算得出研究区域划分的 397 个子流域水资源量、现状开发利用量及其可用于调控的水资源量，分析了闸坝可调控水资源量空间分布状况，利用搜集到的水库闸坝资料，结合实时水位、水质动态数据，核算可调用的动态水资源量及其质量，并应用至闸坝可调能力评估模块。

结合流域水功能区划、水功能区水质达标状况、闸坝及其可调水量空间分布、河道水生态状况，划分了生态调度区段。按照水功能区水质要求，确定控制断面生态需水保障控制关键指标高锰酸盐指数、氨氮的浓度限制保障目标。综合考虑淮河流域水资源配置、河道内外实际用水、不同河段况等情况，采用外包法确定不同断面的生态流量，并根据流域水资源管理要求进行适当的调整，确定了各个调控区段的生态流量保障目标。

通过对闸坝多目标调控能力这一概念内涵的描述、定义的总结，构建"闸坝调控能力指标识别体系"，并提出闸坝调控能力的具体计算方法。构建了闸坝调控能力指标识别体系，提出了综合层次分析法、TOPSIS法和模糊评价法的闸坝可调控能力评估模型，进一步验证了闸坝调控能力在水质-水量联合防污调度中所能起到的作用，以淮河干流王家坝至蚌埠河段及支流沙颍河、涡河为调度示范区，选取研究区内重点闸坝进行闸坝调控能力计算，提出了各闸坝调控能力指数情况，为水质-水量联合防污调度的调度方案生成提供了技术支撑和决策支持。

为方便闸坝可调能力的评估及应用，在闸坝调控能力定义、识别指标体系、计算方法的基础上，开发了"闸坝调控能力识别模块"。闸坝可调能力识别模块融合数据库、地理信息系统、评价指标权重、可调水量展示、闸坝可调能力评价指数，嵌入调度系统模块。该系统把淮河流域闸坝水库多年的历史基础信息、水质、水量等数据资料存储在数据库中，内部设置评价模型，读取实时信息，可以快速、直观地查询和评价闸坝可调能力及控制区段内可调水资源量，实施实时生态水量调度，从而对淮河流域的水质-水量-水生态联合调度决策系统提供支持，为系统平台生成可行的调度方案，为提高淮河重要水域生态用水保证率提供了有效支撑。

4）提出了基于"计划调度-应急调度"耦合的水质-水量-水生态联合调度模型，将河道生态用水计划调度模型和闸坝群短期联合调度模型嵌套耦合，阐述了水质、水量和水生态三者之间的逻辑关系，综合考虑生活、生产、生态需水，对流域水库闸坝系统进行模拟调度，比较分析各情景下的模拟结果，优选出合适的水质-水量-水生态联合调度方案。在此基础上，对联合调度的调度方案进行风险分析，研究了流域雨水情时空分布规律、水量水质随机模拟与调度方案的效果分析、水量水质的联合概率分布等关键问题。

建立了基于J2EE技术路线的多层分布式应用体系架构，在GIS技术和网络环境支撑下，结合最新的多源数据融合与云技术构建了多闸坝河流水质-水量-水生态多源数据共享与调度系统可视化平台。该平台有效集成了水污染过程分析与监控技术、分布式河流水质水量耦合模拟技术、闸坝对河流水质水量调控能力识别技术、突发性水污染事件预警预报技术、多闸坝河流水质－水量－水生态联合调度综合技术以及可视化虚拟决策支持技术等。

　　本书的成果以流域水循环为基础，将水环境治理"控源"与"调控"管理相结合，将水文－水质－水生态－闸坝调度融为一体，属国际前沿的"流域水系统"理论与方法；通过系统研究，重点突破了淮河多闸坝河流水生态健康调控指标及其阈值、生态基流估算的分析技术、淮河流域水质－水量－水生态－水工程复杂水系统的模拟、预警预报与多维调控能力及调控技术示范等多项关键技术。

2022 年 2 月